U0120594

中国审美理论（第五版）

朱志荣◎著

华东师范大学出版社
·上海·

图书在版编目（CIP）数据

中国审美理论 / 朱志荣著. —5 版. —上海：华东师范大学出版社，2023
ISBN 978 - 7 - 5760 - 4125 - 5

Ⅰ. ①中… Ⅱ. ①朱… Ⅲ. ①美学理论—中国 Ⅳ. ①B83 - 092

中国国家版本馆 CIP 数据核字（2023）第 160263 号

中国审美理论（第五版）

著　　者　朱志荣
责任编辑　朱华华　张婷婷
责任校对　时东明
装帧设计　郝　钰

出版发行　华东师范大学出版社
社　　址　上海市中山北路 3663 号　邮编 200062
网　　址　www.ecnupress.com.cn
电　　话　021 - 60821666　行政传真 021 - 62572105
客服电话　021 - 62865537　门市（邮购）电话 021 - 62869887
地　　址　上海市中山北路 3663 号华东师范大学校内先锋路口
网　　店　http://hdsdcbs.tmall.com

印 刷 者　上海锦佳印刷有限公司
开　　本　890 毫米×1240 毫米　1/32
印　　张　15
字　　数　358 千字
版　　次　2023 年 11 月第 1 版
印　　次　2024 年 9 月第 2 次
书　　号　ISBN 978 - 7 - 5760 - 4125 - 5
定　　价　78.00 元

出 版 人　王　焰

目 录

第五版前言

本书是我在20世纪90年代早中期建构中国特色审美理论体系的一种尝试，1997年由敦煌文艺出版社初版，2005年北京大学出版社再版作了增补。2013年和2019年上海人民出版社又两次出版，但这两版除了意象部分删减了一点内容，重写更换了“悲剧性”一节外，其余的内容没有多大的变动。这次华东师范大学出版社的新版是第五版。

美学学科从鲍姆嘉通1750年出版两卷本的*Ästhetik*开始确立，而此前的审美思想史是一种学科前史，有许多丰富而深刻的内容，一直以来受到美学史家和美学家们高度重视。从120多年前开始，随着中国门户开放，大量引进西方的科学文化知识，王国维、朱光潜等人把美学教材和专著通过翻译、编译和研究的方式引进到中国来，中国现代学者开始参证中国古代的审美实践和美学思想，理解和接受西方美学思想。同时，美学学科的引进也推动了中国古代美学思想的研究，宗白华、邓以蛰、马采等人，就曾经做过这样的尝试。其中宗白华从20世纪60年代开始着手准备中国美学史撰写的预备论文，1979年以后李泽厚、刘纲纪、叶朗等人中国美学史著作的撰写，都有力地推动了中国古代美学思想的研究，在一定程度上显示出中国美学理论体系建构的端倪。因此，在中国现代美学一百多年来形成和发展的风雨历程中，研究和建构中国特色的美学理论体系，是前辈学人艰苦努力的方向。

中国古人在他们的审美实践和艺术实践中积累了宝贵的经验，留下了丰富的文献。中国古代的美学思想资源包含着两千多年来中国人审美实践的经验概括和总结，不仅是中国人的精神财富，也是全人类的精神财富。其中既有与西方美学思想“英雄所见略同”、相互印证的地方，更有中国古人的独特发现和精湛思想，它们对于世界美学的发展弥足珍贵。中国传统的美学思想影响中国古人千百年来的审美实践，彰显了美学人文价值学科的特征。中国古人把审美体验作为一种独特的生命体验。中国传统的审美文化心理特征，独特的审美思维方式、天人合一的传统，尤其是那种将人情物态化、物态人情化的思维方式，那种基于感性又不滞于感性的超感性的体悟，以及生命意识与和谐观念等，彰显了民族审美风格的特色，值得我们加以整理和总结。

阐释中国古代美学思想资源，进行中国特色的美学理论体系建构，是一项光荣而艰巨的任务。它需要我们在前辈的基础上继续努力，以虔诚之心和神圣的使命感，呕心沥血，前赴后继，肩负起传承中国古代美学思想的责任，有勇气、有担当，甘于奉献，真正把中国历代的美学精华呈现给国际美学界，使中国美学成为多元一体的世界美学的有机组成部分。中国古代美学思想不仅有利于当代中国的美学学者返本求源，开拓创新，而且还可以向国际美学界展现一种与西方美学思想迥然不同的美学思想资源，一个别有洞天的世界。我们继承和阐释中国古代美学思想资源，对于推进世界美学的发展具有重要的作用。

本书和我的第一本著作《中国艺术哲学》类似，借鉴西方现代美学方法，从当代语境中阐释中国古代美学思想，尝试建构中国特色的美学理论体系。中国古代美学思想有着自身的潜在体系，值得我们继承和发扬光大。西方后结构主义美学鉴于僵化的体系对于创新生成的约束，主张解构逻格斯中心体系，具有一定的合理性。但对于中国古代美学思想资源来说，则需要通过系统性的呈现，才便于当代美学界的接受和发展。

书中以审美关系为出发点，以审美意识为基础，以审美活动为主体，以审美意象为核心，以审美教育为旨归。我力图通过阐释和理论建构，适应当代美学学科建设的需要，彰显中国古代美学思想的思维方式和独特思想，使中国美学思想资源与西方美学可对话、可交流，便于被当代中西方美学界所共同接受。当然，我所做的工作还是初步的，其中的很多尝试可能只能提供教训。前修未密，后出转精，期待有更多的学者在这一领域继续耕耘，把中国古代美学思想的贡献充分揭示出来，使它们在当下获得接受和阐释。

作者

2022 年 11 月 22 日于沪上心远楼

绪论

审美问题主要是人文价值科学层面上的问题，中国人在长期的生活实践和艺术实践中，曾经积累了丰富的审美经验。早在数万年前，中国古人就在自己的装饰和所制造的器物中体现了由朦胧到自发的审美意识。我们由从甲骨文的记载开始而流传至今的丰富文献中，也看到了古人许多关于审美问题的零星看法，特别是在先秦诸子和史籍中，我们已经看到这类思想已经日益精深，具有了一定的理性深度和反思倾向，而后世的各类文学艺术理论和哲学思想中，更不乏精辟的审美思想。

不过，中国传统的这类审美思想，与西方审美思想相比，尚缺乏系统性，更没有西方近代的学科体系形态，这就不利于我们对既往的中国审美思想的充分了解、全面继承和进一步的发展。因此，借鉴西方审美理论的思维方式和基本观点，以西方的审美学说为参照坐标，是非常必要的。人类有着大体相同的生理机制和心理功能，面对着共同的地球环境，在审美问题上有很多心同理同的见解，加之美学学科是西方成熟在先，因此，借鉴西方的思想梳理中国传统美学思想，建立全球视野中的中国美学，是非常必要的。

但是，中国人的审美实践毕竟还有自己的独特之处，甚至还存在着许多虽然中西相通，但西方忽略而中国重视的思想。因此，我们必须从自己的传统和文化背景出发，创构出全球视野下的中国审美理论，并结合自己的国情，对西方的相关学说进行吸收和同化，并且总结和整理出中国人对审美问题的独特思想和中国审美实践中的独特之处，用以指导我们的审美实践，并为西方和域外其他国家的人们提供审美思想的借鉴。

本书试图以历史意识与当代意识的统一，思辩与实证的统一的方法来研究中国的审美问题，积极吸取儒、道、释相关思想中的积极因素，以天人合一的生命精神贯通自然与社会，特别强调物态人情化、人情物态化的思维方式，以审美活动为基础，审美关系为出发点，突出主体在审美关系中的主导作用，并将意象问题提到核心地位。

在自然对象问题上，本书借鉴、阐发了比德、畅神等方面的思想；在人生问题上，本书强调了个体与社会的统一；在艺术问题上，本书突显了艺术的感性价值。在审美风格问题上，本书重视壮美与优美、自然与雕饰和悲剧性与喜剧性的对举统一，并在中国文化背景下探讨了丑的问题。在审美心态问题上，本书探讨了中国传统文化关于身心基础和体悟方式的思想，将审美活动视为审美对象对人所作的特殊的感化方式，也是人们追求精神自由、提升人生境界的基本途径。

第一节 审美理论概说

审美理论顾名思义是讨论审美问题的学说，而理论便是一种形而上的论道的思想形式。鉴于审美问题是一种以感性为基础，又始终不脱离感性的精神现象，我们不能简单地通过“透过现象看本质”的方式，抹杀审美现象的生动性和丰富性。正因如此，近代德国学者费希纳等人以“自下而上”的实证方法取代“自上而下”的思辨研究，目的就是要重视审美活动的感性价值。但是，作为一门学科，审美理论又不能仅仅停留在感性经验的描述上，而必须上升到理论的高度，因此，它是一门“形而上”与“形而下”统一的学科。近百年来，我国的前辈学者们已经做了大量的研究工作，取得了丰硕的成果，给我们今后的研究留下了宝贵的经验教训。我们的研究，正是要在前人研究的基础上，把审美理论的研究向前推进。我们的成就，也将会成为中国的审美理论研究中的一个环节。

一、审美理论的学科由来

这里所说的审美理论，就是通常习惯上被称作“美学”的理论。它主要研究人与对象的审美关系，对象感性形态的审美价值和主体审美心态的规律、特征等方面。

对于审美活动及其相关的基本问题，中外的思想家们早在两三千年前就有了许多精粹的言论；而作为一门独立的学科，它则是从1750年德国理性主义哲学家鲍姆嘉通出版 *Ästhetik* 一书开始的。该书主要研究主体对感性对象的感受和审美能力问题。后来康德受休谟等人的影响，从人的心理能力的“知、情、意”整体中，为主体以情感为中心的审美判断力找到位置。即人的知性满足人们求真的欲望，建立的相关学科是认识论；人的意志满足人们求善的欲望，建立的相关学科是伦理学；而人的情感满足人们审美的欲望，建立的相关学科就是审美学。审美活动通过想象力在情感领域实现替代性的满足，成为求真与求善、现实与理想的桥梁，现代意义上的美学这一学科至此奠定了基础。

“美学”一词引入中国由来已久。1878年，德国来华传教士花之安用中文出版了《大德国学校论略》（后重版改为《泰西学校论略》或《西国学校》），谈“智学”时使用到“美学”一词。“在日本，最早译介‘美学’的是西周。1870 年，他在《百学连环》中把美学译作‘佳趣论’，将美定义为‘外形完美无缺者’，强调美‘不重理而重意趣’。1872 年，西周著《美妙学说》一书，把‘佳趣论’改称为‘美妙学’，此书乃为日本最早的美学专著。”① 1883 年日本学者中江笃介（即中江兆民，1847—1901）受日本教育部的委托，把法国学者维伦（Eugéne Véron，1825—1889）的“Esthétique”（即“审美学”）翻译过来，命名为《维氏美学》。康有为 1897 年编《日本书目志》时，依日本的书目名称列上了“美学”。王国维 1902 年在翻译牧濑五一郎《教育学教科书》和桑木严翼《哲学概论》时，也移用了“美学”一词。1903 年王国维在《哲学辨惑》中也云：“夫既言教育，则不得不言教育学；教育学者实不过心理学、伦理学、美学之应用。”② 此后，中国学术界便一直把“Ästhetik”这门学科称为“美学”。

但德语“Ästhetik”一词最初的含义是感性学，而学科意义上的准确含义应该是“审美学”，以人与对象的审美关系为研究核心。而美学一词译为“审美学”也是由来已久的。据黄兴涛考证，英国来华传教士罗存德 1866 年所编的《英华词典》（第一册）曾将此词译为“佳美之理”和“审美之理”。1875 年，在中国人谭达轩编辑出版、1884 年再版的《英汉辞典》里，Aesthetics 则被译为“审辨

① 王宏超：《中国现代辞书中的“美学”——“美学”术语的译介与传播》，《学术月刊》2010 年第 7 期。

② 王国维著，谢维扬、房鑫亮主编：《王国维全集》第十四卷，浙江教育出版社、广东教育出版社 2009 年版，第 8 页。

美恶之法"。1903年，汪荣宝和叶澜编辑出版的近代中国第一部具有现代学术辞典性质的《新尔雅》一书，较早地以通俗的辞典形式给"审美学"等词下了定义："离去欲望利害之念，而自然感愉快者，谓之美感"；"研究美之性质、及美之要素，不拘在主观客观，引起其感觉者，名曰审美学。"这个定义，由于《新尔雅》的多次重版而广泛传播[①]。后来朱光潜虽曾沿用"美学"这一习惯称谓，但在把它作为具体范畴或定语使用时，又不得不改用"审美"的说法，并以此批评论敌的不当。李泽厚也说："如用更准确的中文翻译，'美学'一词应该是'审美学'……但约定俗成，现在也难以再去'正名'了。"[②] 本书无意与时俗较劲，一定要把"美学"称为"审美理论"，而是为着全书讨论内容与书名的一致，以及行文的方便，故称为"审美理论"。

与近代其他学科一样，中国人的审美学科的建立，也是在鸦片战争后，中国人感到百事不如人的背景下、在学习西方的大潮中进行的。20世纪初，当审美学作为学科被引进的时候，学术界主要是在接受西方审美学，特别是西方近代审美学的成果，吕澄、范寿康、陈望道、李安宅、金公亮等人所编写或编译的审美学教材，以及朱光潜的《文艺心理学》、蔡仪的《新艺术论》《新美学》等书，都有这种特点。又如陈望道、李安宅等以康德的"三大关系说"界定美学的学科性质，吕澄、范寿康等以立普斯等人的"移情说"作为自己的学术基础；朱光潜以"直觉说""距离说"进入审美问题，蔡仪则借鉴亚里士多德、康德、黑格尔等人的思想提出"美是典

---

① 黄兴涛：《"美学"一词及西方美学在中国的最早传播——近代中国新名词源流漫考之三》，《文史知识》2000年第1期。

② 李泽厚：《美学四讲》，生活·读书·新知三联书店1989年版，第9页。

型”说等。因此，中国现代形态的审美学在建立之初是对西方审美学及其方法的借用。

尽管如此，从王国维、梁启超、朱光潜、宗白华开始，就一直有学者试图建立中国人自己的审美学，使中国数千年的传统审美思想得到继承，同时又符合当代人的审美需要。王国维、蔡元培等人曾经从借鉴西方理论的角度，来阐释和整理中国传统的审美理论资源，力图使中国传统的审美观念以现代形态与国际接轨，与西方现代的审美理论互补共存，以适应当代中国社会对审美理论的要求。特别是到了 20 世纪 30 年代，中国传统文化底蕴深厚又曾赴欧洲留学的朱光潜、宗白华等人，已经注意到中国传统审美思想的现代价值和意义，力图使审美理论体现出中华民族审美意识的特色，从融通和合中外的角度寻求中国传统审美思想走向现代、乃至走向世界的可能性，尽管这种努力在当时收效甚微。

1949 年以后，国内学术界一度采用苏联的模式。苏联的思想根底在文化上本来也是西方文化整体的一个有机组成部分，到苏联时代因为激进而走向了教条和僵化，它们在当时中国的整个人文科学界和社会科学界都产生了极大的负面影响，这无疑也包括对审美理论研究的负面影响。虽然已经有人开始重视在学习西方的同时，也相应地整理中国传统的审美思想，但因与当时凡事学习“苏联老大哥”的主流时尚不合拍，因而未能获得足够的重视。倒是相对超脱的宗白华等人，依然在借鉴西方的研究方法整理中国传统的审美思想遗产。虽然相比之下，这些看法零星、分散、因量少而不成气候，但毕竟为后来的研究做了一定的准备。如 1962 年开始由叶朗和于民在宗白华先生指导下编选的《中国美学史资料选编》，就为中国传统审美思想的梳理做了第一手资料的汇总工作。

直至20世纪80年代思想解放运动，西方当代的审美理论才陆续在中国全面地被评介和吸收。与此同时，中国古代审美思想的整理和研究工作也逐步展开。中华书局1980、1981年先后出版了《中国美学史资料选编》上、下册，相关的中国美学史或断代史研究如李泽厚的《美的历程》，李泽厚、刘纲纪的《中国美学史》和叶朗的《中国美学史大纲》等，以及门类、范畴、专家专著研究等也开始启动。研究的方法和态度也从以前的比附、改造甚至是批判，转变为以西方理论为参照的独立的系统研究和阐发。起码在相当一部分学者心目中，已经开始重视中国传统审美思想的价值和作用。

二、现代中国审美理论研究评估

中国现代审美学的建立，与现代科学和其他文化知识一样，是在西学东渐的背景下，本着"师夷之长技以制夷"[①] 的动机进行的。现代形态的中国审美理论早期受到西方特别是德国理论形态的影响。随着时间的推移，学者们在译介西方理论的基础上，在西方审美理论体系的启发下，以西方的新理论改造中国传统的审美思想，在相互诠释、融会贯通中阐释中国传统审美思想。其中成就卓越、在方法论上给我们深刻启示的学者以王国维、朱光潜和宗白华三位最具特色。

王国维是中国现代审美理论的先行者。他在自幼获得的中国传

① （清）魏源撰：《海国图志原叙》，《海国图志》，中州古籍出版社1999年版，第67页。

统文化底蕴的基础上，“取外来之观念，与固有之材料互相参证”①，目的在于使中国的传统文化在现实的背景中获得重生。在西方文化的影响下，他以开放的视野和深厚的艺术修养，强调艺术的独特审美价值，有力地推动了中国传统审美理论的现代转型，使得中国传统思想中的生命意识具有现代意义。王国维从译介康德、叔本华、尼采等西学入手，学习西学中系统的思维模式和体系建构模式，并在此基础上讨论古雅、意境、优美与壮美等中国传统的理论范畴，为中国的审美理论融入国际学术话语作了铺垫。他化合中西，借鉴西方现代学术方法和观念来审视中国的审美传统，从而突破了传统学术视野的藩篱，又在保持中国传统话语形式的基础上，引入西方范畴相损益，提出了他重建中国现代审美理论的构想，目的在于开拓建设全球视野下的中国审美理论的新思路，在中西文化交汇、碰撞中建构以中国传统思想为本根的现代中国审美理论。

朱光潜的审美思想则以王国维的《人间词话》为基础，通过冷静地比较中西文化和思维方式的异同，让中国传统的审美思想在西方思想的刺激下绽出适应新时代要求的花朵。他早期的《文艺心理学》是以中国的固有材料去参证西方观念，而他后来的《诗论》则以西方现有的审美理论为参照坐标，借鉴西方现代审美理论来阐释中国古典诗歌，对中国艺术和审美现象作了系统的梳理，并在比较中融会贯通，扬长避短，对中国古典诗论加以印证，创构了可与西方审美理论接轨的现代审美思想。如对境界的分析，借鉴了克罗齐的直觉论、立普斯的移情说、谷鲁斯的内模仿、布洛的心理距离说

---

① 陈寅恪:《王静安先生遗书·序》,《陈寅恪史学论文选集》，上海古籍出版社1992年版，第501页。

等，深入地挖掘了中国传统审美思想中的丰富意蕴。在西方学术思想的深刻影响下，其深厚的传统文化素养正是他审美思想创见的根源。他继承儒道两家关注人生的传统，以出世的精神做入世的事业，追求物我交感共鸣的艺术化的人生境界。直到 1961 年，他还说："认为我们自己没有美学未免是'数典忘祖'了"，"历史持续性的原则只能使我们在自己已有的基础上创造和发展"①。这是在明确表示，建立全球视野下的中国审美理论是我们的必由之路。他的审美思想，乃是在天人合一的前提下，倡导物我两忘、物我同一，体现出情景契合、情景相生的生命意识。后人一般多重视宗白华先生审美思想中的生命意识，而少有提及朱光潜先生在西方学术的启示下对中国传统生命意识的继承。

宗白华的审美思想乃是以自幼熏陶着他的中国传统文化为根基，同时改造和同化了西方的审美思想，从而在融通中西的知识背景下建构了中国自己的审美学说。他对中国传统的审美意识有着深厚的修养、独到的颖悟和精湛的见解。特别是在对西方近代的哲学和艺术有了接触和研究以后，他的视野更开阔了，领悟也更为深刻了，从而使他的体验和研究有了现代意义上的理论水平和深度。他的诗人气质使得他对中国诗性传统的审美思想有着更为深切的体验。同时，他还激烈地反对全盘西化，觉得中国不适合生硬地照搬西方的审美思想和艺术实践，而应该以深厚的传统文化为基础，借鉴西方审美思想的长处，以实现古典审美思想的当代转换。宗白华无疑是我们将中国传统审美思想向全球视野下的中国现代审美思想

---

① 朱光潜：《整理我们的美学遗产，应该做些什么？》，《朱光潜全集》第十卷，安徽教育出版社 1993 年版，第 316 页。

转换的楷模。

宗白华的审美思想代表了在西方文化影响下的中国学者在20世纪前期对中国审美理论研究的方向和道路的探索。宗白华以其独特的素质和知识结构，在中国审美理论的研究方法上作出了有益的探索。这种探索不仅留下了优秀的审美理论成果，而且在方法论方面，为后人开辟了探索的方向，给后人以深刻的启示。这就是以西方的审美理论为参照，积极地汲取西方审美理论中的精华，继承中国传统审美理论的优秀遗产，并且以中国传统的审美思想为本根，将艺术问题作为中国审美理论的根本问题，最终归结到人生境界的成就，以此建立具有中国特色和当代意识、可以逐步走向世界的中国审美理论体系。

综上所述，王国维、朱光潜、宗白华等人在西方审美理论的启示下，反思和整理了中国传统以生命意识为特征的审美思想，为建立中国人的当代审美理论做出了卓越的贡献。我们回顾这三位先辈审美理论的研究方法和光辉业绩，目的在于继承他们未竟的事业，踏着他们的足迹继续向前努力，真正建立起中国的审美理论。

三、建立全球视野下的中国审美理论

建立全球视野下的中国审美理论，是继承中国传统宝贵遗产的需要，更是当代中国人对世界作出贡献的重要方面。中国传统的审美思想，是中国文化大背景下的有机部分。它们不仅是中国人独特的审美趣味与审美实践的理论概括和总结，而且还引导、影响过中国人的审美趣味与审美实践。其理论概括既有人类审美活动的共性特征，又有民族的个性差异。中国传统的审美范畴，虽然有其含义不确定性的一面，但它们在艺术创作和欣赏实践中，是经受过检验的，是长期指导着艺术实践的，因而也是参与了中国人的审美心态的生成的。

中国传统的独特审美思想，特别是其致思方式和理论探索，是全人类审美理论财富的有机组成部分，可以与西方审美理论共存互补，丰富人类的审美理论宝库。这不仅可以为西方和其他民族的审美理论发展提供思想资源，而且还可以让他们在思想方法和思维方式上获得启示，并且必将会对世界的审美理论与审美思想产生重要的影响。

中国传统审美思想对审美基本规律的概括，揭示了人类审美活动的普遍规律，既可以印证西方审美理论的基本观点，又可以纠正一些西方理论中的谬误，补充西方审美基本理论所存在的盲点。而有些具有审美共同规律的现象，如西方学者尚未归纳而中国古代已经归纳的，或中国古代早已有的深刻的思想，而西方近代转向时才开始发现的，也值得全球的珍视。至于中国人特有的审美规律和特征，更是中国学者对人类审美理论和审美实践的独特贡献。西方近代学者无论在审美理论还是审美实践中，都有从中国传统审美思想中汲取精华、获得启示的先例。西方近代的意象派理论，就是一个典型。他们视中国传统审美思想或如遇知音，或相见恨晚。尽管他们对中国传统审美思想的理解，毕竟还只是皮毛而已。

中国传统有着丰富而深刻的审美思想遗产。在浩如烟海的中国古代文献里，有着极为丰厚而且充满智慧的审美思想。这些思想在思维方式上是“天人合一”观念的反映，突出体现了生命意识。这种生命意识同时还表现在审美范畴的命名中，如常常以人为中心作感性的比喻，“气韵”“风骨”等范畴即是如此。中国古代审美范畴的名称具有具象性的特征，而其理论的感性描述也有其自身的独特之处。中国古人常常注意从功能的角度加以描述，如他们对于审美体验的那种“妙悟”的概括，以及对于妙悟的偶然性和突发性的理解，形成了一个源远流长而又蕴涵深厚的传统，比起西方的直觉思想来要丰富、深刻，可以互为补充。中国人对于和谐、宁静的审美追求，与西方思想也是迥然有别的。这种传统的审美思想实际上有一个潜在的逻辑体系。

中国古代对于审美的看法，既有自上而下的论道，也有自下而上的具体描述。在许多文人笔记和艺人的心得中，虽然常常只有只言片语，却包含着对审美问题的精湛见解。中国人独特的审美趣味和审美领悟，也只有在中国人的思想中才能见到其思想基础和理论概括。它们不仅在古代曾经对人们的审美实践起到过指导作用，而且有许多思想在未来仍然具有借鉴和指导意义。传统的审美意识处于整个环境中，是我们现实中活生生的东西，它潜移默化地造就着我们，而人们对它们的自觉意识也随之不断在积累和深化，有限的个体只有在继承传统审美思想的前提下，正视审美意识的现实，才能推动其发展。

中国审美理论不是固守中国传统的理论，还包括开放学习的内涵。我们生活于不断发展着的社会生活中，不能静止地看待传统，不能因循守旧，闭门造车。所谓的中国审美理论，是在继承传统的前提下关注现实、可以与世界进行对话交流的中国审美理论，是走向世界的中国审美理论。中国古代的审美思想毕竟没有被学科化、系统化，这就需要我们以西方的审美学思想为参照坐标，按照审美学科的系统对其进行整理，以适应当代的要求。借鉴西方既有的审美理论，不仅有助于我们了解国外审美理论的发展，以推动中国传统审美思想的变革和创新，而且有助于我们将中国传统的审美思想推向世界，使其现代生命力在全球范围内得以发扬光大；在西方审美理论的参照下更加深刻、准确地把握中国审美理论的特点，才能把中国传统的审美范畴和思想安置到中西方可以对话的层面，进而建立起全球视野下的中国审美理论体系。西方学者从他们的思维方式和学科特点归纳出来的人类共同的审美特征，许多是我们没法产生的，尤其值得我们学习和重视。而中西方在审美问题上有许多英雄所见略同的成果，又是可以相互印证的。只有对西方审美理论和文化有较为深入了解的中国学者，才能在全球视野中对中国审美理论做出现代阐释和创造性的发展，为全球审美理论界做出自己的贡献。这就要求我们在建立全球视野下的中国审美理论时，不仅要使这些理论适应中国的需要，而且要能用中国具体的审美思想，解决人类审美的普遍性问题，形成具有普遍意义的审美知识体系，使民族的审美思想财富让全球共享。

建立全球视野下的中国审美理论，必须继承中国审美思想中的那种关注现实的人生价值的传统，必须体现时代精神和审美趣尚，追求人与社会、人与自然高度统一的精神，返本开新，使本土学术资源现代化，符合现实的要求，体现出时代的精神。我们对中国传统审美理论的研究，必须具有当代意识，在当代背景下激活传统，把优秀的审美理论的传统因子融入新的肌体中，使传统审美思想现代化，具有生命活力，顺应当代的社会要求，真正地具有国际性的意义和价值。从现代的结构和功能出发去审视中国传统审美理论的价值，使之成为当代审美理论的源头活水，并且使它具有对现实审美现象的有效的阐释功能。我们要真正从内在精神上继承民族传统中具有生命活力的审美思想精髓，而非只具有古董价值的“原汁原味”。中国人的那种人生艺术化的自觉追求，中国人通过审美活动铸造灵魂的人生态度，都体现在他们的审美主张中。他们以审美的态度去陶冶性灵、体验人生，与自然保持一种亲和的关系，把有限的人生融入到无限的宇宙之中，从而使人生得以超越和成就。在后工业文明时代，这种人生态度有着积极的意义和价值，有助于我们增添生活的情趣，改变那种由工业文明的戕害而造成的机心。

可见，世界大同的人文理想在短期内是不可能实现的，中国人应当从自己的传统和文化背景出发对人类的文明包括审美理论做出自己的贡献。我们应该以西方学说为内在参照坐标，从自己的传统和文化背景出发，吸收中国传统审美理论的积极成果，站在时代的高度，结合自己的国情，对西方的相关学说进行吸收和同化，创构出具有全球视野的中国审美理论。当代中国人学习和引进西方审美理论是必要的，但当代中国人对世界审美理论做出贡献更是必要的。当代中国学人应当在学习西方的基础上，站在全球的角度为人类的审美理论做出贡献。因此，我们所建立的中国审美理论，是全球视野中的中国审美理论。

第二节　审美理论的学科性质

审美理论的学科性质问题对于它作为一个学科来说是很重要的。其实任何学科都有它的位置问题，只不过其他学科的位置大都相对比较固定，所以一般不需要作专门的讨论。审美理论却不同。审美理论研究的对象，比如说审美对象的感性形态、艺术、主体的心态等，在领域上处于不同的位置，并且在另一个角度同时属于其他学科的研究对象，这就容易产生一些误解，形成一些不同的看法。这就要求我们搞清，这些对象从审美理论的角度应该怎样看，应该有什么样的视角和研究方法等问题。李泽厚先生在20世纪80年代曾经将审美理论的内容分成美的哲学、审美心理学和艺术社会学三个部分，并且特别强调三者是“化合”而不是“混合或凑合”。如果是凑合，就只是一种拼盘式的组合，或则像什锦菜一样。一些不成熟的新兴学科也许会经历这个阶段，但真正成熟的学科不应该是这样的。但是，审美理论对于艺术问题的研究，或者说从审美角度研究艺术问题，是否就是“艺术社会学”，还需要进一步论证。

审美理论作为一门学科，应该有它自己的独立位置。由于审美理论所涉及的领域的跨度较大，故为审美理论作学科定位，是一件困难的事情。因为从审美理论的历史看，不同时期对审美现象的研究方法和角度是在转换变化着的。比如说在西方审美理论史上，审美理论在早期作为哲学的附庸，或者说哲学家们对审美现象的探询，经历了对美之所以为美的存在依据的本体论探询阶段，如柏拉图的所谓“理式的分有”说等等，这主要是指从古希腊罗马到中世纪这段时间。而文艺复兴之后，则开始转向了对人的认识能力范式的探求，如英国学者夏夫兹别里提出人的内在感官问题，以及当时的许多其他英国经验主义学者对审美趣味和想象力问题的研究。到了康德，依然是从主体心理能力的知、情、意三者的关系中，来界定以情感为核心的判断力，研究审美的判断力问题，这实际上还是从哲学角度研究审美的心理能力问题。从黑格尔开始，西方学者们又把审美理论研究的核心放在艺术上，称审美理论是一门“艺术哲学”。一直到19世纪末乃至20世纪初，艺术都被作为审美理论研究的核心。这样，从早期的美的哲学探讨，到经验主义的审美心理探询，到黑格尔以下的艺术研究，大概就是李泽厚所说的美的哲学、审美心理学和艺术社会学这三大块“倒是符合美学这门学科的历史和现状的”[1] 来由。说它符合历史是有道理的，而现状则又有所不同。

19 世纪末 20 世纪初以来，审美理论研究的方向出现了多元格局。随着心理学的兴盛，审美心理的研究明显地深入和广泛了，特别是从格式塔心理学等实验心理学角度研究，所谓的“自上而下”的研究，以及后来英美语言哲学、分析哲学兴起以后，对美和艺术又进行了语义方面的分析研究，与此相关的还有结构主义、解构主义的审美理论等等。

在中国，20 世纪 80 年代以来，受西方审美理论和其他学术的影响，中国的审美理论研究出现了多方位、多视野的探讨。如果从 20 世纪 50 年代哲学思辩的“美的本质”开始算起，也经历了一个类似于西方审美理论史的小循环。比如 20 世纪 80 年代所谓“控制论、系统论、信息论”的新三论美学，以及后来模糊美学的尝试，都是借鉴自然科学研究方法的实践。

尽管审美理论现在有着多元的尝试，但作为一门成熟的学科它应该有自己固定的位置。这就是：审美理论是一门以审美关系为出发点、审美意象为核心的人文价值科学，研究的领域涵盖整个审美现象。

首先，审美理论是一门人文科学。我们过去通常把科学分为自然科学和社会科学，这两大类即俗话所说的文科和理科。这是 19 世纪以前的所谓两分法。到了 20 世纪，西方人对于科学问题逐步建立起了三分法，即把科学的形态分为自然科学、社会科学和人文

---

① 李泽厚：《美学四讲》，第 11 页。

科学三大类。自然科学是研究自然界的物质形态、结构、性质和规律的科学，最终使自然能够服务于人类的社会生活，如数学、物理学和生物学等等。社会科学是研究社会群体组织、纪律和现象的科学，包括政治、法律、军事、经济等。人文科学则指人类价值和精神建设的科学，包括语言、历史、各类艺术以及审美理论等。

“人文”这个范畴，在古希腊是关乎人情、人性的意思，包含着人的不断开化、不断进步的内容，即由自然的人变为文明的人所包含的人的基本特性。到了文艺复兴时期，人文主义旗号中的人文主要是相对于神和上帝而言的，以人权淡化神权，这就强调了人的能动性和独立性。在中国古代，人文主要指人类过去已有的文化建设。《周易·贲》云：“观乎人文，以化成天下。”[①] 就是指以已有的文化来感化天下，并且形成了一个“化成”的传统。

人文科学的基本特征应该是：1. 它是人类自身精神形态的科学，以人及其精神产品为对象，体现对人类的价值关怀，为人类的精神建设服务。2. 它是一门评价性的科学。自然科学通过思维坐标去认识对象，有一种发现的性质，揭示了事物的规律，是描述性的科学，而人文科学则让人通过内在的体验去认同对象。3. 在感受和领悟方式上，需要让人体会到是在“意料之外、情理之中”，使人产生共鸣，从中体现出具体学者的独创性。4. 始终不脱离对象的感性形态去研究对象的本质规律。

作为一门人文科学，审美理论在科学体系中与自然科学和社会科学是迥然不同的。首先，审美理论与自然科学是不同的。审美活

① （魏）王弼、（晋）韩康伯注，（唐）孔颖达正义：《周易正义》，《十三经注疏》，（清）阮元校刻，中华书局1980年版，第37页。

动本身是对外物作人文性的主观评价。审美对象的形、色、声等固然有自然规律可循，但这些方面只是审美理论的前提和基础，不是它的关键和根本的特征，审美活动感受到的是对象的象、彩、音效果。审美心理活动的自然规律主要包括其动物性快感的一面，但审美心理的根本特征则是由文化因素所造就起来的，特定时期人们的审美能力和审美心理特征，反映了人类文明的历史进程。特定群体发展起来的文明，也在审美心理中留下烙印。人们用红玫瑰象征爱情，用黑纱寄托哀思，都是人文因素在心灵中起着关键作用。而人文科学研究的正是这种体现着文化特征的情感体验。

在研究方法上，审美理论作为人文科学也与自然科学有着根本的区别。审美理论的研究以在审美活动中起主导作用的人的精神世界为基础。人类的精神活动尤其是心灵的内省体验有着非逻辑、非理性的一面，这是研究自然科学的理性所不能达到的境界。自然科学的研究通常要透过现象看本质，而审美理论研究则始终不能脱离感性形态本身。过去有一种误解，直到今天还有人持这种误解，以为符合自然科学范式的才是“科学”，不符合自然科学范式的就不是“科学”，甚至是“伪科学”，这是错误的。人文科学有自己特殊的研究对象和研究方法，因而也就有自己特定的学科规范和要求。

借鉴自然科学的研究方法和研究成果，有助于开拓审美理论的研究思路，但并不能改变审美理论的学科性质。近代德国学者费希纳主张要以“自下而上”的实证方法取代“自上而下”的思辨研究。从研究类型上看，“自下而上”的研究是英国经验派研究的继续；从研究方法上看，“自下而上”的研究则是 19 世纪自然科学，特别是心理学研究的手段和成果在审美理论研究中的应用。其他如移情说、孤立说、格式塔学派等，从总体上都可以看成是实验方法的具体化。这种方法对于打破审美理论的研究仅仅局限于逻辑思辨模式是非常重要的，它无疑使审美理论的研究领域得到了拓展，并在20世纪产生了深远的影响。但制约审美心理的三个要素，即生理因素、心理因素和社会历史因素，不是自然科学的研究所能全面解决的，而应该通过人文科学的方法才能解决。

审美理论与社会科学的诸学科同样有着差异。社会科学研究的是文明对人类限制的一面；人文科学研究的则是文明的人在精神上寻求自由的一面。文明给予人的有两面，一是自由，一是限制。这"自由"和"限制"像是一枚硬币的两面，同时又是一个有机整体。为了给你自由而限制别人妨碍你，为了给别人自由而限制你妨碍别人。这两种对象分别属于人文科学和社会科学。人文科学研究陶冶性情、净化心灵的艺术和审美对象，以及在人际之间起沟通交流作用的语言符号等；社会科学研究社会秩序、经济规律、法律典章、政治体制、军事制度等。可见人文科学与社会科学是有区别的。比如说，在宗法制的中国古代，儿媳被婆母休弃是天经地义的，娘家和社会舆论不能反对。这种宗法条律是社会科学研究的对象。而乐府民歌《孔雀东南飞》对刘兰芝与焦仲卿爱情的讴歌，以及作品所创构的审美境界，则是人文精神的体现，可以对人们的情感起滋养作用，是人文科学研究的对象。正是从这个角度上讲，我认为审美理论是一门人文科学。

第二，审美理论是一门价值科学。这里所说的价值，主要是指人文价值。对于审美理论来说，就是审美对象与主体之间的审美价值，其中主体是以人的情感为核心，是对象对主体的情感价值。与认识价值和功利价值不同，审美价值不取决于对象的自然物质特征，木质的价值和木雕的审美价值没有必然的关系；也不是对象存在本身的现实价值，悲鸿之马不可骑，白石之虾不可食，它们没有现实的功利价值，而是审美对象对于主体来说有一种精神价值的潜能。这种价值潜能的实现，取决于人的情感的满足。一座金马与木马审美价值的高低，不在于其质地的经济价值，而在于马的感性形象的表现力以及从中所体现出的主体的创造精神和审美理想。

从某种程度上说，审美价值是对象与主体之间所构成的审美关系的价值。它不仅包括对象感性形态潜在的精神价值，而且还包括主体心灵及其活动的相关价值。审美使主体的精神生命在领悟中得以升华，主体的创造力得以发挥，从而使主体的心灵境界得以拓展，使人的心灵进入自由的天地。因此，审美价值同时意味着主体在审美过程中对心灵能力和愿望的证明。

任何价值都是同尺度联系在一起的。审美价值也同样如此，它取决于衡量对象的具体价值尺度。这种尺度在一定程度上具有普遍有效性。而这种普遍有效性是审美能够成为科学的必要前提。在中西方古代学者的心中，分别有奉行“惟人为万物之灵”[①] 和“人是万物的尺度”[②] 的传统。其中，人的感性形态作为自然既体现了宇宙的规律，又因人与对象的统一而从对象中由对和谐的领悟而产生快感，同时，这种尺度在生理上体现了自然规律，在心理和社会历史的层面上又体现了主体心灵的合目的性的要求。这里所谓的合目的性要求，是一种没有现实具体功利目的的合目的性，是精神上的自由境界，是一种心意状态。因此，主体的审美尺度是自然环境、

---

① （汉）孔安国传，（唐）孔颖达等正义：《尚书正义》，《十三经注疏》，（清）阮元校刻，中华书局 1980 年版，第 180 页。

② 普罗泰戈拉著作残篇 D1，北京大学哲学系外国哲学史教研室编译：《古希腊罗马哲学》，生活·读书·新知三联书店 1957 年版，第 138 页。

社会生活以及主体对它们的自觉意识造就起来的。主体在审美过程中，正是瞬间从自觉之中运用审美尺度来衡量对象的审美价值，最终使审美的人生获得成就。

因此，审美理论作为一门研究人文价值的科学，可以借鉴自然科学和社会科学的研究成果，但从根本上说，它是研究关乎主体的心灵建设和自由这一精神现象的人文科学，是从价值的尺度研究人与对象的审美关系、主体在审美过程中的主导作用以及审美对象的形式规律。

第三，审美理论是研究自然、人生和艺术中的审美现象的科学。它以艺术作为重要的研究内容，但不能以偏概全，忽视对自然和人生的研究。审美理论以“审美意象”为核心，把意象的范畴由艺术领域扩及到整个审美领域，这就修正了过去审美理论以艺术为核心的看法。当初鲍姆嘉通在对审美理论定义的四条说明中，有一条是“自由艺术的理论”。到黑格尔走向极端，把审美理论界定为艺术哲学，或“美的艺术哲学”。由于黑格尔本人的学术地位，这一观点对黑格尔的同时代人及后世产生了重要的影响。实际上，审美理论研究的内容不能局限在艺术的范围，而“艺术哲学”的内容，也大大超过了审美理论的范围。

一方面，自然和人生是审美的重要内容，因而也是审美理论研究的重要对象。自然对象是生意盎然的感性对象，作为环境与人的心灵有着密切的关系，不能被排除在研究对象之外。千百年来，自然环境对人的感官的熏陶，对人的心灵的塑造起着不可磨灭的作用，并且已成了人的精神食粮。纷繁复杂的自然现象正可感发我们的情怀，寄托我们的情思。在审美的层面上，自然环境时常被视为我们的知音，与我们同欢乐、共患难，个中情调，可以意会而难以言传。这是任何精妙的艺术品所不可取代的。正如大好河山的绚丽景致，是看录像、读作品所无法取代的一样。黑格尔虽然对自然存有偏见，但在专著中，他还是辟专章对它的审美价值进行了研究。可见，人与自然的审美关系是审美理论无法忽视的重要内容。

同时，当人文环境和人生境界等与我们的利害关系保持一定的心理距离，我们没有对它们进行科学研究时，我们在观照时也可以激发起审美的情感。审美最终是一种从精神上对人生的造就，主体的审美境界本身便是人生所追求的最高境界。自然对象、艺术作品，最终都是为审美地成就人生服务的。人生境界自身无疑而且必须成为审美理论研究的对象。因此，审美对象的范围是无限宽广的。主体能与各类对象构成审美关系，对它们的价值或负价值作出评判。仅仅把审美理论的研究对象局限在艺术上，显然是不恰当的。

将艺术视为主体对对象审美把握的最高形式的看法，不仅不能取代对自然和人生本身的研究，而且还应与历史意识相统一。因为艺术作品只能代表某个特定时代的人对对象的审美把握，尽管在某种意义上，它曾作为那个时代审美理想的典范，而成为不可企及的范本。当我们在新的历史时期，用更高的审美理想对对象进行体悟和把握时，依然要回到现实（包括自然和人生）自身，而不能局限于过去的艺术作品。虽然艺术本身代表了人类对对象审美把握的最高形式，但艺术传达的局限性，人类在现实中只可意会、难以言传的审美颖悟等等，都表明现实中仍有艺术作品所不能传达的审美境界，不能囊括对对象审美把握的最高形式的全部。这就要求我们的研究必须回到人直接与现实所构成的审美关系中去把握对象。总之，艺术虽然高度体现了主体的理想，但它并不能取代对自然和人生的审美研究。正如人体解剖虽然是猴体解剖的钥匙，但对猴体的真正把握最终还是通过对猴体本身的解剖才能最后实现。

另一方面，艺术哲学所研究的内涵，也超出了审美的领域。因为艺术不只是具有审美功能，还具有其他多重功能，尽管那些不是核心功能。艺术创造活动中的许多环节也并不都是属于审美的。例如艺术的社会功利性问题，艺术符号的掌握技巧问题，艺术与政治、艺术与宗教的关系等等。所以，从审美的角度对艺术进行研究，也是不全面的。如果把审美理论与艺术哲学完全等同起来，不但与审美理论学科建立的动机相矛盾，而且在客观上消解了审美理论的独立存在价值。

第三节　审美理论的研究内容

审美理论的研究对象从内容上反映了学科的性质。作为一门人文价值科学，审美理论的研究对象应该能从审美现象中体现出审美活动的人文价值特征。因此，审美对象与审美主体所构成的审美关系便是审美理论研究的出发点，在审美关系和审美活动中起着主导作用的审美主体是审美理论研究的重要内容，在对象审美潜能的基础上，由主体心灵创构的审美意象即通常所说的美，乃是审美理论的核心内容。审美意象所依傍的具体对象的境界和作为审美意象风格特征的审美范畴等，则是审美意象这个核心在物态层面和理论形态上的具体展开，它们在中西学术史上阐述较多，有着悠久的传统，是审美理论不可忽略的具体内容。而主体的审美意识的起源与发展脉络，反映了审美关系和审美意象的变迁历程，无疑是审美理论作为一门学科所不能忽略的。

审美理论应该以审美关系为出发点。这不仅是因为审美关系是人与对象所构成的诸种关系的一种，以此可区别于人与对象的其他关系，更重要的还在于它与其他关系不同。在审美关系中，对象没有独立的审美价值，人是在与对象的关系中才逐渐形成自己的审美意识的。所谓美是由主体的创造力与对象的审美潜能共同成就的。在审美活动中，主体与对象的关系密不可分。对象只有审美价值的潜质，这种潜质是依托于主体的心理而存在的。离开了人，对象可以作为一般对象而存在，不能作为对人而言的具有审美价值的对象而存在。这种审美价值不是超越于人类而孤立存在的，而是千百年来在人与对象的关系中逐步形成的。审美价值的稳定性及其发展变化，都是由审美关系决定的。人们通常所说的美是由主体的创造力或想象力与对象的审美潜质共同成就的。审美价值的稳定性及其发展变化，也是由审美关系所决定的。以审美关系为出发点，意在强调审美对象与主体相互依存、相互制约的一面，同时使审美理论的各研究对象在审美关系的基础上形成一个整体。

以审美关系为出发点，可以将人们的审美活动与其他基本活动区别开来。对象的审美价值、审美心理的特征都是由审美关系决定的。朱光潜先生曾举梅花为例，说明不同的社会角色与梅花构成的不同关系。如植物学家对它进行分类，说明它的生长周期，物理学家从花的色彩研究光波长度，与梅花构成认知关系；花店老板从事商业活动，与梅花构成实用关系；而艺术家和一般观赏者则与梅花构成审美关系。有些研究者认为审美关系是一种不甚确定、难以把握的对象，故不宜作为审美理论研究的内容，这是一种不恰当的观点。确定科学研究的内容主要不是以对象的难易作标准的，而是由对象在学科中的地位所决定的。有些问题成为千古之谜，一时难以突破，但人们依然肯定它在学科中的地位，耐心地予以研究。

审美主体在审美关系和审美活动中起着主导作用，理应成为审美理论的重要研究内容。那些将审美对象等同于美的学者，只是从对象的形式结构上寻求与主体生命节律的对应关系及其情绪反应，把人的美感仅仅局限在动物性的快感上，或是将对象的审美价值与实用伦理价值变相等同。这些看法都没有正确地认识到主体在审美活动中的位置。只有充分肯定主体在审美活动中的能动作用，充分肯定主体的创造精神，以及社会历史因素对主体审美活动的影响，方能算得上对审美问题具有正确的态度。在具体的审美活动中，主体与对象是否构成审美关系，在审美对象基本特质的前提下，主要取决于主体的能动态度（包括心境、对对象的选择等）和主体的想象力对对象的加工改造。审美对象的最大价值即在于主体无实际功利的精神享受。脱离了主体，审美关系便无法达成，审美价值也无法实现。审美在一定程度上可以看成是对人的特定心灵能力的确证。

审美意象是审美理论的核心内容。意象在中国本来是诗学上的范畴，西方也有类似的范畴，最明显的是康德的意象范畴和近代意象派诗歌理论中的意象范畴。20 世纪 80 年代以来审美理论研究中很多人推崇意象范畴，含义各不相同。这里主要是以审美意象取代日常意义上的“美”这个范畴。“美”这个范畴过去有歧义，有的是指审美对象的物象，有的是指心理反映的心象。过去一些学者以美为审美理论研究的核心内容，实际上是把审美对象当作美，仅仅着重于研究对象。实际上诸多对象都具有审美价值的潜能，正如它们与主体同时可以构成认知和道德关系一样。对象的审美价值潜能，包括内在生命力和外在形态的风采，诚然可以作为我们的研究对象，但它本身并不是美。在日常口语中，我们固然可以称审美对象为美，但在科学研究中我们必须明确，通常所说的美，实际上应该指审美意象。另有一些学者看到对象本身并不是美，主体的审美尺度也是发展的，于是走向另一极端，到主体心灵中去寻美，把审美心理当作审美理论研究的中心，这也同样是错误的。

审美意象是在审美活动中，主体以非认知无功利的态度对对象的感性形态作出动情的反应，并且借助于想象力对对象进行创构，从而使物象在欣赏者心目中成为新的形象，即意象。这种审美意象，既体现了对象的感染力，又反映了主体的创造精神，还包含了主体的审美理想。审美理想本是无形的，在意象中因物而现形。一片森林，一朵花，一首诗，一旦符合审美理想，就可以在审美欣赏活动中创构出新的审美意象。主体在选择对象时体现了自己的审美理想，在能动地创构审美意象时（如艺术创作）也寄托了自己的审美理想。审美意象表明在审美活动中，主体对对象不是简单的反应，而是一种积极的创造性活动。通过物化形态，审美意象还可以成为艺术作品，持久地保存下来，成为科学研究的确定对象。正是由于审美意象在审美关系和科学研究中的地位和价值，我将审美意象确定为审美理论研究的核心内容。

审美对象的类型影响着审美意象的类型，它主要包括自然、人生、艺术三个方面。黑格尔以降把审美对象局限在艺术的一派，在学术界一直占着主导地位。不少审美理论著作严格说来只是艺术理论著作。有些著作虽然不排斥自然和人类生活，但有意无意地把它们视为低级的审美对象，或认为它们本身不规范，没有明确的标准，故仅用非常有限的篇幅提到它们以作点缀，这是一种很不正常的倾向。在审美理论研究中，我们应该向这门科学敞开全方位的对象疆域，我们应该对自然和人生给予充分的重视。在人类的生命活动中，自然是人类永恒的知己。在与人类终始的相伴中，自然不仅向人类提供了永恒的物质资源，而且是人类取之不尽、用之不竭的精神源泉，人类应该对之充满无限的爱意与敬仰。从人类和个体的童年时代开始，自然就在造就着人类审美的心灵，并在未来审美意识的发展中更加深入地对主体心灵发生作用。自然将永远以其无可取代的魅力征服主体的心灵，主体亲历自然的审美体验是任何艺术所不可取代的。康德正是由于将自然作为一个整体看是自由的、合目的性的，才确认对审美判断力的研究，可以作为一门科学而成立。而黑格尔将自然对象排斥在审美理论之外，则是一种病态的、不正常的做法，因而他的审美理论也是不完整的。同时，人与对象的审美关系最终成就着审美的人生。在自然的人向社会的人的发展进程中，审美起着重要作用，人正是通过审美的途径，在心灵中实现自由，而不断向自由迈进的。从这个角度看，人本身便是审美所造就的，是人类整个审美意识史的产物。人生境界本身是现实审美的最高境界，审美的目的便是成就人生的理想境界。而艺术境界中则寄托着人生的理想境界，人生的情调、人对未来的希望常常被寄托在艺术境界之中。故艺术境界是主体最高审美理想的体现。人类既往的全部审美遗产，正是自觉地通过艺术和其他文化形态作为中介而得以继承。自然境界、人生境界、艺术境界，是审美对象的三种境界，是审美理论研究的客体对象的基本内容，缺一不可。它们各自与审美主体创构出不同类型的审美意象。

体现审美意象风格特征的审美范畴在审美理论中同样不可忽略。一般系统的审美理论著作都要讨论到审美范畴问题，特别是优美与崇高、悲剧性与喜剧性这两组四个范畴。正如人有不同气质、不同风格一样，审美意象也有不同风格。过去有些学者侧重于从主体审美感受去界定优美感与崇高感等，也有些学者从对象形态去界定优美与崇高，另有些学者觉得双方不可偏废，于是在美的范畴中谈崇高，在美感中又谈崇高感。现在，我从审美意象的角度谈审美范畴，兼顾了对象的主导前提和主体感受的能动性两个方面。而在审美意象的风格范畴中，我侧重研究了自然与雕饰、壮美与优美这两组具有中国民族特色的风格范畴，使之更贴近中国人的审美实际。

为了对审美价值进行全面研究，审美理论还研究具有审美负价值的丑，以便从反面进行比较；而且丑本身也时常与审美意象交融为一，参与了审美意象的建构，既增强了审美意象的效果，又使审美意象呈现出纷繁复杂的形态。在广义上，丑是与审美意象的总体相对应的。但其研究的比重则只能被当作审美理论中的一个不可或缺的基本问题，一直被附列在审美范畴之下，以期在与审美诸范畴的联系与区别中进行讨论。

第四节　审美理论的研究方法

在学术研究上，审美理论的研究方法主要有两种倾向：一是思辨的，从柏拉图开始的对审美问题的形上探求；一是实证的，从亚里士多德肇端的对具体问题的剖析和描述。从19世纪开始，自然科学的实证方法被运用到审美理论的研究中来，并且形成了众多的探索性的流派。在当今的审美理论研究中，要想固定一种方法让大家遵循，是非常幼稚和不现实的。“方法”一词，在希腊文里本指行走的道路，是到达目的地的途径。西谚有“条条大路通罗马”，这就不能强迫大家走同一条路，何况这一条路还未必是捷径，甚至还有可能是迷途。不过，确定几条研究方法上的基本原则，以保障审美理论维持自身本性和体现出当代意识，还是必要的。

首先，审美理论研究应该在兼收并蓄的基础上体现民族意识。审美理论学科的产生、形成和深化的过程都是在欧洲大陆进行的。早期的命名权和范围界定权等无疑为西方人所享有。中国要想建立类似学科，必须首先掌握西方成果，然后才能谈得上建设自己的审美理论。当然，西方当代的审美学说史是根据后来的学科框架向前追溯的。比照这种方式，中国人同样可以建立自己民族特色的审美学科。这种工作虽然早在王国维、梁启超以及后来宗白华等人就已经起步，但系统的研究却是从 20 世纪 80 年代才开始的。鉴于审美规律的普遍性，接受西方深刻的审美思想是非常必要的。具有民族特色的审美理论的整理与深化研究需要做相当长时间的艰苦工作，才能与西方的审美理论分庭抗礼，在平等地位上相互交流，相互补充，相互修正，又各具特色。尽管如此，在审美理论的建设过程中，民族审美意识又必须得到强化。因为中国人数千年来的审美理想与西方人的审美理想是有着明显差异的，而且这种民族特色在今后相当长的时间内是不可能消失或与西方同一的。中国古人的许多著作中对相关问题都有过零星的总结，中国人的审美理论应该与民族审美意识的实际相吻合。把西方的审美理论全盘接受过来，对于中国人的审美理想和审美意识未必是贴切的。强化民族意识便有利于改变食洋不化的风气（尤其是在迄今为止西方许多学者对中国传统审美理论存有偏见的背景之下）。至于一些中国传统的审美理论中比之西方相同的理论成果更为深刻的，就更不必非用西方理论不可。

但兼收并蓄在审美理论研究上尤其不可或缺。且不说西方审美学说的专门研究历史悠久，在思维方式、理论内容和感性形态诸方面都值得我们学习，即使是国内兄弟民族的审美趣尚和理论归纳，也应该融汇进来，取其所长，以补其短。中国文明在其发展历程中，经过数次多民族的文化整合和外来文化的刺激，给本民族固有的传统注进了新的血液。陈寅恪在评价唐朝文化繁盛的原因时说："李唐一族之所以崛兴，盖取塞外野蛮精悍之血，注入中原文化颓废之躯。旧染既除，新机重启，扩大恢张，遂能别创空前之世局。"[①] 这种看法同样适用于审美理论。主体审美心态的发展必然会受到外界的影响，审美理论的发展无疑也应该兼收并蓄。因此，以西方学说为参照坐标，从自己的传统和文化背景出发，结合自己的国情，对西方的相关学说进行吸收和同化，创构出全球视野下的中国审美理论，是非常必要的。

其次，审美理论研究应该倡导历史意识与当代意识的统一。在历史的发展中，当代中国的审美理论应该是整个中华民族审美思想发展的结果与延续，许多固有的基本范畴和理论系统，都是历史地形成的。当代人的审美意识，是同整个民族审美意识发展史血肉相连、一脉相承的，是千百年来历史演变的必然结果。在任何时候，我们的审美意识和审美理论都不可能在短时间内发生一场彻底的变革，都不能割断历史，也不可能进口一整套审美意识取而代之。

但是审美意识和审美理论又不可能是千古一律、一成不变的。每个时代的审美意识都是特定的社会条件的产物，从一个侧面体现

① 陈寅恪：《李唐氏族之推测后记》，《金明馆丛稿二编》，上海古籍出版社1980年版，第303页。

了时代精神。魏晋崇尚飘逸，唐代风行丰满，并且反映在整个时代全面的审美意识中。随着外来文化的影响和社会生活的千变万化，加之当代人对固有审美意识的不断更新和深化，将过去的审美理论奉为不刊之论显然是不恰当的。在审美理论研究中，我们应该体现出当代意识，以当代人的胃口，结合当代的审美实践，对历史成果进行消化和吸收，使之成为当代审美理论的源头活水，为当代的审美实践和理论建设服务。即要求在更高的阶段上，对传统的理论进行扬弃，让传统的民族精神，优秀的审美遗产富于生机。因此，讲究审美理论研究的历史意识与当代意识的统一，是基于社会现实的具体要求和历史发展的必然要求，是在尊重传统的前提下，体现社会发展的实际需要，并使得审美理论在历史的长河中既一脉相承，又不断更新。

第三，审美理论研究应该提倡历史与逻辑的统一。在审美理论中，探索审美意识的起源及其发展是必要的。当代的审美意识是历史发展的必然结果，不理解审美意识的历史发展脉络，就无法真正把握完整的审美理论。在人与世界的关系中，审美关系是在与认知和实用功利关系的相辅相成中发展起来的。理解审美意识的起源与发展，有助于界定审美关系和人与对象的其他关系的区别和联系，把握审美意识的发展规律，以便温故知新，因势利导，顺应发展规律，对未来的审美意识发展起建设性的推动作用。当代审美理论的基本范畴，都是从历史演化出来的，把握审美意识的发展，对审美理论的建设同样是至关重要的。另外，审美意识的发展自身不是一帆风顺的，而是有迂回有曲折的，鉴古知今，可以减少探索的盲目性。因此，探索审美意识的起源发展，目的在于更好地指向未来，为引导审美实践的健康发展提供借鉴。鉴于审美意识的继承发展是以文化形态为中介的，人脑的遗传因素仅仅停留在生理机制的进化方面，故艺术作品、人文产品和人自身（对前辈是言传身教，对后辈是耳濡目染），便是研究审美意识继承发展的重要依据。尤其是艺术作品，以其具体可感的方式集中体现了不同时代、不同民族的人的审美理想，并在审美意识正本清源、跨越时代的继承发展中起到了不可取代的作用。因此，艺术作品便成了研究审美意识继承发展的核心对象。

第四，审美理论研究应该倡导思辩与实证的统一。审美活动是一种始终不脱离感性形态的活动，不能以认知的态度去透过现象看本质。从认知的角度看，“厉与西施，恢恑憰怪，道通为一”[①]，没有美丑之分。从审美的角度看，感性形态与主体情感所创构的审美意象则是千差万别的，但是对审美现象的研究，却可以透过审美活动的现象去看本质。审美现象是一本万殊的，是有规律可循的。形上思辩的方式便可探求到它的本质，使学科趋于科学化。费希纳倡导“自下而上”的研究，是有必要的。但“自下而上”的研究不可能取代“自上而下”的研究。一个缺乏思辩能力的审美学科是不可能形成体系、独树一帜的。而现代心理学等方面的具体研究的精密度和准确度也还远远不能满足实际需要，这就不能不以思辩加以补足。

在思辩的基础上，实证研究同样是非常重要的。实证研究可以修正思辩中对具体问题的倾向性错误，可以在微观研究中使一些具体问题变得非常细致和精确。例如在对象的和谐对称、色彩的协调

---

① （清）郭庆藩撰，王孝鱼点校：《庄子集释》上，中华书局 2016 年版，第 76 页。

等与主体生理机制的对应关系上，在感觉的错位规律，以及在此基础上所体现的心理功能特征，都是需要实证的。没有实证，便难免蹈虚，其研究成果也难以在同一层面上争鸣、探索，使审美理论体系陷入相对性的状态。对于审美问题，自古便有零星的实证研究。毕达哥拉斯学派提出数的和谐，在思辩的基础上更侧重于实证。文艺复兴时期的绘画对透视、光色的注重，对解剖的研究，都是实证的探索。英国经验主义学者对审美经验的具体研究，总体上虽属思辩论证，但对感觉和心理经验的描述分析，仍属实证性的。审美经验的实证研究，有助于破除思辩所带来的成见。

思辩与实证在研究方法上并非水火不相容，它们是可以调剂互补的。康德的《判断力批判》一书，便不薄实证，尤爱思辩，使两者得以统一。一般总以为康德学说是为审美寻求先验法则，纯属思辩，但康德同时还是一名想象力丰富，感性直觉能力较强的学者。《判断力批判》中许多地方都包含了他对感性形态及其心理状态的观察与思考，例如对造型艺术的分析，对花卉图案的观察，对崇高感觉的描述，对数学的崇高与力学的崇高分类及其具体事例的探索等，实际上都包含了思辩与实证的统一。中国古代的审美理论则是思辩与实证统一的另一种形态。中国古代审美思想在直观经验的基础上，有高度概括性。其特定的范围和命题，如“虚静”“神思”“形神兼备”“情以物迁”等，体现了深刻的辩证性，是高度思辩的反映。

第五，审美理论研究应该倡导体与用的统一。即审美理论研究的理论基础和方法应该与研究的具体对象相统一。在中国近代学术史上，张之洞曾提出中体西用说（《劝学篇·会通》：“中学为体，西学为用。”），将西方具体的学术思想纳入到中国既有的学术系统中。这种做法，对于反对西化和固守国故，均具积极意义，但缺点在于将体与用割裂了开来。从审美理论上看，中西的审美实践本来有许多共同的东西，西方的审美理论总结不少也同样适用于中国。同时，自近代以来，随着对外交流的广泛深入，西方的审美理论也深深地影响到了中国，这就需要在理论体系和研究方法上汲取西方的有益东西，并且汇入到中国固有的理论总结和研究方法之中，使适合于民族审美传统的既有理论和研究方法，与审美实践相对应，这便是我们所理解的审美理论的体用统一。它与汲取外来影响是不矛盾的。在同一个学科的研究中，因体的改良而导致用的相应改变，使体用相协调，才是正确的出路。那种因循中国传统而不顾审美变迁的理论，只是与当代审美实际相去甚远的古董。而中体西用——以西方对审美实际的具体分析纳入中国既有传统中，与当代有些学者所提倡的西体中用——以西方学说的基本原理与中国具体审美实践相结合，都是严复当年所批评的牛体马用①式的双簧戏。体用统一，乃在于在审美实践不断变迁的同时，审美理论（包括研究方法）也能相应变迁，并对未来的审美实践起引导、催化作用。

① 严复:《与外交报主人书》，《严复集》第三册，中华书局 1986 年版，第559 页。

第一章

审美活动

审美活动是主体在世界中诸多活动的一种，是主体关乎心灵自身建设的一种活动，是触及人的整个生命的全身心活动，是人给自己以精神享受的活动。它使得主体作为情感的动物而存在，并且伴随着人类由童年走向成熟，随着人类社会和主体精神的不断发展而日益丰富和完善。无论是对身边审美化的诗性体验，还是对遥远的空间作诗情的畅想，主体都通过审美活动与对象构成了审美化的世界。而所谓的美，正是审美活动的成果。审美活动通过虚静、体悟和升华的方式，体现了主体性、非现实性和生命意识等特点。而艺术活动乃是审美的高级活动。

第一节　审美活动的起源

审美活动与人的先天本能和感性要求有关，从好奇的童心对世界的观照开始萌芽，逐步由自发性的活动变成自觉性的活动。审美活动的诞生，取决于情感和思维的诞生。主体从生理的快感升华为包含着生理快感的心理快感的日渐形成，到对于符合身心需要的形式感的追求，决定了审美活动的特征及其发展的方向。因此，主体在审美活动中起着主导作用，主体的社会实践推动了审美活动的日益深化。

一、审美活动的历史起源

主体的游戏和装饰的需要是审美活动产生的内在根源。早在旧石器时期，先民们就已经有了原始岩画的出现，到新石器时期，人们更是在石器和陶器的制作中有了自发的审美活动。他们从现实的生活中不断地加以总结，并且诗意地加以引申和生发。他们凭借丰富的想象力，以少象多，以抽象的形式规律，象征着更为丰富的感性世界。他们从功能的角度去领会生命的节奏和韵律，又从装饰、美化的意义上理解美，并以阴阳和五行的范畴加以体悟，将其推广到视觉和听觉等感觉和社会生活的一切领域。从认知的意义上看，其中许多比附性的体会是荒诞不经的，但从审美的意义上看，这种领域又是诗意盎然、饶有兴味的。

真正的审美的自发意识萌芽于器皿的制造。从打制石器开始，原始人就逐步在感受形式的规律。从北京人的石器，到丁村人的石器，再到山顶洞人的石器，我们可以看出石器制作过程中审美意识的变迁过程，从偏重实用方便的尚无定型的形态，到象生形、几何形，再到日渐均匀规整，越来越光滑，逐渐有了审美的要求，并且出现了专门的装饰品。

而穿孔的石珠、兽牙和贝壳等饰品，更是反映了先民们淳朴的爱美天性。从陶器的形制与纹饰，到神话的创构与充实，莫不体现了古人的情趣与理想。陶器在制作过程中以情感为动力，以想象力为工具，在尊重实用规律（如鬶、陶罐、陶碗、尖底陶瓶等）的同时，又反映了先民的情趣和审美理想，当然也包括原始宗教等其他观念。在制造工具的过程中，人们对自然界的法则，诸如均衡、对称、色觉等形式规律逐渐有了一定的意识，形成了自己对物象的形式感。这种意识从自发到自觉，并且通过对物质材料的征服，在创造过程中得以表现。

先民们在器皿的制造中体现着自己天性中的摹仿的本能。器皿的造型和纹饰中对于动植物的大量再现，就是出于摹仿的本能。通过对周围世界的摹仿，先民们既满足了自身的本能，又表达了先民们拓展自我、征服世界的朦胧要求，这种摹仿正是人类纹饰和图案的起源。仰韶文化、马家窑文化在彩陶中使用鱼、蛙、鸟和植物图形，为后代所继承。三代的礼器都盛行用具象的鱼纹、蛙纹和鸟纹作装饰。商部落的人出自东夷，东夷则披发文身。《礼记·王制》"东方曰夷，被发文身。"① 当时的文身，乃是借鉴了色彩斑斓的动物，体现了先民们自发的审美追求，同时也反映了先民们原始宗教式的征服的欲望。其中，生存环境对审美意识的形成和发展产生了重要影响。先民们生存的特定自然环境，为他们提供了特定的摹仿对象，又影响并触发了他们特定的心情，对他们的内在品格的铸造产生了深远的影响。

而实用的需要和宗教、政治等意识形态的影响，又推动了人们在制造工具和器皿的过程中对法则的运用，使得工具和器皿的造型与纹饰在为宗教和政治服务的过程中得到深化和发展。例如宗教对审美的推动，在商代表现得尤其明显。宗教祭祀方面的原因使得牛羊等动物的头形较早、且更多地成为制器之形及其中的纹饰，巫师及巫术对舞蹈和造型艺术的发展也起着重要的作用。器皿中的鸟兽形象常常是祖神和王权的象征。商代的工艺作品受宗教的影响，有了普遍存在、逐步定型并且形成传统的母题，如人兽母题等。至今，商代的许多审美结晶还保存在我们的审美意识和民间文化中。例如民间的小孩虎兜、老虎童鞋，和各种装饰图案等，依然还有着商代审美文化的影子。

对色彩的兴趣是审美活动起源的重要标志之一。原始人生活在

---

① （汉）郑玄注，（唐）孔颖达等正义：《礼记正义》，《十三经注疏》，（清）阮元校刻，中华书局 1980 年版，第 1338 页。

五彩缤纷的世界里，不知不觉地就产生了对色彩的感觉和意识，并且日渐将意味赋予色彩。山顶洞人佩戴的装饰品的穿孔，几乎都带有红色，似乎用赤铁矿研磨的红色粉末染过；他们埋葬尸体时也会洒上赤铁矿粉，这些反映了他们色彩意识的觉醒。同时由于人的血液也是红色的，原始人把红色作为生命的象征，使用红色有冀求再生之意，交织了原始宗教的观念。色彩逐渐从官能的快感发展到心灵的愉悦，乃至承载着社会文化内容，成为一种象征的符号，具有早期的宗教和审美的价值。从新石器时代开始的原始彩陶，反映了人类童年时代对五彩缤纷的迷恋。到商代的甲骨文，已经有了四个色彩词，即幽（黑）、白、赤、黄，用来表示牲畜的色彩。

神话的产生，也是人类审美活动的重要方面。原始时代恢恑憰怪的神话虽然已经被融进了后代的众多的神话之中了，但是在历代的造型艺术和思想观念里，无不深深地浸染了当时的神话意蕴，以至我们根本无法将其从审美意识中加以剔除。因此，虽然我们对精致美妙的器皿中的神话意蕴不能作明晰的领悟，但是透过商代神话的吉光片羽，我们依然可以朦胧地领略到器皿中所包孕的神话的韵致。

总之，原始人审美活动的诞生经历了一个从生理到心理、从无意到有意、从实用到审美的过程，而后继的宗教等社会活动又推动了审美活动的深化与发展。

二、审美活动的身心基础

美感是以生理的快感为基础的。这种生理的快感人与动物有一定的共同性，但它不是美感的全部内涵和核心内涵。其全部内涵还应该包括心理因素和社会历史因素，而其核心内涵应该是以情感为中心、想象力为动力的综合心理功能。从历史的角度看，情是在人的本性的基础上衍生出来的。《荀子·正名》云“性者，天之就也，情者，性之质也”①；“性之和所生，精合感应，不事而自然谓之性”②。从个体的角度看，人的情感乃是本性受外物感发的结果。以情感为中心的审美心理功能，乃以性为本体，寓情于形神统一的身之中。

在人类由自然向人生成的漫长过程中，主体由生理向心理的历史生成是一个决定性的标志。在中国传统的气化思想中，主体自然的感性生命是一种气之聚，是精、形二气化生的结果。《黄帝内经·素问·宝命全形论》云：“人以天地之气生，四时之法成。”③主体的心灵正寓于这种创化之体中，与人的感性生命共同体现着生命之道。而世间万物也同样是宇宙生命之道的体现，对象的感性形态与主体的生理节律相协调，于是主体能从对象对主体的感发而领悟到对象的盎然生意，并因对象的特定风貌对主体在生理基础上的心理的感动，而让主体获得特定的情趣。其中，主体的心灵和心灵的创化功能，乃是奠定在主体身心合一的基础之上的。

自先秦以降的古代思想家们，首先强调了生理为心理的基础，心寓于身之中。中国古人认为，人的感性生命在本质上是一种“气积”，是气的流动，气散则身不存，气止则生命寂灭。而其中起主导作用，寓于生命之中的是内在生命力——神及其运用。“神”指

① （清）王先谦撰，沈啸寰、王星贤点校：《荀子集解》，中华书局 1988 年版，第 428 页。

② （清）王先谦撰，沈啸寰、王星贤点校：《荀子集解》，第 412 页。

③ （唐）王冰注：《黄帝内经》，中医古籍出版社 2003 年版，第 59 页。

神体之用，无体便无用，故“神去则机息”。主体的心灵活动正是奠定在“神机”的基础上的。荀子所谓：耳目之辨生而有①、声色之好人同欲②、心有征知缘天官③等，正强调了心理的生理基础，并且强调心起到了统摄全身之气的作用。

因此，身是人的自然机制，体现了自然规律，心则是在自然机制的基础上在外物感发和社会交往中发展起来的，其中自然之道无疑是其根本。为了防止心灵在其活动中背离自然，失去本根，人须修心养性，妙合自然，即回到自然，使心灵及其活动不脱离感性生命的基础。《荀子·天论》：“形具而神生，好恶喜怒哀乐藏焉，夫是之谓天情。”④ 人之七情寓于形神统一的感性生命之中，体现了生命之道，这就是通常所说的“天情”。《淮南子·原道训》：“形备而性命成，性命成而好恶憎生矣。”⑤ 把情感的产生奠定在感性生命存在的基础上。孟子曾发展了《周易》以来的反身内省的思想传统，将心、性、天视为一体，主张人通过内省可以尽心知性以知天。《孟子·尽心上》：“尽其心者，知其性也。知其性，则知天矣。”⑥ 人本身就是自然，故心可以通过体验，从整体上把握到人的本性，把握到自然之道。因此，人的心灵必须不脱离感性生命。《庄子·齐物论》曾说“其形化，其心与之然”⑦，说明心灵是随着形体的变化而变化的。《黄帝内经》也认为，人的心灵活动是主体

---

① （清）王先谦撰，沈啸寰、王星贤点校：《荀子集解》，第434页。
② （清）王先谦撰，沈啸寰、王星贤点校：《荀子集解》，第434页。
③ （清）王先谦撰，沈啸寰、王星贤点校：《荀子集解》，第417页。
④ （清）王先谦撰，沈啸寰、王星贤点校：《荀子集解》，第309页。
⑤ 何宁撰：《淮南子集释》上，中华书局1998年版，第80页。
⑥ （清）焦循撰，沈文倬点校：《孟子正义》，中华书局1987年版，第877页。
⑦ （清）郭庆藩撰，王孝鱼点校：《庄子集释》上，第62页。

内在生命力活动的结果，这就是所谓的“精”“神”“魂”“魄”①。主体的感悟活动，正是内在生命力（神）的功能的运用。“根于中者，命曰神机，神去则机息。根于外者，命曰气立，气止则化绝。”② 感性生命的气是生命的基础，也是神的基础。而心乃是以感性生命为基础，在神的基础上发展起来的。

同时，古人还强调了身心的贯通和心对身的主导作用。在中国传统思想中，主体的身与心，又被称为形与神，它们统一于气本体之中。而心作为气之精华，则起到了主导全身之气的作用，是“形之君也，而神明之主也”③。《淮南子·原道训》云：“夫形者生之舍也，气者生之充也，神者生之制也。”④《管子·内业》：“定心在中……可以为精舍。精也者，气之精者也，气，道乃生。”⑤ 故内在的精气，构成心灵，内聚而为泉源，“浩然和平”，这便是“气之渊”。渊之不涸，表里乃通，九窍遂达。《诗经·召南·草虫》：“亦既觏止，我心则降”，“我心则说”，“我心则夷”⑥。降（欢）、说（悦）、夷（怕），正在说明交合后的心态畅美。人类的视听感官也在生理本能的基础上与内在心灵贯通，故能“应目会心”⑦。由于化生万物之道的统摄，身心便凝为一体。尽管中国古人将心脏视为感性

---

① （唐）王冰注：《黄帝内经》，第222页。

② （唐）王冰注：《黄帝内经》，第159页。

③ （清）王先谦撰，沈啸寰、王星贤点校：《荀子集解》，第397页。

④ 何宁撰：《淮南子集释》上，第82页。

⑤ 黎翔凤撰，梁运华整理：《管子校注》中，中华书局2004年版，第937页。

⑥ （汉）毛亨传，（汉）郑玄笺，（唐）孔颖达等正义：《毛诗正义》，《十三经注疏》，（清）阮元校刻，中华书局1980年版，第286页。

⑦ （南朝宋）宗炳撰：《画山水序》，宗炳、王微：《画山水序 叙画》，人民美术出版社1985年版，第7页。

生命的核心，将大脑视为精神生命或生命之用的主导，然而对于心灵，却认为它是整个身体的内在功能，是作用于气积之体的精灵。

就体而言，心在身中，身存则心存，身坏则心死。《黄帝内经·素问·六微旨大论》："出入废，则神机化灭；升降息，则气立孤危。故非出入，则无以生长壮老已；非升降，则无以生长化收藏。"[①]《论衡·论死》云："死而形体朽，精气散。"[②]《太平经·四行本末诀》亦云："故人有气则有神，有神则有气，神去则气绝，气亡则神去。"[③] 虽然心灵功能体现在体中，只见其功而不见其形，但作为气之精的作用，却同样体现了大化的生命精神。慧远《沙门不敬王者论·形尽神不灭论》云："神虽妙物，故是阴阳之化耳。既化而为生，又化而为死；既聚而为始，又散而为终。"其"圆应无生，妙尽无名"[④]，说明它同样曲尽生命生存之道。主体内在心灵的需求，支配着主体的感性生命，尤其是感官的需求。在审美活动中，通常是先有耳目之乐的基础，然后才有心乐。但是在进入审美状态之前，心灵也要没有负担，要有审美的心境，乃至轻松、快乐。惟其心乐，而后才有耳目之乐。"耳之情欲声，心不乐，五音在前弗听；目之情欲色，心弗乐，五色在前弗视。"[⑤] 艺术作品则又可以通过外在之身，来表现内在之心。

---

① （唐）王冰注：《黄帝内经》，第144页。

② （汉）王充撰，黄晖校释：《论衡校释》第三册，中华书局1990年版，第873页。

③ 《太平经》，上海古籍出版社1993年版，第182页。

④ （梁）僧佑编撰，刘立夫、胡勇译注：《弘明集》，中华书局2011年版，第243、246页。

⑤ 许维遹撰，梁运华整理：《吕氏春秋集释》上，中华书局2009年版，第114页。

然而，主体的心灵在生命活动中又不滞于身，往往超越于身外而发挥作用。心灵透过外在感官受外物感发，突破身观的局限，游于天地，以致无穷，因而可以具有无限和永恒的意味。《庄子》所谓“乘物以游心”[①]、“与物为春”[②]、“指穷于为薪，火传也，不知其尽也”[③] 的比喻，中国艺术中所表现的心物交融的状态，都可以说明心灵在生命活动尤其是审美活动中的超越性特征。

心的这种基于身而不滞于身，受外物生机（由“物之初”使然）感发的特征，正构成了审美心态的基础。审美从本质上说，是主体由身而心，感物动情，达到身心兼适的一种活动。在古人看来，人的本性，其身心在形态上是静如止水的，透过主体的感官和感性生命，其内在心灵感于物（从根本上说是一种以气合气，是气之动），故能产生情，进而产生相应的实践性要求的欲。《荀子·正名》：“性者，天之就也；情者，性之质也；欲者，情之应也。以所欲为可得而求之，情之所必不免也。”[④] 这里把情看成人的本性特征，而追求达到欲的心愿，便是人的一种常情。《礼记·乐记》：“人生而静，天之性也。感于物而动，性之欲也。”[⑤] 钟嵘《诗品序》：“气之动物，物之感人，故摇荡性情，形诸舞咏。”[⑥] 这些都在说明主体的身心贯通、身心兼适的效果。

---

① （清）郭庆藩撰，王孝鱼点校：《庄子集释》上，第168页。

② （清）郭庆藩撰，王孝鱼点校：《庄子集释》上，第220页。

③ （清）郭庆藩撰，王孝鱼点校：《庄子集释》上，第137页。

④ （清）王先谦撰，沈啸寰、王星贤点校：《荀子集解》，第428页。

⑤ （汉）郑玄注，（唐）孔颖达等正义：《礼记正义》，《十三经注疏》，（清）阮元校刻，第1529页。

⑥ （梁）钟嵘著，陈延杰注：《诗品注》，中华书局1961年版，第1页。

较钟嵘而早的慧远，则将主体情感看成生命化生的内在动力，强调了主体心灵对生命化生的影响。《沙门不敬王者论·形尽神不灭论》云："有情则可以物感……化以情感，神以化传，情为化之母，神为情之根，情有会物之道，神有冥移之功。"① 情感有化合万物的感动功能，心灵则有使之发生这种化生的内在特征，对这种化生之道大彻大悟的人，便可以回归本体。在佛家，就是超出轮回，进入涅槃境界。在审美的意义上，便可达到化境，进入瞬刻即永恒，"其细无内，其大无外"② 的领域。

因此，人在生命活动的过程中，由于外物的感发激荡，引起情感的震动，使得身心突破沉寂，于是"歌之舞之，足之蹈之"，并且"击石拊石"，以助其兴，藉以达到更高境界中的平衡。这便是审美心态和审美活动产生的根源。

三、从汉字"美"等字看审美活动的起源

"美"在甲骨文中是上羊下人，是把羊角、羊皮用作巫术活动时头上的装饰物，人的头上戴着羊头或羊角跳羊人舞，可能是羊崇拜或以羊为主食与族徽标识的民族的礼仪舞蹈，是一种装饰的美。把这个民族指为羌族，也可作一说。因为羌人即是羊图腾的民族。实际上，羊是先民最早饲养的动物，是当时的主食和祭祀的牺牲。我国大约在八千年前裴李岗文化中就出现了陶塑羊的形象，大约在七千年前的河姆渡文化中也出现了陶羊。

① （梁）僧佑编撰，刘立夫、胡勇译注：《弘明集》，第246页。

② 黎翔凤撰，梁运华整理：《管子校注》中，第950页。

“美”字最初的本义是修饰和装饰。“美”字或作上“羊”下“大”，大也是人，原形是伸展的人。王献唐认为“美”字：“下从大为人，上亦毛羽饰也。”[①] 李孝定也认为：“契文羊大二字相连，疑象人饰羊首之形，与羌同意。卜辞……上不从羊，似象人首插羽为饰，故有美意，以形近羊，故伪为羊耳。”[②] 萧兵则从巫术文化的角度进一步加以申说：“‘美’的原来含义是冠戴羊形或羊头装饰的‘大人’（‘大’是正面而立的人，这里指进行图腾扮演、图腾乐舞、图腾巫术的祭司或酋长），最初是‘羊人为美’，后来演变为‘羊大则美’。”[③] 徐中舒在《甲骨文字典》中释“美”字时说，人首之上，或为羊头，或为羽毛，皆为装饰。这是由猎取野兽的伪装开始变迁为装饰的，有着狩猎时代的烙印。商代中叶以降的甲骨文诸“美”字字形虽有几种不尽相同，但都有“羊”或类似饰物和“人”的上下排列。这是一个象形而兼会意的字，也说明装饰在商代人审美意识中的重要意义。

甲骨文和金文中的“每”字，则是“美”字的异文，这是一个象形的会意字，下面是一个婀娜多姿的女子，上面是美丽的头饰。王献唐认为甲骨文的几个“每”字，“皆象毛羽斜插女首，乃古代饰品”[④]，

---

① 王献唐：《释每美》，《中国文字》第35册，台湾大学文学院中国文学系1970年版，见合订本第九卷，第3935页。

② 李孝定：《甲骨文字集释》第四、五卷，台湾“中研院”历史语言研究所1974年版，第1323页。

③ 萧兵：《〈楚辞〉审美观琐记》，《美学》第三期，上海文艺出版社1981年版，第225页。

④ 王献唐：《释每美》，《中国文字》第35册，第3934页。

又说“以毛羽饰加于女首为每，加于男首则为美”①，说明每、美体现了同一个造字原则，含义相同，读音也同，只是装饰主体的性别不同而已。这也说明，当时的人们还是有了美化和装饰的审美意识。

许慎《说文解字》释“美”为“甘”，并望文生义，附会为羊的体型大，“羊在六畜主给膳也”②。以“美”形容鲜美的味道，显然是后起之义。《史记·殷本纪》有伊尹“以滋味说汤”③ 的记载，美味、滋味等以“美”字形容味道鲜美作为“美”字的后起之意，乃至道德等一切美好的东西都用“美”字来形容，这种字义引申的用字方法本身，就体现了审美的思维方式，即通过比拟、通感来拓展和丰富人的感受，并在周代日渐盛行。

无论是“羊人为美”还是“羊大为美”，抑或作为“美”字异体的“每”字，其本义都是装饰的意思。至于这种装饰到底是为了原始宗教的目的还是为了吸引异性，则与“美”字的本义没有直接的关系。而以美这一视觉感受的字来形容味觉感受乃至伦理道德等，反映了中国古代字义引申的规律，说明富有审美情趣的中国文字在字意的引申上也体现了审美的情调。

反映审美活动的汉字当然远不限于“美”字，“文”“乐”“舞”等字也同样是远古时代人们审美活动的记载。“文”字最初是“人”的象形字之一，后来用来表达纹饰和装饰。刘勰称五彩缤

---

① 王献唐：《释每美》，《中国文字》第35册，第3935页。

② （汉）许慎撰，（宋）徐铉校定：《说文解字》，社会科学文献出版社2005年版，第78页。

③ （汉）司马迁撰：《史记》第一册，中华书局1959年版，第94页。

纷的自然界为天地之文，而人文乃是人体自然之道，师法造化的产物。他在《文心雕龙·原道》中说："文之为德也大矣，与天地并生者何哉？夫玄黄色杂，方圆体分，日月叠璧，以垂丽天之象；山川焕绮，以铺理地之形：此盖道之文也。仰观吐曜，俯察含章，高卑定位，故两仪既生矣。惟人参之，性灵所钟，是谓三才。为五行之秀，实天地之心，心生而言立，言立而文明，自然之道也。"[①] 可见当时的文指多形态多色彩的交汇互补。故《国语·郑语》说"声一无听，物一无文"[②]，《乐记》称"五色成文而不乱"[③]，"文采节奏，声之饰也"[④]。至如萧绎《金楼子·立言》谓"吟咏风谣，流连哀思者，谓之文"[⑤]、"至如文者，惟须绮縠纷披，宫徵靡曼，唇吻遒会，情灵摇荡"[⑥]，已经用文来指代、称谓音韵或音乐的节奏了。

另外，审美活动当然不只是指视觉，听觉也同样是很重要的。汉字的"乐"字，本是一个弦乐器的象形字，而后来的快乐的"乐"字，也从音乐引申过来，说明听觉与快感的关系在上古时代的重要性。

---

① （梁）刘勰著，范文澜注：《文心雕龙注》，人民文学出版社 1958 年版，第 1 页。

② 徐元诰撰，王树民、沈长云点校：《国语集解》，中华书局 2002 年版，第 472 页。

③ （汉）郑玄注，（唐）孔颖达等正义：《礼记正义》，《十三经注疏》，（清）阮元校刻，第 1536 页。

④ （汉）郑玄注，（唐）孔颖达等正义：《礼记正义》，《十三经注疏》，（清）阮元校刻，第 1536 页。

⑤ （梁）梁元帝撰：《金楼子》，中华书局 1985 年版，第 75 页。

⑥ （梁）梁元帝撰：《金楼子》，第 75 页。

第二节　审美活动的本质

凡是为美下定义，或者探求美的本质的学者，都试图为美找到一个实体，或从具有审美价值的对象上去寻求美这一特质，于是有所谓的美在客观说；或从主观的审美心理中去寻求美的判断标准，于是有所谓的美在主观说。实际上，对象被判定为美的，既具有与形式特征相对应和契合的一面，更具有与主观的生理因素、心理因素和社会历史因素三个层面相对应和契合的一面。两者是缺一不可的。平常所说的“美”，实际上是对象的形式潜质与审美活动中主体以情感为中心的心理功能，在想象力的作用下所创构的审美意象。它既具有对象的条件，也具有主观的能动创造，是虚实相生的结果。因此，美是一种具有感性形态的精神产品，而并非一个单纯的物质实体。因此，所谓美的本质，实际上是历代的研究者人为地设立的一个误区。

一、美在客观说的误区

“美”在客观说的观点，在中国当代主要是蔡仪先生提出并坚持的。平心而论，蔡仪先生在逻辑论证上讲究严谨，且也有一定的贡献，但其出发点是有缺陷的，因而得出了错误的结论。他认为客观事物的美在于“客观事物本身”，自然美的性质“是它本身所固有的自然性质”①。而从根本上说来，这种客观性质（物的属性），

① 中国社会科学院文学研究所文艺理论研究室编：《美学论丛》1，中国社会科学出版社1979年版，第36页。

就是典型性。“既要是代表类型的，又要是特定的个性”[1]，即物种的外表现象与内在本质的统一，这便是美。“美即典型”，“美的法则就是典型的法则”，“美的规律就是典型的规律”[2]，“既然美是一种规律，而规律都是客观的，那么，美是客观的，就得到了进一步的论证了”[3]。这种观点认为客观事物的美就在于客观事物的本身，自然美的性质是它本身所固有的自然性质。

这就将美实体化，把认识对象与审美对象、物质与美混为一谈了。认识对象和审美对象作为人的对象，是既有联系，又有区别的。人们对自己所赖以生活的各种对象，都不是像动物那样消极地适应的，而是通过实践能动地改变了人与自然的关系。社会实践是主体的人与对象构成各种关系的前提。没有实践，就没有人。实践创造了人及其社会感官，使人具有各种社会性的感觉能力，从而有可能认识客观对象及其规律，也有可能、有条件与对象构成审美关系。

但是，两者毕竟是有区别的。第一，认识对象从根本上说，是自然界的物质本质及其客观规律。它虽然表现为具体的现象，但最终是通过现象体现本质。而审美对象则以自然对象的感性形象为基础，不管它是否体现了物质的本质属性，只要其感性形象本身符合于审美尺度，便是美的。破碎的瓦砾在朦胧的月色照耀下，也许可以构成一幅美妙的景色，如果就其本质说来，不过是月光下的一堆破烂而已。日出东方，日薄西山的美景，不过是人们对地球由西向东自转所产生的误觉。另一方面，客观存在的对象如果不体现为特定的感性形象，

① 中国社会科学院文学研究所文艺理论研究室编：《美学论丛》1，第57页。
② 中国社会科学院文学研究所文艺理论研究室编：《美学论丛》1，第62页。
③ 中国社会科学院文学研究所文艺理论研究室编：《美学论丛》1，第50页。

便无所谓美。物质及其形态的变化，也说明了这一点。物理变化改变了对象的形，虽没有改变它的质，却不一定美了。这就说明，对象的美丑不是由其“质”决定的，而是由其“形”及其所体现的内在精神所决定的。同样属性的自然界物质，可以表现为丑的，也可以表现为美的，主要就其形而言。物质的化学变化，改变了它的质，如果从感官的角度来说，外在形态暂时未变，则不减其美。

为了论证美在对象的“自然属性”的观点，蔡仪还引用了马克思关于金银的一段话：“金银不只是消极意义上的剩余的，即没有也可以过得去的东西，而且它们的美学属性使它们成为显示奢侈、装饰、华丽的材料，成为剩余的积极的形式，或者说成为满足日常生活和单纯自然需要范围之外的那些需要的手段。”①

其实，对这段话的理解不能断章取义，为己所用。马克思本来不是在这里专门讨论美的。即便讲到美，也未说自然美在自然属性。马克思说金银不只是消极意义上的“剩余的”，而是积极意义上的剩余品，即另一种意义上的必需品。其剩余，是从它的直接意义、从人对对象的物质需要来说的。但为什么又不只是没有也可以过得去的东西呢？从社会的角度看来，人类无非有两大需要，即物质需要和精神需要。物质需要上剩余了，就可以追求另一种需要，这无疑也就是精神需要了。审美需要是一种极其重要的精神需要，美便是人们的精神食粮。而金银的审美属性，便使金银成为满足奢侈、装饰华丽、炫耀的天然材料。换句话说，人们满足于奢侈、装饰、华丽、炫耀等，是以对象的审美属性为前提的。恩格斯的一段

① ［德］卡尔·马克思：《经济学手稿（1857—1858）》，中共中央马克思恩格斯列宁斯大林著作编译局编译：《马克思恩格斯全集》第46卷下，人民出版社1980年版，第459页。

话也同样证明了这一点："人们首先必须吃、喝、住、穿，然后才能从事政治、科学、艺术、宗教等等。"① 前者指物质需要，后者指精神需要，当然也应包括审美需要。

总的说来，人们并非在满足了物质需要后，去消极地浪费那些"剩余"。而是能动地使对象变成人类的精神食粮，以促使自身的进化。至于马克思说金银表现为天然的光芒，的确是就其感性形态，感性的自然形式而言的。但马克思在这里并没有说这种自然形式就是美，只不过说"色彩的感觉"是"一般美感中最大众化的形式"，是美感的一个最普遍的方面，并非周延的美感定义，美感的全部内涵及美的本质，马克思实际上并未提到（也非马克思在这里所要谈的）。我们不能以偏概全，抓住一点，不及其余。

第二，认识的对象是客观实在，是人通过感觉感知的，不依赖于我们的感觉而存在。而审美对象，却要依赖于人们的审美经验和审美感官而存在，如果仅仅强调自然美的客观性，否定人们在长期的实践中所形成的审美尺度，也就否定了自然美的时代性、民族性等相对性了，因而也就否定了美的历史存在及其发展，从而教条地视其为静止的东西了。

就其时代性来说，古代人的贝壳、装饰品，之所以被有意识地收集起来，就因为古代人认为它是美的。今人认为其不美了，是因为它不符合今人的审美尺度了。从根本上说，它所赖以存在的以情感为中心的审美感官进化了，旧的审美尺度被扬弃了。因而在现代

① ［德］弗里德里希·恩格斯：《卡尔·马克思的葬仪》，中共中央马克思恩格斯列宁斯大林著作编译局编译：《马克思恩格斯全集》第19卷，人民出版社1963年版，第374页。

生活中，它就失去了存在的现实意义了。这也同时标志着自然美的发展。所谓自然美的发展，除了随着时代的变迁，其自然环境有所进化以外，重要的方面还在于，人类基于过去的审美经验和当前对象所形成的审美尺度的发展，它决定着主体的人对对象的感受程度和选择对象的不同。

从民族性上说，同一个现象，由于不同民族的审美角度和审美尺度的不同，因而对对象的美丑评价也就不同。例如传统对青蛙的评价，俄罗斯人觉得它的形状“使人不愉快”，何况这种动物身上还覆盖着尸体常有的那种冰冷的黏液，因此蛙就变得更加讨厌了。[①] 而中国人长期以来都觉得青蛙动人，认为它姿态优美，动作敏捷，更有那清脆的叫声，并且从中联想到丰收之景，历史上就有很多名句传颂：“蛙声十里出山泉”[②]、“稻花香里说丰年，听取蛙声一片”[③]。我们不能说美只是对象的自然属性，中国人和俄罗斯人必有一者是错的。因为从客观上说，青蛙的确使中国人获得了精神享受，又的确使俄罗斯人讨厌、反感。

可见，认为美在对象的自然属性中，实际上是把审美对象与认识对象混为一谈了，抹杀了自然美作为人类的精神食粮的特殊性，否定了它的形象性、时代性和民族性。从认识论的角度出发，用生物学的眼光，以绝对科学的方法和纯客观的态度去看待自然美，认

① ［俄］车尔尼雪夫斯基著，周扬等译：《车尔尼雪夫斯基选集》上卷，生活·读书·新知三联书店 1958 年版，第 9—10 页。

② （清）查慎行著，周劭标点：《敬业堂诗集》上，上海古籍出版社 1986 年版，第 464 页。

③ （宋）辛弃疾撰，邓广铭笺注：《稼轩词编年笺注（增订本）》，上海古籍出版社 1993 年版，第 301 页。

为美是客观的典型，是行不通的。对象只有在被感受和体验的过程中，并且通过想象力作创造性的体验，才能成就其审美价值。因此，对象的审美价值不只是通过静观实现的。符合审美趣味的人体结构和符合生理解剖的人体结构是截然不同的，合规律性与合目的性尽管有一定相通之处，但毕竟是有差异的。从历史的角度来看，自然美也是有所发展的，人们主观审美尺度的变化，会引起人们审美时选择审美对象的变化。但美的科学性和进步性并不否定它自身的伟大历史意义，更何况审美对象本身还有其承续性呢！蔡元培曾说“美学的对象，是不能专属客观，而全然脱离主观的”①，无疑是正确的。

二、美在主观说的误区

美在主观说在中国当代也有一定的影响。主观论者的“美”主要指心理对对象反映的心象，否认对象形象的基础意义。这种思想在古代就有类似的错误。《庄子·山木》云：“阳子之宋，宿于逆旅。逆旅人有妾二人，其一人美，其一人恶，恶者贵而美者贱。阳子问其故，逆旅小子对曰：‘其美者自美，吾不知其美也；其恶者自恶，吾不知其恶也。’”② 主张各美其美，把美感与个人的生理快感和趣味偏好混为一谈。吕荧曾说“美是物在人的主观中的反

① 蔡元培：《美学的对象》，蔡元培撰，高平叔编：《蔡元培全集》第四卷，中华书局1984年版，第124页。

② （清）郭庆藩撰，王孝鱼点校：《庄子集释》下，第701页。

映，是一种观念”[1]，后来在辩驳中又说“美是人的社会意识”[2]。他把美当成一种观念，一种社会意识，这就把美与审美意识和审美观念等同了起来，这就脱离了感性、具体的对象。而另有学者还把美和美感等同了起来。高尔太在20世纪50年代也曾说：“美和美感，实际上是一个东西。”[3]“大自然给予蛤蟆的，比之给予黄莺和蝴蝶的并不缺少什么，但是蛤蟆没有黄莺和蝴蝶所具有的那种所谓‘美’，原因只有一个：人觉得它是不美的。”[4] 他忽视了感性物象是美感的源泉，忽视了对象的形式规律，而且否认了感觉的共同性。到了20世纪80年代，高尔太又特别强调了美感的个性化的创造。

主观论者把“美”与“美感”等同起来，把审美活动的主观性特征，当成审美活动和美的全部内容，而对对象物象的前提和基础价值重视得不够。这样，审美活动就撇开了对象的前提意义，以主观意识为美的实体，认为美只是一种主观心理活动，把美绝对化、精神化，就会导致美的不确定性，美本身在不停地变易、流动，无规律可循，没有一个恒常的标准判断它，审美活动便无所依傍，成了空想，形成“各美其美”的局面。

我认为，长江“乱石穿空、惊涛拍岸、卷起千堆雪”的美，并不在于人们对社会功利关系的直接联想，或者说社会功利“积淀”在人们的审美情感中，而是在于其“悬泉瀑布，飞漱其间”、在于其“日出江花红胜火”。没有对象，审美活动便如无米之炊，引起

---

① 吕荧：《美学书怀》，作家出版社1959年版，第5页。
② 吕荧：《美学书怀》，第39页。
③ 高尔太：《论美》，甘肃人民出版社1982年版，第3页。
④ 高尔太：《论美》，第6页。

美感和丑感的对象也就没有区别了。黄莺和蝴蝶，虽然在生理学的意义上与癞蛤蟆都同样是生灵，又是各有千秋的，黄莺和蝴蝶能以悦耳的声音和绚丽的色彩让人赏心悦目，就因为对象的声、形、色等方面给人们提供了审美的愉快，而癞蛤蟆在声音、体态和色彩等方面，都不具备给人审美愉快的基础。对象只有在感性形态上让人赏心悦目，内在节律上与人异质同构，让人产生共鸣，然后才有所谓美。艺术作品虽然是主体感物动情的产物，但一经产生，就被当作客观存在物欣赏，从而独立于艺术家和艺术家的意志。

对象感性形态的对称、均衡，乃至对人体比例的黄金分割律的追求，总体和谐原则等，乃是引起主体生理快感和心理快感的基础。这是由于对象符合于人们长期实践过程中所形成的审美尺度，即它与人们心理之间所形成的审美的对应关系，从而给人一种精神性的愉悦。美丽的传说不过进一步增加我们的意趣和热爱，而并不能从质的角度使对象发生变化。同样，月亮的美，是因为月亮自身，月光下景色的和谐搭配符合于审美尺度。不是月色借娱乐、恋爱、散步、抒情等才显得美，相反，倒是这些生活借助月色而显得更和谐、更富有诗意。正因如此，人们才把许多美丽的传说附丽于月亮。

同时，主观论者还以偏概全，夸大了个体感受的差异性和个体体验的能动创造性的一面。如果美真如他们所说的只在主观，并以审美活动中的个体意识否认了社会意识，将个体意识等同于社会意识，而忽略了审美活动在一定范围内的普遍有效性，那么，“美”的评价标准便是随意的，就无从成为一门科学。审美的快感，有着普遍有效性。孟子曾在孔子“性相近”的基础上，主张性善论，并以此强调审美感受的共同性。“口之于味也，有同耆焉；耳之于声也，有同听焉；

目之于色也，有同美焉。”[1] 虽然还停留在感官的生理机制方面，但毕竟难能可贵。他对人的共同性方面“至于心，独无所同然乎？心之所同然者何也？谓理也，义也”[2] 论述，即强调心理上的必然愉快，如同感官快适一样有效。正是这种具有普遍意义的身心特征，才使得审美活动具有普遍有效性，审美活动才能作为一门科学来加以研究。

因此，我们认为，美不等于美的观念，也不只是纯然外在的对象，而是体现着社会性特征的个体在审美活动中成就的，是主体感悟对象的积极性成果。

三、美是审美活动的成果

从主客观两个角度谈审美活动本身没有错，关键是要看到在审美活动中主客体是交融的，而不是对立的。如果只是片面地强调某一点，或简单地把主客体两者看成本来就是一体的、混沌不二的，那么就无法产生物我间的审美活动。“天人合一”实际上先有天、人这两种观念，才有所谓“合一”，若天人本为一体，则何来合？何来人与宇宙融为一体的所谓“与万化冥合”？具体说来，美不单纯地在客观的物上，也不单纯地在主观的心灵中，而是在主客观统一的“物的形象”上。朱光潜曾引苏轼《琴诗》“若言琴上有琴声，放在匣中何不鸣？若言声在指头上，何不于君指上听?”来驳斥视美于主观或客观一端的倾向，认为美在主客观之间[3]。琴声来自

---

① （清）焦循撰，沈文倬点校：《孟子正义》，第765页。

② （清）焦循撰，沈文倬点校：《孟子正义》，第765页。

③ 朱光潜：《“见物不见的人”的美学》，《朱光潜全集》第五卷，安徽教育出版社1989年版，第135页。

琴、指之间，还灌注了人的情感。从这一点看，美确实是在主客观之间，是审美活动的成果。朱光潜把美的本质和审美对象分开，认为美的本质与审美意识无关，而审美对象却以审美心理、审美意识等主观因素为中介。这是有一定的道理的。

其实，审美主体和审美对象都是在审美活动中生成的。审美活动是审美关系的具体表现，审美理想在审美活动中生成和发展，又在审美活动的过程中得以表现。审美关系是物象对主体的一种价值关系，这种价值关系是主体对心灵的自我确证。对象只有在以其物象符合主体体验的趣味、满足了主体的身心需要时，才是具有审美价值的。对象的物象是否可以获得审美的价值，是主体的态度决定的。当人们采取审美的态度时，对象才被视为审美对象。

审美活动是人们通过健康的情调对世界的一种诗意的感受，是对对象进行美、丑等价值判断的活动。知、情、意三分对于心理功能来说只是相对的，审美活动与其他活动只是在心理功能的协调方式和表现形态上不同而已。在认知活动中，主体也时常伴随着情感。但是，在认知活动中，情感只是对认知的兴趣起感发作用，并不介入认知的过程。在意志领域里，情感则受理性支配，服务于理性的。而在审美的领域里，情感乃是心理活动的中心，其中虽以感发为前提，但不导向理性思考；虽暗含着社会功利性和主体的理想和意向等，而这些功利性理想和意向，却如水中盐、蜜中花，无痕有味，体匿性存，融汇在审美活动的心理内容中。

审美活动的本质乃是奠定在审美对象对于主体的心灵来说具有审美价值这一点上的。审美价值是一种精神价值，其最终目的在于造就全面发展的人。这种价值应当以感性对象为前提，在审美活动中，主体能动地通过自我感受能力来调节主客体之间的关系，并且从这种调节中体现了生理与心理的统一，理智与情感的统一，个体与社会的统一，现实与理想的统一。在审美活动中，既有对对象作出的肯定性的评价，也有对对象作出的否定性的评价。这种肯定性或否定性的评价，正取决于主体的审美尺度。可见，审美对象要依赖于人们的审美经验和审美感官而存在，如果仅仅强调美的客观性，否定人们在长期的实践中所形成的审美尺度，也就否定了美的时代性、民族性等相对性了。因而也就否定了美的历史存在及其发展。所谓美的发展，除了随着时代的变迁，环境有所进化以外，重要的方面还在于，人类基于过去的审美经验和当前对象所形成的审美尺度的发展，决定着主体的人对对象的感受程度和选择对象的不同。

作为审美活动的成果，美还表现在美的时代性和民族性差异上。审美时尚有其历史变迁的规律。魏晋以清癯为美，唐人以丰腴为美，甚至历史上许多曾经作为审美对象的东西，今人会觉得奇丑不堪。但它们在人类历史上，尤其是在审美发展史上，毕竟起过伟大的作用。尽管现代人觉得这种审美心理幼稚可笑，却不能否定它的伟大历史意义。我们不能以单纯的审美对象的自然属性来是今非古。即便许多今人认为美的对象，将来的人也许会感到可笑的。但我们并不能说古人或今人见到的美，就不是美，美尚在未来。而只能说，在实践的前提下，审美尺度随着历史的发展而发展了。

同时，审美活动不只是一种静观，更是一种自由的创造。每个个体的审美活动，都是一次创造性的活动，是在物象的基础上，通过个体情感的激发和想象力的调动，而创造出崭新的审美意象来。这种主观心态的自由创造，既包含了个体欣赏者作为社会一分子对群体文化心理和审美经验的体现，又反映了审美活动个体自身的审美趣尚，乃至折射出个体的先天气质、人生经历和创造性才能的烙印。

由上述的论证，我们可以看出，学理上的“美”不是通常意义上所指的审美对象，也不等于主体抽象的情意和想象力的创造物。它既有对象感性形态的前提，又有伴随着情感的想象力的能动创造，是情景交融的结果。因此，通常所说的“美”，在学理上既非指具有审美价值潜质的审美对象，也非纯主观的审美感受，而是指情景交融、物我为一的审美意象，是建立在物我间所构成的审美关系的前提下的，是审美活动的成果。其中既包含了对象的感性形态和主观审美的身心基础方面稳定性的一面，又在不同地域、不同民族和不同的审美情境下有着不同的效果。而审美意象既有物象的基础，又是呈现在感受者的感觉中、包含着主体的能动创造的。艺术作品则通过物化形式将审美意象物态化，使意象在欣赏者的眼中比自然物象更为固定。因此，我们通常所说的美，乃是审美意象，是审美体验的产物。美的本质的探讨，应该消解为审美关系、审美活动和审美意象这三个问题。归根结底，应该透过审美关系和审美活动去探讨审美的本质。

第三节 审美活动的心理状态

在审美活动中，主体起着能动的作用。审美时主体虚静的心态，是审美活动的重要前提，也是审美关系得以成立的基础。而基于感性又不滞于感性的独特感悟方式，则是审美活动之为审美活动的关键。在这种感悟方式中，主体通过物象在心中的升华，造就了审美的意象，同时也使主体的生命进入了崭新的境界。因此，审美活动的心理状态主要包括了虚静、体悟、升华这三个方面。

一、虚静

主体“虚静”的心态是审美活动的前奏，是主体进入审美过程的前提。惟有虚静，主体才能进入理想的审美境界。所谓虚静，指主体感悟对象时，须涤荡心胸，“湛怀息机”①，摒除主观欲念和成见，保持内心的清静，“万虑洗然，深入空寂”②，以空明寂静、澄心凝思的心灵去涵容、体悟其中的生命精神。虚静一词，最初见于周厉王时代的金文《大克鼎》：“冲让厥心，虚静于猷。”③ 本指宗教仪式中一种谦冲、和穆、虔敬、静寂的心态，以便虚而能含，宁静致远，用以摆脱现实的欲念，便于崇天敬祖。而审美的心态，则更超越于宗教心态之上，化谦冲、虔敬为亲和、相适。

在审美活动中，主体必须虚静，惟其虚静，方能体悟到天地万物的生命精神。《庄子·天道》云：“水静犹明，而况精神！圣人之心静乎！天地之鉴也，万物之镜也。”④ 以水作喻，认为圣人的静心可以作为天地万物的镜子。庄子还认为虚静是心斋、坐忘的结果。即不受物质形体、机心的束缚，以心相照，由忘

---

① （清）况周颐著：《蕙风词话》，上海古籍出版社 2009 年版，第 9 页。

② （金）元好问著，狄宝心校注：《元好问文编年校注》下，中华书局 2012 年版，第 1151 页。

③ 马承源主编：《商周青铜器铭文选》三，文物出版社 1988 年版，第 215 页。

④ （清）郭庆藩撰，王孝鱼点校：《庄子集释》上，第 465 页。

我、真我而回归天地，与天为徒。以人的自然本性与宇宙生命精神合一，使主体有限的生命得以解放，从而乘物以游心。在这个过程中，主体以澄澈的心境映照万物，而体悟到永恒的生命精神，进而将自身的精神境界扩展到整个宇宙，进入“天地与我并生，而万物与我为一”[①] “独与天地精神往来”[②] 的自由境界。

虚静心态体现了外在感觉与心灵的贯通。“虚”本为视觉印象，“静”本为听觉印象，而主体内在心灵也有虚有静。《庄子·人间世》云：“虚者，心斋也。”[③]《庄子·天道》云：“万物无足以铙心者，故静也。”[④] 所谓虚怀若谷，乃指心灵的虚静。主体视听觉感官的印象与心灵境界在虚静方面是内外协调的。荀子在虚静方面的观点，更接近于道家学派。他的“虚壹而静”以不受先人或他人成见影响为虚，以诸感官不相悖、不相妨为壹。《荀子·解蔽》云：“不以所已臧害所将受谓之虚”[⑤]，“不以夫一害此一谓之壹”[⑥]，并且要求“无以物乱官，毋以官乱心”[⑦]，反映了由外物到感官到心灵的贯通。

《淮南子·精神训》则更进一步将耳目、气志、五脏、精神连为一体：“使耳目精明玄达而无诱慕，气志虚静恬愉而省嗜欲，

① （清）郭庆藩撰，王孝鱼点校：《庄子集释》上，第86页。
② （清）郭庆藩撰，王孝鱼点校：《庄子集释》下，第1100页。
③ （清）郭庆藩撰，王孝鱼点校：《庄子集释》上，第154页。
④ （清）郭庆藩撰，王孝鱼点校：《庄子集释》上，第465页。
⑤ （清）王先谦撰，沈啸寰、王星贤点校：《荀子集解》，第395页。
⑥ （清）王先谦撰，沈啸寰、王星贤点校：《荀子集解》，第396页。
⑦ 黎翔凤撰，梁运华整理：《管子校注》中，第778页。

五藏定宁充盈而不泄，精神内守形骸而不外越。”[①] 而“疏瀹五藏，澡雪精神”[②] 正可纳入这个系统。如前所述，古人是将身心置于一体之中的，外在感官与内在心灵寓于气积之体，是一气相贯、内外交通的，故有心平气和之说。心灵平静，气便能和，视听感官遂能作审美的体悟。这是一种生理和心理全面放松的状态。

虚静的心态，便于体察对象的生命精神。刘禹锡《秋日过鸿举法师寺院便送归江陵并引》：“能离欲则方寸地虚，虚而万景入。”[③] 苏轼《送参寥师》：“静故了群动，空故纳万境。”[④] 空本结体于虚。惟其虚静，才能使心灵空间广大、深远，涵容万事万物及其境象，进而体悟到生命的律动，洞察生命之微，以便主体与外物交融为一，“乘天地之正，而御六气之辩，以游无穷”[⑤]，进入“游心于物之初”[⑥] 的体道境界。

佛道的明镜说，正是虚静心态的具体表述。《老子》十章“涤除玄鉴”，乃以心境为镜，认为它清明澄澈，可以体悟观照万物，并返观内照，洞察其微。老子要求主体自身返璞归真，返本归根，以顺任自然，以道体道。故要“致虚极，守静笃”[⑦]，从而与万物

---

① 何宁撰：《淮南子集释》中，第 513 页。

② （梁）刘勰著，范文澜注：《文心雕龙注》，第 493 页。

③ （唐）刘禹锡撰：《刘禹锡集》，中华书局 1990 年版，第 394 页。

④ （清）王文诰辑注，孔凡礼点校：《苏轼诗集》第二册，中华书局 1982 年版，第 906 页。

⑤ （清）郭庆藩撰，王孝鱼点校：《庄子集释》上，第 19—20 页。

⑥ （清）郭庆藩撰，王孝鱼点校：《庄子集释》下，第 714 页。

⑦ （明）薛蕙撰：《老子集解》，中华书局 1985 年版，第 10 页。

归一。“天得一以清，地得一以宁，神得一以灵，谷得一以盈，万物得一以生，侯王得一以为天下正。”[①] 主体心灵正是通过虚静，方能与物为一，与物为春。这一点，后来为庄子所发挥。庄子以水喻心：“水静则明烛须眉”[②]、“水静犹明，而况精神！圣人之心静乎！天地之鉴也，万物之镜也。”[③] 佛家以镜喻心，也是在追求虚寂清静的心态。《圆觉经》有“慧目肃清，照曜心镜”[④]、《大乘起信论》有“众生心者，犹如于镜”[⑤]、《坛经》有“身是菩提树，心如明镜台”[⑥]，等等。司空图《二十四诗品》的“古镜照神”[⑦] 说，将禅境与诗境贯串起来，反映了审美境界与佛家境界的贯通。这些都是虚静心态的具体、感性表述。

所谓“婴儿”心态也正是一种虚静的心态。儒道释三家都曾倡导过这种心态。孔子在齐地见婴儿视精、心正、行端，便认为“《韶》乐方作”[⑧]。这是由婴儿感官与心灵契合的虚静心态作出的判断。《老子》十章：“载营魄抱一，能无离乎？专气致柔，能如婴儿乎？”主体形神合一，心平气和（集气致柔）即如婴儿。审美的

---

① （明）薛蕙撰：《老子集解》，第26页。

② （清）郭庆藩撰，王孝鱼点校：《庄子集释》上，第465页。

③ （清）郭庆藩撰，王孝鱼点校：《庄子集释》上，第465页。

④ 徐敏译注：《圆觉经》，中华书局2010年版，第43页。

⑤ （梁）真谛译，高振农校释：《大乘起信论校释》，中华书局1992年版，第156页。

⑥ 魏道儒译注：《坛经译注》，中华书局2010年版，第15页。

⑦ （唐）司空图著，祖保泉、陶礼天校笺：《司空表圣诗文集笺校》，安徽大学出版社2002年版，第164页。

⑧ （汉）刘向撰，向宗鲁校证：《说苑校证》，中华书局1987年版，第499页。

虚静心态与婴儿心态在本质上一是致的。它“致虚极，守静笃”①，通过虚静之心而臻于同天地合其道的境地。《吕氏春秋·具备》：“三月婴儿，轩冕在前，弗知欲也，斧钺在后，弗知恶也，慈母之爱谕焉，诚也。故诚有诚乃合于情，精有精乃通于天。乃通于天，水木石之性皆可动也，又况于有血气者乎？”② 对此说得更为明确。佛家也有“婴童心”之说，婴儿之心，未受尘世沾染，没有实际利害的羁绊，故能逸其所逸，乐其所乐，有自得之趣，是一种祥和之心。古人倡导婴儿心态，正是要求返璞归真，求得心灵的空明寂静，以便以纯洁的心灵进入审美的境界。

二、体悟

主体在审美活动中，对对象有着独特的把握方式，这就是超感性的体悟。这种体悟功能，正是审美心态的能动表现。

所谓超感性的体悟，指主体基于感性生命，又不滞于感性生命本身，从而释形以凝心，以身心合一的整体生命去体悟对象，获得感性的欣悦，并与对象达到神合、气合，以觉天尽性，参赞化育。中国传统的审美方式，往往不局限在对象的感性形式本身，不过分苛求形式的精致，不满足于单纯的感官慰藉，以至于为了强化这种效果，有时会“逸笔草草，不求形似”③，而直指其内在的生气灌

① （明）薛蕙撰：《老子集解》，第10页。

② 许维通撰，梁运华整理：《吕氏春秋集释》下，第508页。

③ （元）倪瓒著，江兴祐点校：《清閟阁集》，西泠印社出版社2010年版，第319页。

注，追求对象与心灵的契合，进而达到生命本质的浑然为一，即所谓出神入化，进入化境。这个过程，便是《庄子·人间世》所述的专心致志，由耳及心，由心及气的过程，从中体现了超感性的体悟功能。

在庄子的思想中，个体的人通过这种体悟，可以超越有限形体的局限，超越现实世界的局限，以自然大化为师，消除物我对立，在物我同一中追求人的精神自由，使人的生命在精神上得以无限拓展，在瞬刻进入永恒的境界。他继承老子"天地不仁，以万物为刍狗"[①] 的看法，认为人类社会要复归自然，不能"以物易其性"[②]、"丧己于物"[③]、"危生弃身以殉物"[④]，要以自然大化为师，"齑万物而不为义，泽及万世而不为仁，长于上古而不为老，覆载天地刻雕众形而不为巧"[⑤]。根据这种思想，他将对对象体悟的过程，视为由感官知觉到以心合心，最终以气合气的过程。这就是所谓"以神遇而不以目视"[⑥]"身与物化"[⑦]"游心于物之初"[⑧]"无听之以耳而听之以心，无听之以心而听之以气"[⑨] 等所反复强调的，所谓梓庆削木为鐻，乃以天合天。庄生梦蝶，则与物为一。

孔子"浴乎沂，风乎舞雩，咏而归"[⑩] 的那种恬然自适的心

---

① （明）薛蕙撰：《老子集解》，第3页。
② （清）郭庆藩撰，王孝鱼点校：《庄子集释》上，第332页。
③ （清）郭庆藩撰，王孝鱼点校：《庄子集释》上，第561页。
④ （清）郭庆藩撰，王孝鱼点校：《庄子集释》下，第972页。
⑤ （清）郭庆藩撰，王孝鱼点校：《庄子集释》上，第289页。
⑥ （清）郭庆藩撰，王孝鱼点校：《庄子集释》上，第127页。
⑦ （清）郭庆藩撰，王孝鱼点校：《庄子集释》上，第221页。
⑧ （清）郭庆藩撰，王孝鱼点校：《庄子集释》下，第714页。
⑨ （清）郭庆藩撰，王孝鱼点校：《庄子集释》上，第154页。
⑩ （魏）何晏注，（宋）邢昺疏：《论语注疏》，《十三经注疏》，（清）阮元校刻，第2500页。

境，不但超越了主体的感性生命和对象的感性生命，而且由内在精神的畅达而进入到体道境界。只不过于孔子所追求的，是一种“从心所欲不逾矩”体现着自然规律的人道。而庄子，则让内在心灵“独与天地精神往来”[1]，最终以天合天，以道合道。这样，主体摆脱了感性物态与现实生活的种种羁绊，使精神得以升华，从现实境界进入到理想境界之中。所谓“堕肢体，黜聪明，离形去知”[2]，是要摆脱感性身躯和智慧的束缚，《列子·黄帝》具体描述为“心凝神释，骨肉都融”[3]。道佛两家再三强调的通感，五官感觉能够贯通，正奠定在身心贯通的基础上，是超感性体悟的心态的一种表现。正因为超越了感性，超越了感官，内在心灵才获得了贯通，感官也随之贯通。于是有“眼如耳，耳如鼻，鼻如口，无不同也”[4]，于是有“六根互相为用”“无目而见”“无耳而听”[5]，有“鼻里音声耳里香”[6]。

荀子认为人的情感乃是本性受外物感发的结果。它以性为本体，寓于形神统一的身之中。《荀子·正名》“性者，天之就也；情者，性之质也”[7]，“性之和所生，精合感应，不事而自然谓之性。性之好、恶、喜、怒、哀、乐谓之情”[8]。而人的先天感觉能力与

---

① （清）郭庆藩撰，王孝鱼点校：《庄子集释》下，第1100页。

② （清）郭庆藩撰，王孝鱼点校：《庄子集释》上，第292页。

③ 杨伯峻撰：《列子集释》，中华书局1979年版，第47页。

④ 杨伯峻撰：《列子集释》，第47页。

⑤ 刘鹿鸣译注：《楞严经》，中华书局2012年版，第197页。

⑥ （宋）普济著，苏渊雷点校：《五灯会元》中，中华书局1984年版，第768页。

⑦ （清）王先谦撰，沈啸寰、王星贤点校：《荀子集解》，第428页。

⑧ （清）王先谦撰，沈啸寰、王星贤点校：《荀子集解》，第412页。

人的心情是相通的，并且有着普遍有效性。《荀子·荣辱》云：“目辨白黑美恶，耳辨音声清浊……是又人之所常生而有也，是无待而然者也、是禹桀之所同也。”[①]《荀子·正名》又云：“凡同类、同情者，其天官之意物也同。”[②]《荀子·解蔽》则强调了心灵对感官的能动作用：“心不使焉，则白黑在前而目不见，雷鼓在侧而耳不闻”[③]；“心枝则无知，倾则不精，贰则疑惑”[④]。《荀子·正名》也说：“心忧恐则口衔刍豢而不知其味，耳听钟鼓而不知其声，目视黼黻而不知其状。”[⑤]只有具有了虚静的心态，才能为感官的感受创造条件，使主体心领而神会。

通过超感性的体悟，主体实现了物我交融，使对象超越了物态意义而具有精神意义。孔子就曾认为，审美的愉快超过了“肉味”的物质上的感官快适，以至进入迷狂状态。主体登山观海，能感物动情，意趣充溢，而不滞于山、海本身。既有触景生情，也有借景抒情。物我相摩相荡，遂超越了对象感性物态的局限，获得了精神愉悦。这是一种超越认知和功利意义的愉悦。在感性的世界里，物我的生命都是常新的，生命的形式有着千姿百态。但从根本上说，这种有节律的变化与丰富多彩的主体心态相契相合，方才显得更加绚丽灿烂，其审美价值才获得了真正的实现。春桃秋菊年年如是，审美境界却日新月异，其关键乃在于主体心灵的新新不住。这种新新不住，超越了取与的层面，即对象不再一饱主体的实际欲念，由感性生命进而

---

① （清）王先谦撰，沈啸寰、王星贤点校：《荀子集解》，第63页。
② （清）王先谦撰，沈啸寰、王星贤点校：《荀子集解》，第415页。
③ （清）王先谦撰，沈啸寰、王星贤点校：《荀子集解》，第387页。
④ （清）王先谦撰，沈啸寰、王星贤点校：《荀子集解》，第398页。
⑤ （清）王先谦撰，沈啸寰、王星贤点校：《荀子集解》，第431页。

达到其内在精神与主体心灵的浑然为一，使主体获得了精神愉悦。

在审美的超感性体悟中，情感的动力贯串于体悟的始终。主体情感的特征是同整个生存环境息息相关的，是主体在自身所赖以生存的环境中造就的。主体的内在情调往往与感性物态（如四时之景等）契合一致。因此，作为动力的情感本身便具有超感性的特征。同时，感性、理性，只是对主体心态的形式区分，实际上两者不是绝然无缘的，感性形态之中融汇着理性内容。感性形态因长期的文化背景而富有意蕴，于是可让主体在对象物态的感发中获得共鸣。而在形式上，感性形态又与情感同构。正因情感的动力，主体心态才超越感性，成为审美的心态。同时，"理"既然融汇于感性之中，审美的体悟便不是从中悟出道理，直接受理的约束，而是感发主体的情感。"情以物兴""物以情观"，主体以情体物，以情悟物，故能入能出，能超以象外，又能得其环中。既直体生命之奥，融于生命之中，又超越物态，体悟和品味宇宙的生命精神。因此，情感在审美体悟中占有着主导地位，制约着主体的感知，而超越了外在理性的约束。审美的调节要通过虚静"归根"①、"澄心"②、"感通"③，从根本上说是情感的通畅自然，是情感的自由。这是在审美境界中的自由，而不是现实境界中的自由。中国艺术中所强调的真，并不等同于现实世界中的真，它是以情感为动力的真，是审美领域、理想境界中的真，是一种既超生物、超实用又基于生物、基

---

① （明）薛蕙撰：《老子集解》，第10页。

② （晋）陆机著，杨明校笺：《陆机集校笺》上，上海古籍出版社2016年版，第8页。

③ （魏）王弼、（晋）韩康伯注，（唐）孔颖达正义：《周易正义》，《十三经注疏》，（清）阮元校刻，第81页。

于实用的情感。

主体的超感性体悟，还表现为一种内感，一种“不期而遇”的兴会。中国古人认为，主体感于外物而体悟到内心，又可由对自身的内在感受而体悟到外物的生命精神，物我的生命是贯通的。这样，主体的返身内省便显得至关重要。审美中最根本的成就，乃是物我关系中主体人生的成就。审美过程中的体悟（包括感兴），物我的贯通和交流，最终促成了主体在心灵中的自我实现。而主体的自我意识，则是物我交流和自我实现的必要前提。从发生学的角度看，这种返身自省、自我意识的觉醒，正是审美意识诞生的前提。儒家的默识心契、佛家的摄心内证、道家的内观静照，虽然在内蕴上多有歧义，但在返身内省上是一致的，都要求主体对自身的内在精神进行体悟。由此来观照感性对象，便可超越感性对象本身，而对其生命精神产生一种共鸣（郭若虚所谓：“灵心妙悟，感而遂通”①），使得这种体悟变得深切，整个心灵受到震撼，主体感性生命受到感发，于是有心旷神怡、心潮澎湃的感觉。同时，主体的心灵，是长期的物我双向交流和群体间的心心相印造就的，并在此基础上形成了自己的审美理想。当主体在外在现实生活中体悟到契合主体心灵的审美对象时，便会有一种“他乡遇故知”的欣喜，一种“喜出望外”的神情。主体的内感，正是在这种审美过程中超越感性体现了出来。

三、升华

主体的审美心态，淡化了特定对象与现实世界千丝万缕的直接

---

①（宋）郭若虚撰：《图画见闻志》，中华书局1985年版，第105页。

联系，让具体对象在心中暂时脱离了现实世界，并创造性地构成了一个超然物外的理想境界，即审美境界。这种主体心态对对象的能动作用，实际上是在心灵中升华了现实中的感性物态和生活内容，使之超越了现实生活的实际关系，成就了物我的审美关系。

所谓升华，是指主体在审美过程中，以虚静心态为基础，通过超感性的体悟，使得现实中的感性物态和生活内容乃至主体心灵自身，超越了实际的物质性和功利性意义，让对象与心灵情趣融为一体，凝结为审美意象。

这首先是感性物态的升华。作为审美对象，物态的线条、色彩和节律，都是通过特定的感悟方式，与生命精神契合一致，使得线条、色彩等包孕着的感性生机被抽象出来，其中的物质形式便得到了升华。新石器时期的陶器纹饰，正是感性对象在心灵中升华后的一种能动表现。它既包孕着感性的生机和生命的节律，又摆脱了对对象的直接模拟。对象的其他精神功能和实际社会内容升华后，便在感性形态中只见其功而不见其性。在主体的眼中和心中，这种感性物态便无迹而可感，仿佛既在目前，又居于物外。如“如镜取形，灯取影也”①。因此，传统的中国画所表现的松、竹、梅、兰之类，重在神似，生意盎然。这正是在审美过程中所成就的物质形式向无迹之象的升华。

当主体通过心物交融、反复体验，主体的内在心灵与感性生机浑然一体的时候，审美才真正进入成熟状态。正是在这种陶钧之中，内在心灵从现实世界的关系中升华出来，与自然大化的生命精

① （宋）胡仔纂集，廖德明校点：《苕溪渔隐丛话》，人民文学出版社 1962 年版，第 54 页。

神契合一致，成为观照对象。这样，审美才进入自觉状态，对自然的生命精神才有了真正的把握，物我才真正得到了贯通。而人自身，正是这种感性物态与心灵贯通的高度体现。同时，有些对象本身虽不能引起我们的美感，但对它的惟妙惟肖的摹写，却可以引起我们审美的愉悦。其中体现了主体的创造精神，包孕了主体的内在情性固然是一个重要原因，但脱离了固有的现实关系，更是其进入审美境界的关键。

其次是现实生活的升华。这是指现实生活在审美活动中升华了其固有的内容，而以空灵剔透的形态获得审美的价值。它同时又是对对象的现实欲望的升华，进入到由占有到观赏的心态。主体心灵若想进入审美境界，必须将对待生活内容的态度加以升华，使之空灵迹化，返璞归真。主体虽不能完全摆脱或抛弃固有的生活经历和固有的社会关系，真正像婴孩那样，但主体可以涤荡心胸，以超越现实的理想心境去观照对象。从实用到形式观照，从劳动内容到游戏形式，对对象进行蹈虚的体验，反映了对象与主体的宗教、认知、实用、伦理等关系在心灵中向审美关系的升华。

第三，审美的感性形态和实际生活中的运用反作用于审美意味，也是一种升华。而主体虚静的心境，尤其是由时空距离而导致的适当的心理距离，又是现实生活的内容和主体情感态度升华的关键。有时，时空距离还有助于审美过程中创造性的发挥。审美意味着对现实境界的永不满足。审美的目的，便是突破形式的限制、现实关系的限制，包括时空的限制。对“习以为常”的慨叹，正是永不满足的表现。

中国艺术重视表现回忆的内容，恰恰是为了达到由距离而导致对象升华的目的。当人们将过去所见到的情景，以及劳动和巫术中的行为在娱乐时从头脑中复现出来，或通过具体的方式（如行为方式、艺术形式）复现出来时，它们便脱离了实际的功利，便成了无所为而无不为，纯粹为着精神愉悦的活动。这便是所谓的“此情可待成追忆，只是当时已惘然”①。对于艺术作品的欣赏，也不是深深地陷入作品所标示的那种痛苦和狂欢之中，而是以空灵的心境进行蹈虚的体验，由不即不离而引起共鸣，升华和平息主体内在固有的结聚在潜意识之中的愤怼和激荡的情思。

总之，审美关系最初是从主体与对象的混沌关系中分化出来的。现实的感性对象和主体对生活内容的情感态度，可以通过升华的方式进入审美领域。任何对象都有可能成为审美对象，关键在于主体的能动心理。当主体基于现实的人生，又不滞于现实，去寻求自身的超越而进入心灵的理想境界时，主体已把心灵作为观照对象，而不为现实生活和实际利害所役，进入了审美的自觉状态。

第四节　审美活动的特征

审美活动作为主体的一种精神活动，首先体现着主体性的特征，中国传统从上古时期，就开始从人的角度，从主体性的视野去领悟和评价审美活动。同时，审美活动不只是主体对对象的消极反映，而且还伴随着主体情感通过想象力所作的能动的创造，具有着非现实性的特征，这是一种基于现实又超越了现实的理想境界。通过审美活动，主体实现了物我的同构，通过身心在对象物态中所获

---

① （唐）李商隐著，（清）冯浩笺注：《玉谿生诗集笺注》，上海古籍出版社1979年版，第493页。

得的共鸣而进入理想境界。审美活动的目的，乃在于在精神上对主体的能动造就。

一、主体性

审美活动是主体占主导地位、体现物我融合的精神活动。它以主体为核心，审美活动的目的在于满足一种精神需要。作为一种生命的感性需要，审美活动是奠定在生理基础上的心理追求，意在让心灵感受到愉悦，是一种心灵自由的表现。

没有主体和主体的审美活动，对象只是一种纯然自在物，就谈不上具有审美价值。柳宗元《邕州柳中丞作马退山茅亭记》云："夫美不自美，因人而彰。兰亭也，不遭右军，则清湍修竹，芜没于空山矣。"① 审美活动是审美主体与对象的审美关系的动态表现。主体通过自己的审美活动，不但使自己获得了精神的愉悦，而且还使得外在物象获得了持久的生命力，对人具有精神的价值和意义。滁州的琅琊山美景，正是通过欧阳修的《醉翁亭记》而增添了光彩。故宋代葛立方《韵语阳秋》云："余谓滁之山水，得欧文而愈光。"② 宋人李觏《遣兴》诗说："境入东南处处清，不因辞客不传名。屈平岂要江山助，却是江山遇屈平。"③ 江山遇到了屈原，真是江山的大幸。主体性在审美活动中的价值由此可见。

审美活动是人类生存和活动的一种方式，是人的全面发展的一

① （唐）柳宗元著，吴文治等点校：《柳宗元集》，中华书局1979年版，第730页。
② （宋）葛立方：《韵语阳秋》，（清）何文焕辑：《历代诗话》下，中华书局1981年版，第588页。
③ （宋）李觏著，王国轩校点：《李觏集》，中华书局1981年版，第434页。

个重要方面，体现了主体的生命意识。人与自然在生命节律上的共通是审美活动的基础。艺术中的节奏、韵律正是主体对自然界和现实生活中的节奏、韵律自觉意识的体现。

审美活动中的“天人合一”和“物我同一”的特征，在主体的身、心关系中得到了集中体现。审美活动以感官快适为基础，超越了由物质带来的感官快适，是一种心适。作为一种感性直觉活动，审美活动是一种妙不可言的东西，是超越身观局限的、心灵的自由活动。审美活动中的联想等方式，常常使得平常的事物富有诗意，心物交感，进入物我同一的境界。这是对象不求悦人而自悦人的状态。王夫之说：“天不靳以其风日而为人和，物不靳以其情态而为人赏，无能取者不知有尔。‘王在灵囿，麀鹿攸伏……王在灵沼，于牣鱼跃。’王适然而游，鹿适然而伏，鱼适然而跃，相取相得，未有违也。是以乐者，两间之固有也，然后人可取而得也。”① 以至进入到迷狂状态。《论语·述而》：“子在齐闻韶，三月不知肉味，曰：‘不图为乐之至于斯也。’”② 审美活动不是孤立的活动，常常将认知方式、道德意识推而广之，以诗意的思维方式去感受万物。如对对象的均衡、对称的要求，在感受的深层体现了一种规律性。

审美判断只是主观对待对象的一种精神性的价值判断。与日常生活中的判断不同，它并不会转化为发泄的行为或现实的行动，而是将主观情意附着于感性物态，在心中作品尝和玩味。在审美判断中，审美经验起着重要作用。审美活动的差异性主要表现为主体的审美理

---

① （清）王夫之撰：《诗广传》卷四，《船山全书》第三册，岳麓书社 2011 年版，第 450 页。

② （魏）何晏注，（宋）邢昺疏：《论语注疏》，《十三经注疏》，（清）阮元校刻，第 2482 页。

想的差异。主体的审美理想以及包含在其中的思维定势对审美活动有着深刻的影响，决定了审美活动的方向和价值取向，它们通过直觉在瞬间获得表现，从而实现了先天的气质与后天审美经验的统一。

个人在审美活动中所追求的是自得，自得其心，自得其情。《庄子·骈拇》中的："任其性命之情而已矣。"[1] 正可用来说明个体在审美活动中任其性情，进入天人合一的境界。孟子所说的尽心知性以知天，就是这种状态。

审美活动是一种主体能动的创造性活动。审美活动本身便是主体的生命姿式，要"日日新，又日新"，要不断更新，不断创造，从而打破"常"态。长期感受某于对象，刺激作用消失，创造力退化，而时空间隔正可弥补，便于不断创造。在审美活动中，主体抟虚成实，超越对象和自身，以自我飞动的生命去体悟大化的生命，激发内在的情感，充分调动起丰富的想象力，从而产生一种心领神会、赏心悦目、豁然开朗的感觉，与对象以神相会。因此，审美活动本身不只是一种消极的享受，而且更体现了主体的内在追求。

在审美活动中，主体体现为个性与共性的统一。个体通过对群体意识的运用，而在审美活动中实现对现实人生的超越。在共性的层面上，孟子强调了审美感受的共同性。《孟子·告子上》："口之于味也，有同耆焉；耳之于声也，有同听焉；目之于色也，有同美焉。至于心，独无所同然乎？心之所同然者何也？谓理也，义也。"[2] 孟子讲究感受和心灵体验的共同性。其心涉及"理"，主要涉及真的对象；"义"则主要涉及善的东西。其实美感也不只停留

---

① （清）郭庆藩撰，王孝鱼点校：《庄子集释》上，第336页。

② （清）焦循撰，沈文倬点校：《孟子正义》，第765页。

在目视等感官层面，也同样体现了心理的共同性。当然，审美活动中同时还具有个体的差异性。个体因感官的敏锐程度、气质类型、人生经历、审美阅历，乃至具体某一次审美活动中特定心境的差异，在审美活动中必然会体现出个性色彩。这种个性色彩是奠定在审美感受的共同性的前提之下的。

正是这种物与我、身与心、个体与社会在审美的思维方式中的贯通，主体才将人生作为审美对象加以体悟，从中体现了主体在审美活动中的能动作用。通过审美的思维方式，主体对人生的态度超出了感性的功利价值和道德法则的思考，超出了逻辑的推衍，而侧重于情感的体验与评价，并且始终不脱离人生的感性形态本身，借助于想象力的帮助，超越时空的局限，使这种体验和评价在主体共同的心意状态中具有普遍有效性。

审美活动的关键在于审美的效果，儒家把审美活动看成是成就人生、自我实现的重要途径。道家则将审美活动看成是摆脱困境、回归自然的重要方式。这些无疑都在体现着审美活动的主体性原则。

二、非现实性

作为社会中人与世界的一种精神关系，审美活动具有非现实性的特征。审美活动着眼于现实的人生，寻求理想的实现、愿望的达成，从中提升和超越自我。尽管主体精神性的理想是在现实关系中生成的，但它不同于现实活动，而是一种理想化、艺术化的活动，与现实活动有一定的距离。这种活动植根于自然生命的深处，以生命意识为基础贯通自然与社会。在这种关系中，人与对象以自然为基础，又在此基础上反映出社会化的情感对整个世界的精神需要。

这种关系形式上不涉及功利，但又暗含着功利；它以现实关系为基础，又超越了现实及其约束，走向心灵中理想与自由的境界。

审美活动以对象的感性形态为基础和中介，而超越了对象的物质实体。对象的物象与主体心灵的沟通，正是奠定在此基础上的。主体在审美活动中，是以对象的感性物态为基础并始终不脱离感性物态的。审美活动并不是与对象的物质形式发生联系，而是受体现生机的感性物象感发。《周易·系辞上》认为："见乃谓之象，形乃谓之器。"① 象是对象的感性显现，而具有特定质地形式的，便是具体的器物。因此，象主要是指对象感性物态的无迹的一面，既在目前，又居于物外。如司空图《与极浦书》所言"可望而不可置于眉睫之前也"②。因此，审美活动中对于象的把握，"如镜取形，灯取影也"③。王夫之《尚书引义》卷六《毕命》："物生而形形焉，形者质也。形生而象象焉，象者文也。形则必成象矣，象者象其形矣。"④

审美活动让主体的心灵中断了日常生活的态度，从现实关系中获得一种超越。与认知不同，审美只是主体对对象的感性风貌的一种浪漫的体验。那么人为什么需要这种浪漫的体验？又为什么需要理想的境界呢？这是因为我们生活在喧嚣的世界里，受着现实生活的各种牵制和打击，为生计而奔波忙碌，过着一种异化的生活。但人生如梦，到头来一切却归为虚无。于是，人生便需要一个理想的

---

① （魏）王弼、（晋）韩康伯注，（唐）孔颖达正义：《周易正义》，《十三经注疏》，（清）阮元校刻，第82页。

② （唐）司空图著，祖保泉、陶礼天校笺：《司空表圣诗文集笺校》，第215页。

③ （宋）胡仔纂集，廖德明校点：《苕溪渔隐丛话》，第54页。

④ （清）王夫之撰：《尚书稗疏 尚书引义》，《船山全书》第二册，第411页。

境界安顿心灵。

主体是以感觉为前提与对象建立审美关系的。主体感受的丰富性象征着主体自由的丰富性。白居易《花非花》云："花非花，雾非雾……来如春梦几多时？去似朝云无觅处。"① 现实中的花与雾，在与主体的关系中被主体织成了梦幻般的飘渺境界，由此拓展了自我，并在现实的基础上永不停息地向前追求。这种非现实的特征乃是人类永不停息地追求的一种表征。它直接地推动着人类文化的发展，并对人类社会的整体发展间接地起着推动作用。审美关系由审美对象的非物质性超越了主体与对象的认知关系和直接的功利关系，使主体进入了一种物我浑然为一的忘我境界。

三、物我同一性

在审美活动中主客体的关系，是一种融合、为一的关系，物我是浑然不分的，从而超越了主客二分的关系。这是由人与自然、心灵与对象的关系决定的。天人合一，说明人与自然是统一的，人是自然的一部分；天人相分，说明人在自然性的基础上发展出了自己的心灵世界，是心灵世界使人从自然中获得了超越。审美活动则在物与我二分的基础上又实现了心与物的契合，尤其中国人，在审美活动中更注重的是心灵深处的体验，追求一种体道的境界。

元初赵孟頫的太太管道升的《你侬我侬》诗云："你侬我侬，

① （唐）白居易著，朱金城笺注：《白居易集笺校》第二册，上海古籍出版社1988年版，第699页。

忒煞多情，情多处热似火。把一块泥捏一个你，塑一个我。将咱两个一起打破，用水调和。再捏一个你，再塑一个我。我泥中有你，你泥中有我。与你生同一个衾，死同一个椁。”道的是夫妻间恩爱情深，彼此你我不分、如胶似漆的甜蜜情形。审美活动中物我之间，也同样体现了这种情形。在审美活动中，人与对象之间不是对立的，而是通过主体的能动感悟，融为一体的。由“眼中之竹”的物象，经身与竹化的“胸中之竹”，而创构出审美意象。因此，“物我同一”不仅是天人合一精神的体现，而且是审美活动最高境界的呈现。

而这里的所谓“物”，乃是自然与社会中可以引起感官的快适、并且能够激发情感的感性物象。它通常直接间接地体现出造化的生意或自然之道。审美活动必须有具体的物象作为前提，物我同一是情意融入物象的同一。对象的物象，作为感性形态，对主体的情意起着感发作用。《列子·黄帝》：“凡有貌象声色者，皆物也。”① 实从外物的感性形态，即貌、形、声、色诸方面对对象进行阐释，我们所说的审美意义上的物象，正是包括貌、形、声、色诸方面。

而审美活动中的所谓“我”，是指以情感为中心的主体心理功能，包括感知能力对物象的形、色、声等方面的视听感受，和主体想象力的能动作用，使既有的物象变为与主观情意相契合的意象，从中体现出情理交融的特征。在审美活动中，主体无己无待，从而以身心机制为前提，以审美经验为基础，在物我同一中创构出理想的审美境界。其中，审美活动的主体是先天与后天的统一，是以先天与后天统一的主体与物感通。先天的审美感官能力限于感官的层

① 杨伯峻撰：《列子集释》，第49页。

面。后天的心理是社会历史所造就的主体通过文化形态的影响而逐步获得的。

刘勰在《文心雕龙·物色》的一开头，就在描述自然的感性物象及其风貌对主体心灵的感发，认为随着季节的更迭，阴冷的气候使人忧郁，晴朗的日子使人舒畅。四时景物的变化使人心情受到激荡。连蚂蚁、螳螂这样的动物都会受到感发，难道人能在这种感性物象的感召下而无动于衷吗？一片翠叶，一声虫鸣，都会让人动心，何况清风与明月共同织成的美妙夜景，灿烂的阳光与郁郁葱葱的春日树林交相辉映呢？这种自然物象对主体情意的感动，正是与其内在的生命情调联系在一起的，从而实现了物我同一。

审美活动被视为物我间的心灵感应，表现为豁然贯通的心理状态，从中体现了主体的生命意识。物我同一作为外在的物象通过感官对心灵的感发，经由主体的瞬间直觉，而触及全身心的生命体验，以神合趣，以气合气，是整个生命的投入，是对外物由象而神而道的体验。它不仅包括我对物的心契，而且还包括个人与个人之间对同一物象的心契，即通常所说的“心心相印”，体现了审美活动的普遍有效性。

物我同一的核心是情景交融。情与景是一种异质同构的关系，景物化为情思，情思寓于景物之中。两者相互依赖、相互渗透又相互成就，故能相互交融。范晞文《对床夜语》所谓“景无情不发，情无景不生”[①]，说明两者相互依赖；而所谓“景在情中，情在景中”，又说明两者之间相互渗透的关系。物我交融，情景不分，乃

---

① （宋）范晞文：《对床夜语》，丁福保辑：《历代诗话续编》上，中华书局1983年版，第417页。

是审美的境界。故王夫之说："景中生情，情中含景，故曰景者情之景，情者景之情也。"[1] 石涛论画亦云："山川脱胎于予也，予脱胎于山川也"，"山川与予神遇而迹化也"。[2] 王夫之还把情景二者看成是一种相生的关系："情景虽有在心在物之分，而景生情，情生景，哀乐之触，荣悴之迎，互藏其宅。"[3] 正是通过这种情景相融而相生的关系，情景实现了物我同一，成就了审美的意象和境界。

审美活动作为人在世界中活动的一种方式，是主体栖息、安顿心灵于感性物态及其所创构的境界之中，因而进入物我同一的境界。这种物我同一乃是主体创造性地受物感动或悟入的结果，是主体经由感官的能动感悟实现的。物我间天然契合无间是难得的，大都要凭借主体的灵心妙悟，方可能动地实现物我同一。这种灵心妙悟，常常离不开想象力的能动作用。通过想象力的作用，主体神与物游，使物象经由主体的能动创造，变为与心契合一致的心象。中国古代所谓"适"的心灵感受，就是这种物象与主体情意完全契合；其圆融而无碍、仿佛象为心造的境界，就是这种物我同一的境界。

---

① （清）王夫之撰：《楚辞通释 古诗评选 唐诗评选 明诗评》，《船山全书》第十四册，第 1083 页。

② （清）道济著，俞剑华标点注译：《石涛画语录》，人民美术出版社 1962 年版，第 42 页。

③ （清）王夫之撰：《姜斋诗话》卷一，《船山全书》第十五册，第 814 页。

第二章

审美对象

审美对象是具有审美价值的对象，但审美对象本身只具有审美价值的潜能，只有通过主体经由物态人情化、人情物态化的审美体验，才能创构出审美意象，从而完成审美活动的过程。这种体验既包括感受者作为群体一员的社会性因素，也包括感受者的独特个性因素。因此，我们通常所谓的美，不只是对象自身的特质，还包括主体空灵想象的创造，是虚实结合的产物。而审美对象的象征意义，则大大丰富了审美对象的精神价值。尽管审美判断不涉及对象的真实性和伦理价值，但当真的、善的东西符合审美判断的标准时，就更具有审美价值。它们常常暗含在审美体验的情理交融中。

纷繁复杂、多姿多彩的审美对象，主要包括了自然对象、人生对象和艺术对象三个方面。作为审美对象，它们之间是一种一本万殊的关系，其中既体现了共同的审美本质，又反映出各类对象的独特特征。

第一节　自然

“自然”一词，在中国文化里有两种意思：一是自然界，相对于人类社会和创造物如艺术等；二是自然而然，不假人为，区别于人工、人为的。这里的所谓自然对象，是指自然山水经过主体心灵的陶钧，由感官的欣悦和情感所创构的物我浑然为一的心灵自由的形式。当主体将自然对象作为一种精神对象，从中获得生命和人生的会心颖悟时，便与对象在心中达成了审美关系，自然景致便在主体心中成就了具有独特风貌的审美境界。作为美的一种形态，自然物象是人类通过长期的社会实践，在与对象的关系中逐步地形成了审美尺度后才存在的，是符合于审美尺度的客体对象。

一、自然对心灵的造就

人类在生存发展的漫长岁月中，一直处于无限广阔、充满生机的自然风景之中。这些风景四季循环往复，又年复一年地不断消长变化着，长期地、反复地刺激着人的感官，陶养着人们的心灵，使人们逐渐感悟到宇宙大化的生命节奏，同时体悟到主体自身的内在生命节奏和情感节奏，从中获得物我的协调与共鸣，使得自然景致不仅作为人们的物质环境而存在，而且作为精神环境而存在，从而使这些景致超越了对象的形质，灌溉滋养着人们的心灵。古人所谓“秀色可餐”[①]，乃说美貌或自然景色作为主体的精神食粮对人心的陶冶和造就，如同物质食粮之于主体的感性生命一样。正因如此，中国古代的文人雅士们常常将精神上的陶冶看得比物质的享受更重要。苏轼《於潜僧绿筠轩》云：“可使食无肉，不可居无竹；无肉令人瘦，无竹令人俗。”[②] 久而久之，随着自然对主体的不断感发，随着主体对自然的不断颖悟，自然环境便造就了主体对自然的审美心灵，并因主体对自然的独特感受而使自然的情性得到更精微、更细致的发现。至此，人与自然的审美关系便形成了一个悠久的、灿烂的传统。

大自然以她独特的魅力和无与伦比的生命力召唤着人们去探索，去发现，对我们的情感和精神起到一种激励作用，使我们产生一种特别的欢欣和鼓舞。自然是恬美和宁静的，在自然的安宁静谧

① 陆机《日出东南隅行》云：“鲜肤一何润，秀色若可餐。”（晋）陆机著，杨明校笺：《陆机集校笺》上，第366页。

② （清）王文诰辑注，孔凡礼点校：《苏轼诗集》第二册，第448页。

之中包含着一种浸入身心的神秘之美，比起功名利禄的追逐，自然风光和田园惬意更容易让我们实现精神情感的安宁。在中国古代，田园诗、山水画之所以成为文人墨客追逐的对象，就在于他们寄情山水之间，游荡于江湖之内，实现了精神的解放和心灵的自由。晋宋的陶渊明、二谢，初唐的田园诗派，都在各自特定情感的召唤下，把心灵赋予了自然这片纯净之地。还有许多其他的文人也在对自然的审视中实现了精神升华。

《周易》中包牺氏取法自然而悟出天地之道；孔子在"岁寒，然后知松柏之后凋也"[①] 中感悟出了人生的哲理；而孔子立于黄河大堤之上咏叹"逝者如斯夫！不舍昼夜"[②]，更是在汤汤河水中体验出时间的宝贵。初唐陈子昂的《登幽州台歌》"念天地之悠悠，独怆然而涕下"，[③] 乃把千年之愁绪浓缩于一时之风景，抒写出人生情绪的复杂与悲怆。因此，自然不仅给予我们审美上的愉悦，更让我们"精骛八极，心游万仞"[④]，纵横恣肆，神思飞扬，充分体现出自然对于人类不可或缺的精神诉求，从而使主体与客体真正达到了审美的互动效果。

感性的自然环境造就了我们审美的心灵，而审美的思维方式则在自然的感性形态中妙悟到人生的乐趣，使物我在情态上双向交流，在无限的自然中拓展了个体有限的生命；并且在设身处地的态

---

① （魏）何晏注，（宋）邢昺疏：《论语注疏》，《十三经注疏》，（清）阮元校刻，第 2491 页。

② （魏）何晏注，（宋）邢昺疏：《论语注疏》，《十三经注疏》，（清）阮元校刻，第 2491 页。

③ （唐）陈子昂著，徐鹏校点：《陈子昂集》，中华书局 1960 年版，第 232 页。

④ （晋）陆机著，杨明校笺：《陆机集校笺》上，第 7 页。

度中以主体的情调领略和妙悟自然对主体情感的价值。杜甫《绝句》云："窗含西岭千秋雪，门泊东吴万里船。"① 通过审美的思维方式，主体能够视通万里，思接千载，使个体透过门窗而与外界自然相沟通，把有限的自我汇入到广阔的大千世界之中。因此，自然对主体心灵的发展产生了深远的影响，对主体人生境界的成就也起到了不可取代的作用。

正因为自然山水长期以来对人的精神的造就，故在审美过程中，人们常常将自然视为自己的精神家园。他们赞颂自然，从自然中寻求精神寄托，藉以拓展主体的感性生命，使主体的心灵在与山水的相互契合中获得无限的自由。随着人对自然体悟的不断深化，人与自然在契合中所创构的境界也在不断深化。当自然山水与心灵的契合通过艺术得以表现时，主体对自然山水的审美体悟便上升到自觉的意识，使主体对自然的审美感受能力得以反省和交流，从而推进了人对自然审美关系的深化。

二、自然山水与身心对应

自然对象的感性形态固然是审美判断的基础，但物不自美，因人而彰。只有当自然对象的具体形态具有与主体特定情调相应相通的潜在特征，或对象本身负载着长期的人文因素所赋予的特定特征时，主体方能通过审美的思维方式移情于物，产生共鸣，与自然景致构成相契相合的审美关系。梅花自有傲霜斗雪、凛然独放的先天

① （唐）杜甫著，（清）仇兆鳌注：《杜诗详注》，中华书局 1979 年版，第 1142 页。

素质，蝴蝶自有比翼双飞的习性，让人们在无穷的遐想中对其钟情。人们因孤雁南飞、月照枯树而生出莫名的感伤，因森林幽深而莫名敬畏，都与人的社会背景及其所产生的联想有关。人以具有独特情调的心灵烛照自然对象，使之成为情感的象征物。正因情感与对象形式间的相似、对应，主体或即景生情，或借景抒情，遂情景相融，虚实相生。

自然山水的感性形态，以其充满活力的面貌感染着审美鉴赏者的耳目。与认知相比，审美始终不脱离对象的感性形态，而认知则是透过现象看本质。在认知的眼光里，“厉与西施，恢恑憰怪，道通为一”[1]；而在审美的眼光里，自然山水则以其千姿百态的动人声色，征服着鉴赏者的感官。在认知的眼光里，朝阳和夕阳不过是地球自转的不同阶段与太阳的所处的不同空间关系；而在审美的眼光里，喷薄欲出的旭日与洒满晚霞的落日却显得色彩斑斓，令人陶醉。因此，自然山水的感性风貌所激发的感官快适，是审美感受的基础。它与认知的感官印象是迥然有别的。

这种感性风貌不是一种形质的对象实体，而是一种空灵迹化的象。《周易·系辞上》云：“见乃谓之象，形乃谓之器。”[2] 自然对象作为审美对象，感性显现的是象，而具有特定形式的乃是具体的器物。在主体的审美感受中，对象由神遇而迹化，故其物质形体空灵剔透而无迹。这样，主体既体悟到了自然对象的勃勃生机，又突破了物质形态的局限。正因如此，像海市蜃楼、彩虹和晚霞这样的物质实体上类似虚无飘渺的对象，与具有物质实体的崇山峻岭与汹

① （清）郭庆藩撰，王孝鱼点校：《庄子集释》上，第76页。

② （魏）王弼、（晋）韩康伯注，（唐）孔颖达正义：《周易正义》，《十三经注疏》，（清）阮元校刻，第82页。

涌大海，都同样是具有审美价值的。而崇山峻岭只有通过审美的眼光超越对象的形质时，人们方才能感到它的审美价值。

同时，自然景致的审美价值远不局限于主体视、听感知的感性形态。感性形态的协调、均衡、对称，只能因其与主体生理节奏和平衡感相协调，才能给人以快感。这种快感是审美愉悦的必要前提，却并不是审美愉悦本身。审美愉悦的获得，还在于主体能从自然景致中领悟到造化的生机及其与主体情感的贯通，从而使主体从与自然的浑然为一中体悟到生命之道，并超越有限的感性生命而获得精神上的自由。

作为审美的对象，自然始终保持着一种生生不息的原始生机。自然能给我们的心灵带来一种归属感，自然的节奏与韵律，自然的循环不息、周流不止的特性更是自然生机的一种体现。一般说来，自然山水的审美价值包含着对象中所体现的宇宙大化的盎然生意和勃勃生机。那青山绿水，那花开花落，莫不是大化生机的体现。人体作为自然对象，其魅力正在于对象中勃发的生机。例如炯炯有神的眼睛，健康红润的脸颊和血色艳丽的嘴唇等等。恰到好处的人工化妆，只是一种自然缺陷的补足，或锦上添花。平板的自然形式只有在体现充满生机的内在神韵时，才能具有不朽的魅力。杜甫《奉酬李都督表丈早春作》："红入桃花嫩，青归柳叶新"[①]，审美价值主要不在于"红""青"的形式与观念，而在于生气灌注的嫩与新。所谓"一草一木栖神明"[②]，从一个方面说，乃在于草木之中的生意。所以，让人领悟到自然的生机，比起形色的均衡、对称更为重

① （唐）杜甫著，（清）仇兆鳌注：《杜诗详注》，第784页。

② （唐）顾况著，王启兴、张虹注：《顾况诗注》，上海古籍出版社1994年版，第122页。

要。因此自然对象只有有神，其象才不是苍白的、僵死的，才具有生命活力，才能生气灌注。鉴赏者在审美时，就是超越耳听目视的层面，“应目会心”“应会感神”[①]，由一点花红而感悟到无边的春之精神，由一片落叶而意会到肃杀秋气。

自然山水之于审美主体的决定性的价值，乃在于主体寄情山水，投入、忘情，由对象的感性形态与主体情感的对应、契合而获得精神上的自由。那么，这种自由是如何实现的呢？在审美活动中，主体的情感与对象的生机因不断地双向交流、相互贯通而猝然交融，使物我的生命形态均得以升华，得以超越。如同庄周梦蝶，不知何者为周，何者为蝶；我与草虫，则“不知我之为草虫耶，草虫之为我耶”?[②] 遂消解了物我界限，融化为一。中国古人认为主体的心灵感物而动，其内在情感与外在景物是契合的，一经相遇，如他乡遇故知，主体的心灵遂得以提升，心灵交融的产物便有化机之妙。程颢《秋日偶成》云：“万物静观皆自得，四时佳兴与人同。”[③] 乃说主体由虚静心态，从自然万物中获得自得之趣。四时佳兴与主体的心灵是契合为一的。苏轼《水调歌头》“人有悲欢离合，月有阴晴圆缺”，自然的不同形态与人的不同情感之间，可由对应而贯通，在交融中创构出新的生命境界。情景交融自身，便反映出造化的玄机。明代王廷相《雅述上篇》云：“喜怒哀乐其理在物，所以喜怒哀乐其情在我，合内外而一之道也。在物者感我之

---

① （南朝宋）宗炳撰：《画山水序》，宗炳、王微：《画山水序 叙画》，第 7 页。

② （宋）罗大经撰，王瑞来点校：《鹤林玉露》，中华书局 1983 年版，第 343 页。

③ （宋）程颢、程颐著，王孝鱼点校：《二程集》第二册，中华书局 1981 年版，第 482 页。

机，在我者应物之实。不可执以为物，亦不可执以为我，故内外合而言之，方为道真。”① 自然对象以其特定的风采感动主体，使其真情应景而发。而喜怒哀乐的感发，正体现了主体的能动性。惟有不拘泥于物，不胶着于物，方可物我为一，契合于造化之道，进入恬然自适的玄妙之境。这便是所谓的“以人之性情通山水之性情，以人之精神合山水之精神，并与天地之性情、精神相通相合矣”②。

三、情景对应的多样性

自然对象的风采还取决于它们与主体的感官和心理之间的不同关系。这些关系让人领略到自然对象的千姿百态所带来的变化多端的魅力，使人的不同情感都能寄寓山水，产生深切的共鸣。同时，由于自然对象在整体境象中的丰富意蕴，给主体提供了想象力充分创构的余地和多侧面的体验机遇。而人文精神的能动作用正使得不同的鉴赏者之间，乃至古人和今人之间都能沟通对自然对象的体验。许多散漫清寂的自然也正因人文因素的影响而生机流溢，全盘皆活。

苏轼《题西林壁》云：“横看成岭侧成峰，远近高低各不同。不识庐山真面目，只缘身在此山中。”自然景观在不同视角中，会呈现出不同的风采。人们移步换景，寻求自然景致的多种感觉效

---

① （明）王廷相：《雅述上篇》，王廷相著，王孝鱼点校：《王廷相集》第三册，中华书局 1989 年版，第 854 页。

② （清）朱庭珍著：《筱园诗话》卷一，郭绍虞编选，富寿荪校点：《清诗话续编》四，上海古籍出版社 1983 年版，第 2345 页。

果，领略其不同的神韵。同样是日，朝阳朝霞与夕阳晚霞的景致也因时光差异而有所不同；同样是风，春风送暖，秋风瑟瑟，北风呼啸，给人的感受也颇有差异。一方面，自然对象的感性形态在不同环境气氛下有着不同的风貌和韵致。郭熙《林泉高致·山水训》："春山澹冶而如笑，夏山苍翠而如滴，秋山明净而如妆，冬山惨澹而如睡。"① 四时之景，神态各异，如同人的不同情调。通过这种比况，把山景视为有灵性有情感的友人，感受起来便能安闲自在。清人王闿运《牵牛花赋》云：花貌各尽其妍，时而微芳而孕丽容，时而日开而色暖，时而寒独而影难伫。同样可作如是观。②

另一方面，只有具有特定心境的人，才能对特定对象有深切的体验。春风得意的人对西风劲吹、长空雁叫的景致是很难激发出相应的情感体验的；而身处逆境、备尝人间炎凉的人，对寒冽的冷风则自有一番感慨。杜甫的《茅屋为秋风所破歌》对秋风的感受，与高尔基《海燕》中所说的"让暴风雨来得更猛烈些吧!"的感受是截然不同的。同一个月亮，不同气质、不同心境的人对它的感受大相径庭。有人感到它的清冷幽静，有人感到它的晶莹灿烂，有人感到它的哀伤凄凉。对于比翼双飞的蝴蝶，热恋者见之会感到欢欣，失恋者则更加伤感。

《庄子·秋水》说庄子和惠子游濠梁之上，因庄子自己的游兴与快乐，而觉得水中的游鱼悠哉游哉，乃乐其所乐。从自然对象来说，其多样性特征在情调上当与主体心灵有可通之处。游鱼自身在水中自由自在、无拘无束，是欢欣的主体与之在生命情调上贯通并

---

① （宋）郭思编，杨伯编著：《林泉高致》，中华书局 2010 年版，第 38 页。

② 参见（清）王闿运撰，马积高主编：《湘绮楼诗文集》，岳麓书社 2008 年版，第 24 页。

移情的前提。倘为《庄子·外物》中所说的路上车辙之中生命危在旦夕的鲋鱼，而将进入枯鱼之肆，人们便无法见鱼有乐。而有饥饿之虞的庄子在借贷途中则更无审美的闲情逸志。从主体心态来说，审美活动也同样需要特定的心境。苍茫的大海可以激励踌躇满志的曹操抒发豪情壮志，却不能唤起决意沉海的自杀者对生命的眷恋。人情物趣，必待契合，才能在审美的思维方式中见出无穷的意味。

我们强调在审美过程中要涤荡心灵，同时不否认内在心灵固有的情感色调会影响着主体对自然的感悟。这种感悟既超越认知的滞实理解，又不带着现实的功利目的，是纯粹的情感体验。人们从不同的心境去体悟环境，超越现实本身，用儿童捉月般的天真去体验它们，以排遣内心的惆怅，抒发欢欣的情怀。尽管这样无助于我们改变现实的人生，却从精神上让我们获得净化与超越。孟浩然《宿建德江》云："移舟泊烟渚，日暮客愁新。野旷天低树，江清月近人。"① 置身于烟雾缭绕的水边和舟上，在黄昏日落的时光中，客寓他乡的游子又平添了几分新愁。他远视天地相交的旷野，苍天显得比小树还低，俯视眼前的江面，明月的倒影与人是那样亲近。整个画面和场景反映出作者身观与环境的关系，以及此时此景对作者的感动。这种感动无疑是以作者人生经历和个性气质所带来的情感色彩为底色的。

自然对象的风采往往与整体境象相联系。有时候，一叶可以知秋；一草一木，可以见出山之神韵。布莱克在《天真之预言术》一

---

① （唐）孟浩然著，佟培基笺注：《孟浩然诗集笺注》，上海古籍出版社 2000 年版，第 360 页。

诗中说："在一颗沙粒中见一个世界，在一朵野花中见一片天空。"[①] 整个世界可似从一斑一点中透出生机。但总的说来，自然景致更多的是以整体境象感染人，让人见到满幅天地的生命精神。曾巩《醒心亭记》云："夫群山之相环，云烟之相滋，旷野之无穷，草树众而泉石嘉，使目新乎其所睹，耳新乎其所闻。"[②] 写他在滁州琅琊山醒心亭间所见到的各种景致相互感发，相互映衬，虚实相生，动静相成，时时变化，日日常新。中国人尤其注重对自然的一种全幅天地的体验，把自己置身于大化的整体氛围中。刘熙载《艺概·诗概》说："山之精神写不出，以烟霞写之。"[③] 而大千世界，云雾绕山，简直是大自然的杰作，何劳人间妙笔。南朝吴均《山中杂诗》云："山际见来烟，竹中窥落日。鸟向檐上飞，云从窗里出。"[④] 全幅的景致，正构成了一个整体的境象。

自然对象的风采还常常与人文背景相得益彰。为使既有的自然对象更完善、充实，更富有历史感，人们往往在自然景观中增加适量的人文景观。自然风景区中许多历史名人对风景评点的题字，让我们在领略到风光魅力的同时，能跨越时间与他人在情调上产生共鸣，获得会心的喜悦。而一些点缀在山水之间的亭台轩榭，如同画龙点睛的神来之笔，把整个环境烘托得栩栩如有生气，使全幅的画

---

① ［英］威廉·布莱克著：《布莱克诗集》，张炽恒译，上海社会科学院出版社2016年版，第192页。

② （宋）曾巩撰，陈杏珍、晁继周点校：《曾巩集》上，中华书局1984年版，第276页。

③ （清）刘熙载著：《艺概》，上海古籍出版社1978年版，第82页。

④ （唐）欧阳询撰，汪绍楹校：《艺文类聚》第二册，上海古籍出版社1982年版，第642页。

面自成一体。另外，一些附着在山水之上的神话传说，如三峡的巫山神女峰，被称为阿诗玛、刘三姐的钟乳石等，在寻常山石的基础上，由于神奇故事的精神加工，调动了鉴赏者丰富的想象力，使对象更富有情调，更具有魅力。

第二节　人生

在寻常的意义上，自然的根本性质是真，人生的根本意义是善，艺术的根本意义才是美。但是，在审美的意义上，通过审美的思维方式，自然也感发着人们的情意，而且是审美能力产生的重要源头。人生因其自然风采而具有自然魅力，而且其个性与社会性统一特征的感性风采也同样具有审美价值。更为根本的是，人生作为一道风景，不仅具有审美价值，而且整个的审美活动，最终的目的也是在成就人生。暗含着真和善的审美人生，是人生的最高境界，反映了智与德的高度完备，并通过个体的修养推广到整个社会。

审美意义上的人生，一方面乃指主体以自然的感性生命为基础，又不滞于感性生命，由自觉意识和内省体验而达到与宇宙精神合一的体道境界；另一方面，主体还以人的社会特质（即道德自觉意识）为基础，又不滞于人的社会特质，从心灵中获得精神自由的境界。这种体道境界与精神自由境界在审美的思维方式上的贯通合一，即审美的人生境界。这是现实的人生所追求的最高境界。

一、顺情适性

审美的人生首先以主体与心灵宇宙精神的贯通合一为基础。

人生要进入审美境界，必以自由为标志，而个体的自由，又并非超越于宇宙和社会的自由。孔子说“从心所欲，不逾矩”①，这种矩，既包括宇宙的生命法则，又包括人类的社会法则，体现了合规律与合目的的统一。这种对自然的顺应，即能动地适应对象，是人生审美价值的重要内涵。“鸢飞戾天，鱼跃于渊”②，便是在顺应自然中自得其乐。因此，顺应自然，正是审美的人生的前提条件。

孔子曾赞同曾点沐浴在大自然的春风之中的人生情调：“暮春者，春服既成，冠者五六人，童子六七人，浴乎沂，风乎舞雩，咏而归。”③ 在生命畅达的大好春光里，在闲适的生活中，孔子力图让自我活泼泼的生命与宇宙生命沟通起来，从外在形态中流露出内在情怀，使人的生命在“万物一体”的物我契合中得以畅达。这是一种顺情适性，得自然之趣的人生态度。孔子的“山水比德”的观点，认为仁者、智者的人格与山水精神是相通的。人生境界在一定程度上是自然境界及其自然之道的表现。《周易·乾卦·象》说：“天行健，君子以自强不息”④，将自强不息的进取精神看成是天道的体现，而人的锲而不舍的顽强精神也正是滴水穿石的自然规律在人生中的体现。

---

① （魏）何晏注，（宋）邢昺疏：《论语注疏》，《十三经注疏》，（清）阮元校刻，第 2461 页。

② （汉）毛亨传，（汉）郑玄笺，（唐）孔颖达等正义：《毛诗正义》，《十三经注疏》，（清）阮元校刻，第 515 页。

③ （魏）何晏注，（宋）邢昺疏：《论语注疏》，《十三经注疏》，（清）阮元校刻，第 2500 页。

④ （魏）王弼注，（唐）孔颖达正义：《周易正义》，《十三经注疏》，（清）阮元校刻，第 14 页。

庄子认为，人本与宇宙精神契合无间，与万事万物浑然无分。只是由于世俗的障蔽，使人异化，要想回归自然，人必须进入“天地与我并生，而万物与我为一”① 的人生境界之中，必须超越物质的我、欲望的我，消除物我的界限，进入融和物我、“独与天地精神往来”② 的境界之中。如庄周梦蝶，在与蝴蝶的浑然为一中，使物我贯通，交相感化，从而“乘物以游心”③，在安时处顺中实现精神的自由，这便是《周易·乾卦·文言》所说的圣人“与天地合其德，与日月合其明，与四时合其序”④ 的境界。正是在此基础上，主体的心灵与宇宙精神才浑然合一，从而使自我突破了有限的感性生命的局限，进入到顺任自然，与天地合其德的无限之中。

在主体进入与宇宙精神合一的途径上，儒道则各有见解，最终殊途而同归。老庄讲求由觉悟而返本，使人生回归自然，复归婴儿状态，从反求诸己中领悟到宇宙的生命之道，使自我超越现实的障蔽，以赤子之心在映照万物中彻悟自身，从而摆脱有限生命的局限，将个体的生命融汇到无限的宇宙生命之中。

这种主体与天地合一的追求，在孔子那里，是以“性相近也，习相远也”⑤ 为前提的，这也是人生的起点。人的天性本来相差无

---

① （清）郭庆藩撰，王孝鱼点校：《庄子集释》上，第 86 页。

② （清）郭庆藩撰，王孝鱼点校：《庄子集释》下，第 1100 页。

③ （清）郭庆藩撰，王孝鱼点校：《庄子集释》上，第 168 页。

④ （魏）王弼注，（唐）孔颖达正义：《周易正义》，《十三经注疏》，（清）阮元校刻，第 17 页。

⑤ （魏）何晏注，（宋）邢昺疏：《论语注疏》，《十三经注疏》，（清）阮元校刻，第 2524 页。

几，人生境界的提高与后天的习得和内省有关。“下学而上达”[①]，由对习见感性对象的体悟及内省而体味到天地生命精神，并将万物的自然特征与人的内在心灵品性贯通起来，以拓展和升华人生境界。

在人生境界的成就上，孟子主张尽心知性，强调养气，“善养吾浩然之气”[②]、“其为气也，至大至刚，以直养而无害，则塞于天地之间。其为气也，配义与道”[③]。即通过自觉的身心修养，养凛然正气，获得独特的崇高的精神品质，使个体人格得以充实和完善，藉以使人格的力量一往无前。这就是孟子所追求的审美的人生境界，即人生的最高境界。

这也是奠定在顺应自然的基础上的，以与天地相消长，而不要揠苗助长。这种养气与尽心知性又是相统一的。尽心知性，反身而诚，便可以知天，可以依自然规律修心、养性。故“大人者，不失其赤子之心者也”[④]。所谓“万物皆备于我”[⑤]，备乃美好、适宜，万物与我相宜，主要指物我在生命精神上的贯通。人生的无尽乐趣，正在于这种适宜、贯通之中，以此为安身立命的基础。同时，主体正是通过顺任自然，方能存神而过化，“上下与天地同流”[⑥]。孟子所谓主体的心灵自由，其对物我界限的超越，是以养气为基础的。通过养浩然之气，使内在生命神旺气足；通过养气，使主体心

---

① （魏）何晏注，（宋）邢昺疏：《论语注疏》，《十三经注疏》，（清）阮元校刻，第2513页。

② （清）焦循撰，沈文倬点校：《孟子正义》，第199页。

③ （清）焦循撰，沈文倬点校：《孟子正义》，第200页。

④ （清）焦循撰，沈文倬点校：《孟子正义》，第556页。

⑤ （清）焦循撰，沈文倬点校：《孟子正义》，第882页。

⑥ （清）焦循撰，沈文倬点校：《孟子正义》，第895页。

灵得以净化，而不为物所役。并通过心灵的自觉，投身到无穷无尽的生命规律之中，在此基础上创化新的生命。

《中庸》则将其归为主体的真诚的心灵，顺情以尽性，尽自己的本性，方能尽他人的本性。“能尽人之性，则能尽物之性；能尽物之性，则可以赞天地之化育；可以赞天地之化育，则可以与天地参矣。”① 宇宙的生命精神，便是人的感性生命的本性，循着本性，顺情适性（适应主观感受），使内心平静，顺应天理，以自然之道为法则，便可以开创宇宙继起的生命。因此，主体心灵与宇宙精神的贯通合一，不仅包括主体与大化的同流能力，而且还包括依性创化，体现文化的创造精神的发挥与创造。

真诚本来是主体对自然之道的一种体验，而审美意义上人生的真，则侧重于情真。“真者，精诚之至也。不精不诚，不能动人。故强哭者虽悲不哀，强怒者虽严不威，强亲者虽笑不和。真悲无声而哀，真怒未发而威，真亲未笑而和。真在内者，神动于外，是所以贵真也。其用于人理也，事亲则慈孝，事君则忠贞，饮酒则欢乐，处丧则悲哀。”② 这与道家将真诚看成是真实无妄、天理之本然是一致的。而落实到社会，其人情世事，乃是实践了真诚，是人事之当然。故《中庸》认为：“诚者，天之道也；诚之者，人之道也。”③ “唯天下至诚为能化。”④ 并且将这种真诚进一步延伸为主体

① （汉）郑玄注，（唐）孔颖达等正义：《礼记正义》，《十三经注疏》，（清）阮元校刻，第1632页。

② （清）郭庆藩撰，王孝鱼点校：《庄子集释》下，第1036页。

③ （汉）郑玄注，（唐）孔颖达等正义：《礼记正义》，《十三经注疏》，（清）阮元校刻，第1631页。

④ （汉）郑玄注，（唐）孔颖达等正义：《礼记正义》，《十三经注疏》，（清）阮元校刻，第1632页。

的尽性，尽人性，尽物性，使人事融汇到赞天地化育的生命规律中。[1] 这种将自然之道与人事法则相贯通的思维方式，正将人生境界的真诚视为成物、成己、合乎时宜、合内外之道的主体自觉意识。通过这种自觉意识，主体扬弃了主观臆断、拘泥不化、固执己见和自以为是的态度，显得客观通达，即孔子的所谓“毋意，毋必，毋固，毋我”[2]。

二、社会性

审美的人生还体现了主体通过内在的精神陶养，在个体的心灵中自觉地反映出人的社会性特征。在中国传统的以人为中心的思维方式中，人是“万物之灵”。这种“万物之灵”的理由乃在于人具有社会和文化，即为文明所造就。“水火有气而无生，草木有生而无知，禽兽有知而无义，人有气、有生、有知，亦且有义，故最为天下贵也”[3]，以社会文明规范和道德律令为前提来界定人。所谓主体的人生境界，不是就自然的人而言，而是就社会的人而言的。荀子把自然的人转化为社会的人的过程具体描述为“化性起伪”：“故圣人化性而起伪，伪起而生礼义，礼义生而制法度。”[4] 认为人的本性是自然的，通过后天习得获得文明修养。人要维持其质的规

---

① 参见（汉）郑玄注，（唐）孔颖达等正义：《礼记正义》，《十三经注疏》，（清）阮元校刻，第1633页。

② （魏）何晏注，（宋）邢昺疏：《论语注疏》，《十三经注疏》，（清）阮元校刻，第2490页。

③ （清）王先谦撰，沈啸寰、王星贤点校：《荀子集解》，第164页。

④ （清）王先谦撰，沈啸寰、王星贤点校：《荀子集解》，第438页。

定性，就必须注重文化修养，以文明来规范行为和要求，要“以道制欲”①。孟子也将人的精神陶养与自然欲求相提并论。主体在养自然之气时，要“配义与道”②。《孟子·告子上》说：“故理义之悦我心，犹刍豢之悦我口。”③ 因此，审美的人生境界，是就社会的人而言的，是就由社会道德律令所造就的、有修养的人而言的。

个体的人只有在充分体现了社会性的基础上才能寻求心灵的自由，即将外在的礼义转化为主体的内在心理功能和心理要求，使之成为人的第二天性，并且在此基础上超越了社会功利性时，方能进入“从心所欲不逾矩”的人生境界。同时，与天地生命精神融为一体是人的一种自觉意识，是社会性的人的自觉要求。动物虽然在自然生命上体现自然之道，却不能自觉地在心灵上与自然交融。这种交融只有社会的人才能做到。因此，人生境界与天地合一的自然愿望，是社会的人的愿望。个体要想获得精神自由，必须获得社会性，只有内在社会性转化为具有自觉的普遍意义的精神要求时，人才能追求审美的人生境界。

在审美的思维方式中，社会道德律令在一定程度上也体现了自然之道。在孔子的思想中，人的社会性特征乃是人在自然本性的基础上，通过宇宙精神对个体的自觉要求。作为“仁”的内容的忠恕思想，正与天地生命精神的自然道德相贯通。章太炎在阐释孔子思想时说“周以察物曰忠”“举其征符而辨其骨理者，忠之事也”“心能推度日恕”“闻一以知十”“举一隅而以三隅反者，恕之事也”

---

① （清）王先谦撰，沈啸寰、王星贤点校：《荀子集解》，第382页。

② （清）焦循撰，沈文倬点校：《孟子正义》，第200页。

③ （清）焦循撰，沈文倬点校：《孟子正义》，第765页。

“方不障恕也”[1]，这些都在以自然法则解说伦理要求。孟子把仁义礼智看成是社会的人的内在属性。“仁义礼智，非由外铄我也，我固有之也。”[2]

这种社会道德律令要求本身不是僵死的教条，而是体现了精神意义的功能，即主体通过内在修养实现内在心理的完善。所谓“礼”，不只是一种仪式和戒律，而应该是一种通过秩序与情调所反映的社会风貌。“礼”代表的是社会，“仁”则是要个体能动地适应社会，并把自我修养渗透到整个社会，使个人之心体现社会之心。“礼”的规范，只是主体成就人生的条件，离开了主体的人生成就，礼本身只是无用的躯壳。“父母在，不远游，游必有方”[3]，孝敬侍奉父母固然重要，但当游成为“安人”“安百姓”的具体内容时，“不远游”的戒律就被突破了。身体发肤，受之父母，从孝的观念不能有损，这是从重生观念推衍而来的。但当感性生命与精神生命不能高度统一时，为着精神生命的成就，便可忍辱负重，对感性生命采取超然的态度，便可“杀身以成仁”[4]。杀身成仁是在舍弃感性生命的同时，肯定着精神生命，即具有忠恕之心，社会之心的精神生命。因此，只有把礼转化为内在心理需要，在现实的人生中自觉运用它们并且有所取舍的时候，礼才能感性地、有生命地存在着，而不至于变为“成仁”的约束。《庄子·田子方》云：“中国之

---

① 章太炎撰：《章太炎全集》第三册，上海人民出版社 1984 年版，第 426 页。

② （清）焦循撰，沈文倬点校：《孟子正义》，第 757 页。

③ （魏）何晏注，（宋）邢昺疏：《论语注疏》，《十三经注疏》，（清）阮元校刻，第 2471 页。

④ （魏）何晏注，（宋）邢昺疏：《论语注疏》，《十三经注疏》，（清）阮元校刻，第 2517 页。

君子，明乎礼义而陋于知人心”[1]，礼义本身并没有错，当它们落后于时代的步伐，并且成为戕害人性的教条时，才是错误的。故礼义只有感性地存在于人心之中并且与人性融为一体，转化为人的自觉要求时，才能成为人的内在愿望，才能成就人生。

道家对仁义的否定，实际上是一种激愤之词，也是一种偏颇之词，他们认为只有在道德沦丧的时候，才需要提倡道德。这诚然有一定道理，但在更广泛的意义上，所谓的道德沦丧，在许多情况下恰恰是自然本性泛滥的结果。道德规范的目的，正在于约束人的野性，使之向着文明方向发展。当道德被虚伪的统治者和可悲的儒生用来蒙蔽、愚弄百姓的时候，老庄对文明进行了辛辣的嘲讽。老庄自己恰恰是在道德和文明熏陶下成长起来的，他们自己毕竟也没有生活在世外桃源。他们都不可能退回到自然状态之中，过动物式的野居生活。庄子虽傲视王侯，不作卿相，视相位为腐鼠，不愿像祭礼的牺牲那样，但他自己为生活所迫，也去作了漆园小吏。

儒家所倡导的人生境界，其根本特征乃在于独立不迁的人格及其自强不息的进取精神。惟有独立不迁，方能超尘脱俗，不与时尚同流合污，“三军可夺帅也，匹夫不可夺志也”[2]。孔颜乐处，不堕落，不懈怠，以积善成性，因性成德，从而超迈流俗。孔子赞颂颜回“一箪食，一瓢饮，在陋巷，人不堪其忧，回也不改其乐”[3]，

---

① （清）郭庆藩撰，王孝鱼点校：《庄子集释》下，第706页。

② （魏）何晏注，（宋）邢昺疏：《论语注疏》，《十三经注疏》，（清）阮元校刻，第2491页。

③ （魏）何晏注，（宋）邢昺疏：《论语注疏》，《十三经注疏》，（清）阮元校刻，第2478页。

强调精神生活独立于物质生活。到了孟子，这种思想得到了深化，提出“富贵不能淫，贫贱不能移，威武不能屈，此之谓大丈夫”①。这种独立的人格体现了作为社会的人的质的规定性。正是在此基础上，主体由自然的生命本性形成了自强不息的进取精神，体现了主体绵延不绝的创造力，即由生理性的内在动力为基础的心理动力，并且在社会中执着地寻求实现，乃是主体人生不断进入崭新境界的基础。“发愤忘食，乐以忘忧，不知老之将至”②，“学而不厌，诲人不倦”③，“任重而道远”④，“死而后已”⑤，以此乐观进取的人生态度，把社会律令与需求建立在主体的自然创造力的基础之上，并使这种社会性的进取精神成为人的本性的具体行为。在顺情适性的自觉意识的基础上永不满足，日日求新，以不断地超越物质的、欲望的我，并且以此与自然之道相贯通。

总之，人生境界在本质上是文明所造就、所寻求的自由境界。返本还原依然是社会的人在感性生命上顺情适性，使内在心灵由调适而归于平衡。在这种平衡之中，又包含了精神追求对于现实的不断超越，即在基于现实、不滞于现实的基础上对外在自然与内在自然的超越，从中体现了主体不竭的生命力和气吞山河的情怀，并且

---

① （清）焦循撰，沈文倬点校：《孟子正义》，第419页。

② （魏）何晏注，（宋）邢昺疏：《论语注疏》，《十三经注疏》，（清）阮元校刻，第2483页。

③ （魏）何晏注，（宋）邢昺疏：《论语注疏》，《十三经注疏》，（清）阮元校刻，第2481页。

④ （魏）何晏注，（宋）邢昺疏：《论语注疏》，《十三经注疏》，（清）阮元校刻，第2487页。

⑤ （魏）何晏注，（宋）邢昺疏：《论语注疏》，《十三经注疏》，（清）阮元校刻，第2487页。

超越了个体的局限，自觉地与礼义精神相吻合。

三、最高理想

人生的最高理想，主要侧重于对自然之道的能动顺应，有立德、立功、立言的人生贡献，大公无私的伟大胸襟和感化社会的深远影响。这种最高理想主要是入世的儒家理想。孔子审美思想的核心在于成就人生的最高境界，即“从心所欲不逾矩”的圣人境界，从中体现了智与德的高度完备，并通过个体的修养推广到整个社会。《论语·述而》云：“子在齐闻《韶》，三月不知肉味。曰：‘不图为乐之至于斯也。’”① 他所谓“知之者不如好之者，好之者不如乐之者”②，将审美境界视为比认知、欲求更高的境界，是精神上的满足。他所谓“兴于诗，立于礼，成于乐”③，由感发、认知、教育为主的诗为起点，以道德规范的约束而立身，最终在乐中成就人生。他还主张将社会的道德规范转化为与天性融为一体的心灵的自觉要求，追求“浴乎沂，风乎舞雩，咏而归”④ 的境界。孟子以大、圣、神，作为美的三种境界。《孟子·尽心下》云：“可欲之谓善，有诸己之谓信，充实之谓美，充实而有光辉之谓大，大而化之

---

① （魏）何晏注，（宋）邢昺疏：《论语注疏》，《十三经注疏》，（清）阮元校刻，第2482页。

② （魏）何晏注，（宋）邢昺疏：《论语注疏》，《十三经注疏》，（清）阮元校刻，第2479页。

③ （魏）何晏注，（宋）邢昺疏：《论语注疏》，《十三经注疏》，（清）阮元校刻，第2487页。

④ （魏）何晏注，（宋）邢昺疏：《论语注疏》，《十三经注疏》，（清）阮元校刻，第2500页。

之谓圣，圣而不可知之之谓神。"[1] 这是在评价乐正子个人人格时的一段话，有功利性谓之善，有独立人格谓之真诚，美则是人内在修养充实、真善统一、内外一致。

人生境界的最高理想体现在儒家思想中。

首先，在儒家思想中，顺应自然，并将自然规律发扬光大，是成就人生最高境界的前提。伟大的人生从来不违背自然之道行事。孔子在赞颂尧的优秀品格时曾说"巍巍乎！唯天为大，唯尧则之"[2]。自然规律是世间最伟大的，只有尧才能遵循规律，干出一番轰轰烈烈的事业来。大禹治水，采用泄导的方法，与鲧相比，也是遵循了自然规律。

其次，伟大的人物乃在于主体自觉意识和实践的有机统一。他们往往事必躬亲，功勋卓著；礼乐法度，条理井然。"巍巍乎其有成功也，焕乎其有文章。"[3]

第三，伟大的人生成就者须做到以天下为己任，大公无私。孔子提出"恭、宽、信、敏、惠"等品德。"恭则不侮，宽则得众，信则人任焉，敏则有功，惠则足以使人"[4]，《论语・尧曰》有"公则说（悦）"[5]，提出庄重、宽厚、诚实、勤敏、慈惠、公平等品质，

---

① （清）焦循撰，沈文倬点校：《孟子正义》，第994页。

② （魏）何晏注，（宋）邢昺疏：《论语注疏》，《十三经注疏》，（清）阮元校刻，第2487页。

③ （魏）何晏注，（宋）邢昺疏：《论语注疏》，《十三经注疏》，（清）阮元校刻，第2487页。

④ （魏）何晏注，（宋）邢昺疏：《论语注疏》，《十三经注疏》，（清）阮元校刻，第2524页。

⑤ （魏）何晏注，（宋）邢昺疏：《论语注疏》，《十三经注疏》，（清）阮元校刻，第2535页。

拥有这些品质有助于获得感召力，获得信任，取得一定的功绩，使人心悦而诚服。禅让时，尧要求舜“允执其中”[①]。《论语·泰伯》：“巍巍乎，舜禹之有天下也而不与焉”[②]，说舜禹无自私自利之心。

第四，人生的最高境界需在整个社会中实现，即所谓“博施于民而能济众”[③]。这一点，只有最高统治者和民族的精神领袖才能达到。正因如此，人生的最高境界不是每个人所能达到的。孟子所谓“人皆可为尧舜”[④]，这句话说明人生的最高境界是人人可以追求的目标。但我认为，尧舜的人生理想却不是人人可以达到的目标。我们常常喜欢阅读伟大人物的传记，乃是在审美地欣赏这些人物伟大的人生境界。我们从人物传记中领悟到的其人格的独特魅力，是任何优秀小说所无可取代的。

道家那种超然独立于世的高蹈理想和消极遁世的人生态度，实际上是一种愤激或柔弱。这些思想在特定背景中的心态调节上具有一定的积极意义，但与不断奋发进取、不断进化发展的人的本质，在总体方向上是背道而驰的。老子深感人间之不平，讲究公平的道：“天之道，损有余而补不足。人之道，则不然，损不足以奉有余。”[⑤] 天道、天理，体现着平等，而人道的实际表现却让人感到不平等。所以要讲天道，灭人欲。庄子“内交于监河”、“说剑赵王

---

① （魏）何晏注，（宋）邢昺疏：《论语注疏》，《十三经注疏》，（清）阮元校刻，第2535页。

② （魏）何晏注，（宋）邢昺疏：《论语注疏》，《十三经注疏》，（清）阮元校刻，第2487页。

③ （魏）何晏注，（宋）邢昺疏：《论语注疏》，《十三经注疏》，（清）阮元校刻，第2479页。

④ （清）焦循撰，沈文倬点校：《孟子正义》，第810页。

⑤ （明）薛蕙撰：《老子集解》，第47页。

之殿”[1]，却不能遂意。因此，他们的思想常常重自然，轻人为。有时并非他们的由衷之言。实际上，庄子还是很讲究舍小我全大我，重视为民献身的。大禹治理洪水，形劳天下，则为庄子极赞。总之，道家的人生态度是要以曲求全，“曲则全，枉则直”[2]。《汉书·艺文志》说他们“清虚以自守，卑弱以自持”[3]，是很中肯的。这种卑弱自持的人生态度从根本上说，不能成为人生境界的主导理想和最高理想。

总之，审美意义上人生的成就，取决于审美的思维方式。在这种思维方式中，主体的自然本性与社会本性是贯通的，人对宇宙精神顺情适性的体现与个体对社会历史的感性实现之间是合一的。正是在这种贯通合一中，庙堂心态与山林心态，治国心态与烹鲜心态方能本同而末殊，从不同的角度和途径成就审美的人生境界。可见，审美意义上的人生与伦理意义上的人生，既有相通和相互依存的一面，又反映了两者之间“看”法的不同视野和角度。审美的人生以完善的人格为基础，而审美活动又推动了人格的完善。

第三节　艺术

在人类发展的漫长历程中，人们在自己生存的环境里，通过艺

---

① 参见（清）王先谦、刘武撰，沈啸寰点校：《庄子集解》，序文：“夫古之作者，岂必依林草，群鸟鱼哉！余观庄生甘曳尾之辱，却为牺之聘，可谓尘埃富贵者也。然而贷粟有请，内交于监河；系履而行，通谒于梁魏；说剑赵王之殿，意犹存乎捄世。遭惠施三日大索，其心迹不能见谅于同声之友，况余子乎！吾以是知庄生非果能遁避以全其道者也”。

② （明）薛蕙撰：《老子集解》，第 14 页。

③ （汉）班固撰，（唐）颜师古注：《汉书》第六册，中华书局 1962 年版，第 1732 页。

术的眼光，去贴近自然，拥抱自然，在大自然中找到了无限的乐趣；也正是通过这种眼光，人们把宇宙看成像人自身一样，是一个有机的整体，并且以人为中心，将人和自然也看成一个有机的整体，一个充盈着人类无限情趣的整体。这便是“万物有灵”时代的先祖们，给我们带来的一种具有系统观的乐趣。这种艺术化的眼光在早期的器皿制造、原始岩画、汉字和歌舞等方面得到了集中的体现，并且借助于物化形态得以凝定、传承。主体的审美趣味、审美理想的形成和发展，正是仰仗于艺术这一理想的审美对象的。它不但体现了主体的最高理想，而且成为审美理想传承的重要物态媒介，甚至是整个人的有机延伸。正因如此，人们将艺术看成审美理论最重要的研究对象，有些学者甚至将其看成审美理论研究的唯一对象。

一、艺术的审美功能

审美观念的出现，艺术是可以作为标志的。正是有了它，早期人类的审美观念才能流芳后世。然而真正标志着审美发生的，应该是艺术化的眼光，即从人的角度出发，设身处地地去揣度万事万物，使它们富于生命力和人的情趣；或从万物的角度去反思人本身，用广博的宇宙万物生命去超越和拓展有限的自我。尽管这种艺术化的眼光，或则曰亚艺术的眼光有自己的发生机理，若不借助于文学艺术，便无法流传，但它必定存在于艺术之先。没有艺术之眼光，也就没有艺术之诞生。

艺术在人类的发展历程中，满足了人类的感性要求。艺术活动是平息和宣泄各种复杂情感的理想途径。文人骚客正是通过艺术的创造来寄托情思，获得满足，又激发起欣赏者的共鸣与创造欲，使他们从艺术欣赏中获得满足。艺术作为人生和历史的感性化的表现，作为人类情感历程（包括历险）的记录，通过对痛苦和种种遗憾的表现，让人们获得一种替代性的满足。艺术作品与主体之间从生理到心理的深层对应，体现着艺术对人类的关爱与馈赠。而艺术对变态身心的泄导和人类精神桎梏的解放，则表达着它对一个健康和谐的人类社会的祈盼。而艺术形式的丰富多彩，则给人类带来了无限的乐趣和启迪。

艺术是一种生命的姿式，优秀的艺术品必须充满着生机和活力。人们可以通过艺术活动唤醒自己强烈的生命意识。人对艺术的感觉活动是与整个生命紧密相连的。艺术也是心灵历程的阶梯。艺术家以最敏感的体验，独特的视角把生命韵律化，通过有意味、有张力的模糊语言加以表现，艺术语言如音乐的旋律、文学的文字、绘画的色彩和线条等，作为艺术作品的有机部分，是艺术生命的肌肤，它自身就有着感性的活力与魅力。艺术语言作为人类创造物的生命结晶和迷人的风景，始终引发人类以无限的遐想，而其言近旨远的表现张力，又把历史的厚重与文化的多元表现得淋漓尽致。

艺术创造既体现了对自然法则的体认，又反映了强烈的主体意识。这种主体意识从某种程度上说，每个人都是天生的艺术家，每个人都有丰富的感情，都有创造艺术的潜能与欲望。而敏感的气质，丰富的生活经历，艺术活动（包括创作与鉴赏）的体验能力和技巧的培养与训练，则唤醒了艺术家的艺术潜能，并且使它们成熟起来。但天赋有着强弱的差异，后天不恰当的运用，又常常压抑了它们。在艺术作品里，艺术家通过自己的情感，以独特的方式与世界交流，去体验世界，把现实中瞬刻的精彩化作更理想、更持久、更空灵的形式。世界感动着艺术家，艺术家又以自己独特的方式去表现并且强化这种感动，通过使人心醉神迷的方式让人领悟世界，并且让人对未来充满信心和希望。艺术的感性价值的目的，就在于要把自发的艺术活动变成自觉的活动，使得艺术活动更适宜于感发性灵和陶冶情操。

二、取象表意的创构

艺术家通过取象表意的方式创构艺术品的审美意象，并且通过物态形式加以凝定，形成了一个自由的、体现审美理想的人造审美对象。这一对象是主体师法造化、得自心源的创造物。这在中国艺术中表现得尤其明显。其中，取象表意的创构方式对于艺术创造来说尤其重要。

艺术的审美方式首先来源于对于自然物象、自然规律的自发体验，自然大化的生命节律在艺术中具象为对称、均衡、连续、反复、节奏等形式美的法则，藉以传神，各种艺术形态始终不能脱离感性形象。文字和器物中的均衡、对称，以及其中所表现的内在节奏韵律，反映了古人自觉领悟到自然法则，同时又受着这种自然法则的启发，凭借丰富的想象力再造自然。于是，在各类工艺品中，既有对现实中物象的摹仿，又有通过想象力重组的意象。艺术作品借助于想象力，利用艺术语言的不同质地，因物赋形，匠心独具，反映出艺术家们的巧妙构思。各种艺术形态集中表现了对自然节奏的体认。通过对自然规律的体悟和再现，中国古人将自然现象生命化，艺术品中由自然物象变形、夸张而创造出来的动物形象，体现了丰富的想象力，有着丰富的象征和意义，他们近取诸身、远取诸物，将躯体自然化，自然躯体化，形式法则的运用，富于节奏感和韵律感，体现了情感节律与自然法则的完美结合，即从自然物象中感受到其中的生命精神，并从情感上与自然发生诗意的共鸣，艺术要表现物象的“气韵”，物象的生命，应当以自然之体为楷模，取法自然，“同自然之妙有”①，“肇自然之性，成造化之功”②，然后再“以一管之笔，拟太虚之体”③。

艺术创造的根本，就在于艺术家的观物取象、立象尽意。主体在审美活动中，对于象的领悟，是在始终不脱离感性形态的基础上对对象内在生机的灵心妙悟。对象的形式，不是无生命的躯壳，而是充满着盎然的生意，既以感性形态为基础，又“离形得似”，从中获得对象的神韵。因此，所谓观物取象，乃是一种活取，故主体能即景会心，由包蕴在象之中的生机而获得感发，使得主体超越于自身的身观局限而获得心灵的自由。佛家所谓“名相不实，世界如幻”④、“一切诸法，如影如响，无有实者”⑤。这在认识论上是荒谬的，却道出了审美对象感性特征的价值。“观物取象”式的审美要求艺术以最精练的语言给人们提供一个蕴涵着无限丰富情思的艺术画面，让人们从中体悟到人生的无限意蕴，给人们提供一个让人产生无限遐想的“象”。通过有限的“象”和无限的情思相融合，艺术家可以于有限中达到无限。艺术家“近取诸身，远取诸物”，其

---

① （唐）孙过庭撰：《书谱》，上海书画出版社、华东师范大学古籍整理研究室选编校点：《历代书法论文选》，上海书画出版社1979年版，第125页。

② （唐）王维撰：《山水诀 山水论》，人民美术出版社1962年版，第1页。

③ （南朝宋）王微撰：《叙画》，宗炳、王微：《画山水序 叙画》，第3页。

④ （宋）普济著，苏渊雷点校：《五灯会元》上，第97页。

⑤ （宋）普济著，苏渊雷点校：《五灯会元》上，第164页。

"取象"的效果是艺术成败的重要前提。这使得中国艺术非常注重"取象"，而"取象"的关键是获得与主体情意相契相合的物象或人生世态之象（即"事象"）等，让人们在主客的相互契合、交融中获得美的享受。"取象"就是取自然之象，创构艺术之象，同时以象寓意，使象具有象征的意味，以传达时代和个人心灵中的深刻意蕴。感性物象及其内在规律为艺术家提供了艺术创造的基础，藉以与自由的心灵融为一体。晚唐诗僧虚中《流类手鉴》所谓"心含造化，言含万象"①，正是要求感性物态及其造化规律与主体心灵及其表达形式的高度契合。

从上古时代开始，人们就有了"观物取象""立象尽意"的意识。先民们在文字创造和器皿的制造中，通过"近取诸身，远取诸物"，为"观物取象""立象尽意"奠定基础，把对生活的感受衍变成艺术的意象，使对象的神采和韵味在生命主体的创造中得以具象化和定型化。随着艺术由自发进入自觉的状态，这种取象表意的手法便达到了出神入化的境界。它既是自然万物在人心灵中的折射，更是人类自身情感表达的需要，各类艺术同样都体现了这种象形表意的特点。从模仿自然物态的勃勃生机，经由物象的夸张、变形和省略，艺术品获得了蓬勃的生命活力，给人留下了无穷的想象意味。

艺术意象的生动神韵中，包含着主体丰富的情意。商代和商代以前的先民受到表达能力不足的制约，不能传神写照，惟妙惟肖，才有了不自觉的变形和抽象，由不自觉到自觉，由制器尚象到立象尽意，自然法则与主体情感在艺术里开始走向融合。宗教借助于艺术以象沟通人神的方式，丰富了艺术的表现力，而象就是一种中

① （宋）陈应行编：《吟窗杂录》上，中华书局 1997 年版，第 414 页。

介，由象生形的艺术体现出艺术家的生命意识，意在拓展人的自我，将万物强旺的生命力传递到人类的身上。在抽象艺术中，自然万物中所律动的生命精神依稀可见，实质上依然是取象表意的精致化。

艺术创造既体现了对自然法则的体认，又反映了强烈的主体意识，这种主体意识既包括政治、宗教和其他社会文化因素对个体的影响，也包括创造者的情感、气质、品格、趣味等个性因素。首先是社会意识形态对艺术的影响。艺术品是人类观照自身的载体，是人类精神的化身，集中体现了时代的精神风貌。艺术家们总是将当下的社会意识倾注在艺术创造中，从而使艺术具有鲜明的时代特征。因此，在审美意识和审美观念的变迁背后，整个时代的社会意识变迁也得到了具象的折射。自然物象与理想、幻觉、梦境融化为一体，打破了物我的区别，突破了时空的局限。它可以引领人们超越生活经验，使有限的自然能力得以延伸和拓展，是时代的精神符号，而时代的精神风貌、个人情感、宗教思想和王权意识则会凝结为内在的审美规律。旋律、形象、线条、色彩等语言形式已经形成了有规律的交替和变化，出现了同一母题和不同母题的组合，呈现出重叠和多重连续的结构形态，从而提高了对象审美的表现力。

三、艺术的审美表现

中国艺术是通过虚实相生、动静相成，以有限表现无限的方法，使人感到意味深长，从而给人以丰富的想象和无穷的回味。

艺术作品体现了对象“气质俱盛”① 的物象之真，表现物象流

---

① （后梁）荆浩撰，王伯敏注译，邓以蛰校阅：《笔法记》，人民美术出版社1963年版，第3页。

荡不息的生动气韵。中国古代的理论家们，着眼于万物生成观，追求的是对象的生命力，由对象的形象统一，进而突出作品的神韵，并且强调以形写神，注重艺术品的神采、气势和风度等。这一点，除与传统的形神论密切相关外，魏晋时代的人伦识鉴，则对此起到了直接的影响。

艺术造型是从半抽象向具象和抽象两个方向发展，人们因摹仿能力的提高而具象，又因逐步走向完善而抽象，点和圈单纯的几何图形被赋予了生命和律动。实际上，人们由于摹仿的本能，力图逼肖对象，故有具象写实的追求，但传达的限制又使人们力求强化其象征的意味，从而有抽象写意的一路。人们常常通过对事物感受的抽象，将自然物象从生态环境中抽象出来，折射出人在空间感和平衡感等方面有先验的理想。在基础的层面上，抽象也是人的一种内在能力，但抽象的追求则是后天的，受着文化因素的制约的，通过富于想象力的夸张手法的大胆运用而得以实现。

中国传统的造型艺术既包孕了宗教、政治等方面的社会内容，又不乏创造者的情感和趣味方面的个性因素，是中国传统艺术象形表意的滥觞。其观物取象的独特思维方式，寓意于线条，以抽象形式象征，以具象形态传神的表现手法，对后世的审美意识特别是造型艺术产生了深远的影响。简约而传神的造型艺术，在其形成过程中经历了偏于抽象和偏于具象的几次变迁，从中显示了中国古代审美意识渐进突变的特征，这种抽象与具象的交互偏重与相互影响，正反映了中国审美趣尚发展的历史轨迹。

艺术家通过线条、形态和色彩等艺术语言，使得主体的情感节奏与韵律具象化。中国传统的艺术家们在艺术创造中寓意于线条之中，使物象获得象征的意味，并且通过象征和意象的创构实现了具象与抽象、物与我、情与景、形式法则与主观情趣的统一。至于何时表现及如何表现，则有发现与发明的区别。在各种艺术形式中，我们明显地看出艺术家们已经着意按照形式的规律，利用旋律、线条、形态和色彩等语言形式，在各种主观的夸张变形的艺术中注入丰富的内涵。不同的艺术门类总体上体现出动态的和谐，由线条体现出生命和运动的生动节奏。中国艺术经历的从写实到写意以至象征的演化过程，反映了人们对表达效果的这种追求。

四、艺术的审美价值

在艺术创造活动中，艺术家既创造了对象，又审美地创造了自己。其中情感在艺术中起着重要作用，在中国传统艺术中尤其如此。中国艺术强调寓目辄书，强调心为物动的直接体验，情与景妙合无垠，体现了天人合一、情景相生的哲学观念。《毛诗序》认为诗是“情动于中而形于言”[①]，白居易《与元九书》说：“感人心者，莫先乎情，莫始乎言，莫切乎声，莫深乎义。诗者：根情，苗言，华声，实义。”[②] 都在强调情感对于诗歌的动力作用。人的情感是受到外在物体、外在世界的刺激、感染而产生的，人心、人情是对外在世界的反映，是“感物”的结果。“乘物以游心”[③]、“游

① （汉）毛亨传，（汉）郑玄笺，（唐）孔颖达等正义：《毛诗正义》，《十三经注疏》，（清）阮元校刻，第 270 页。

② （唐）白居易著，朱金城笺注：《白居易集笺校》第三册，第 2790 页。

③ （清）郭庆藩撰，王孝鱼点校：《庄子集释》上，第 168 页。

目骋怀”、“应目会心”[①]、“澄怀味象”[②]、“拟容取心”[③]、“神与物游”[④]、“感物吟志，莫非自然”[⑤]、“外师造化，中得心源”[⑥] 等提法，既要求“随物以宛转”[⑦]，又要求“与心而徘徊”[⑧]；既要求洞见外物妙处的“目”，又要求主观品味的“怀”；既要求主观的“怀”，又要求客观的“象”，等等。这些都是在“心”“物”之间寻求平衡，是自觉地在主客体的相互关系中来体悟艺术的。人与物在精神上可以相互沟通，相互浇注，所以在中国人看来，审美的过程就是“神与物游”的过程，就是“澡雪精神”的过程。

在艺术的发展历程中，艺术形式始终在不断变迁，但是艺术价值却相对稳定。艺术形式以其新奇多变的手法实现对世界的多样化表达。而艺术价值却在艺术形式的变化中独树一帜。正是在艺术形式和艺术价值的作用下，艺术实现着它对现实与未来的承诺，而这种承诺使艺术魅力永远焕发着青春的光彩，同时也将奠定它在历史文化长河中的持久的吸引力。

艺术是主体审美创构的最高境界，它是为成就审美的人生服务的，艺术作品的创构，体现了主体的创造精神，寄托了主体感性生命的理想。审美是以人生为核心的，而主体的最高理想又通过艺术

---

① （南朝宋）宗炳撰：《画山水序》，宗炳、王微：《画山水序 叙画》，第 7 页。

② （南朝宋）宗炳撰：《画山水序》，宗炳、王微：《画山水序 叙画》，第 1 页。

③ （梁）刘勰著，范文澜注：《文心雕龙注》，第 603 页。

④ （梁）刘勰著，范文澜注：《文心雕龙注》，第 493 页。

⑤ （梁）刘勰著，范文澜注：《文心雕龙注》，第 65 页。

⑥ （唐）张彦远著，俞剑华注释：《历代名画记》，上海人民美术出版社 1964 年版，第 201 页。

⑦ （梁）刘勰著，范文澜注：《文心雕龙注》，第 693 页。

⑧ （梁）刘勰著，范文澜注：《文心雕龙注》，第 693 页。

在心灵中得以实现。随着人类社会的不断发展，主体的人生理想的不断推进，艺术境界也随之不断深化。艺术在人生中的价值主要体现在感性体验上，理想的艺术及其多姿的风采与现实人生之间是一种互补关系，通过艺术，人类可以返观自身的欢娱与悲愁，坎坷与顺达。艺术可以作为一面镜子，让人们返观自身，以旁观者的身份去欣赏万千世态，也可以是点燃迷茫、困惑的人们的心灵之灯，使他们的人生变得敞亮起来，对于抑郁、伤感的灵魂来说，艺术就像是温暖的阳光；对于狂躁、烦闷的灵魂来说，艺术就像是送爽的清风，艺术总是给我们平淡的生活增添出一道道如意的风景。其中对未来的憧憬，对欢乐的重温，像是袅袅的轻烟，又像是幽深的迷梦，令人神往，让人流连。

总之，艺术的不朽魅力将与人类相伴始终，艺术是人类的未来之梦。只要人类不停地进步，只要人的感性生命持续存在并不断发展，主体对艺术境界的要求和创造就不会停止，那种以为理性发展会导致艺术消亡的断言是错误的，人的感性生命是延续不断的，艺术的生命之树也是永存常新的，艺术永远是人类之梦的家园。

第三章

审美关系

审美关系是人与对象诸多关系的一种，与其他关系既迥然有别，又相互联系。审美关系中的主客体两者在审美活动中缺一不可。没有审美关系，对象只有审美价值的潜能。当主体通过社会实践能动地适应对象时，对象便造就了具有精神意义的主体，主客体间也就逐渐达成了审美关系。审美关系决定着对象的潜在价值，又通过审美主体能动的创造活动获得实现。审美活动是由审美关系中的主客体共同成就的，而审美主体在其中起着主导作用。审美主体的创造力与对象的审美潜能共同创构了审美意象，使得审美关系得以成立。因此，审美关系中的主客体是相互依存、缺一不可的。离开了审美主体，对象审美价值的潜质便无从实现，对象也只能作为一般的存在物，而不能作为审美对象而存在。离开了对象，审美主体既无从诞生，也无从审美。正因如此，我们才将审美关系作为审美理论的出发点。对审美关系的研究，有助于区别审美活动与人类的其他基本活动。审美对象的价值，审美主体的特征，都是由审美关系所决定的。主体审美理想的历史变迁，也是由审美关系的历史变迁所决定的。不少研究者认为审美关系是一种不甚确定，难以把握的对象，故不宜作为审美理论研究的内容。这是一种不恰当的观点。审美关系难以把握是事实，但确定学科研究的内容不是以对象的难易做标准的，而是由对象在学科中的地位所决定的。有些千古之谜一时固然难以得出理想的结论，但不能因此避重就轻，避难就易，否认它应有的地位。审美关系也是如此，我们对审美关系问题研究的进展可能较为缓慢，但它作为审美理论研究的出发点是无可置疑的。

第一节 审美关系的本质

审美关系的特点在于，客观对象与当时主体的感官是相适应的。它不同于认识关系。在认识关系中，主体只能通过感知对客体作出正确的反映、复写，而不能夹杂主观的情感。而审美关系则要通过情感来体味对象。以情感为中心的审美心理，要与对象有机地融为一体。至于人们所感受的客体形象，是不是误觉，都无关紧要，关键是看感受的效果。因此，审美关系不以认知关系和实用关系为基本条件，它常常奠定在感性印象和没有利害关系的前提之上。

一、审美关系概说

人在现实世界中与对象有着多重关系，这些关系成就了完整意义上的人。人与对象构成的多种关系包括认知关系、实用关系、伦理关系、审美关系等。这些关系中的实用、伦理等关系是许多动物与对象也不同程度地具有的。例如一般动物也有自己看待对象的眼光，它们把许多对象当作食物和筑巢的材料，与之构成实用关系；蜜蜂和蚂蚁等还有着一定的群体组织，在这个群体中，个体间有明确的分工和角色定位，从而具有一定的类似于伦理关系的特征。而审美关系的建立，则是人区别于一般动物的重要依据。同样是由一定振幅、振频组成的声音段落，在动物那里只是一种音响，而在人这里，却可能是作为审美对象的一段乐曲。也就是说，一般动物与这段声音之间，没有构成审美关系。《礼记·乐记》说："是故知声而不知音者，禽兽是也。”[1] 禽兽只感觉到声音，而感觉不到这声音就是能带来审美愉悦的音乐。我们说“对牛弹琴”，是说牛虽然能感觉到琴的声音，却不知道它是一种作为音乐的存在，因为只有在审美关系中，琴声作为外在的对象，才是审美的对象。而这种关系，只在人与对象之间存在。《庄子·齐物论》说：“毛嫱丽姬，人之所美也；鱼见之深入，鸟见之高飞，麋鹿见之决骤。四者孰知天下之正色哉?”[2] 人、鱼、鸟、麋鹿，唯独人以之为美，也就是说，只有人才与它们之间建立起了审美关系。在人与对象的审美关系中，人的生理因素起着基础作用，而为人所特有的心理因素和社会历史因素则起着更为重要的作用。不少动物虽然也游戏，却大部分停留在生理性反应上，缺少超越生理的自由，而无法把游戏当作一种艺术的存在方式。这就说明，审美关系的建构需要一定的前提条件，这些条件只是在人这里才有的。因此，审美关系是人与对象特有的关系，它与人和对象之间形成的其他关系有所不同。

在现实生活中，人首先要了解现实，要透过现象看本质，并且获得对对象的一般概念，这就是一种认知关系。在这种关系中，主体要抛弃成见和好恶的影响，对具体对象进行抽象思考，其目的在于了解对象的存在方式和发展规律。同时，人是以自我为中心去观察世间万物的，人们常常要利用对象的物质实体去造福自身，这便是一种实用关系。在这种实用关系中，主体以人的现实需要为准则，对象的价值乃在于它是否能提供具体可感的物质利益。同时，在认知、实用关系的基础上，主体还超越了对对象物质本身的追根

---

① （汉）郑玄注，（唐）孔颖达等正义：《礼记正义》，《十三经注疏》，（清）阮元校刻，第1528页。

② （清）郭庆藩撰，王孝鱼点校：《庄子集释》上，第99页。

究底，超越了直接的利益关系，从具体的感性形象本身获得愉快，并且激发主体的情感和想象力对对象进行创造性体验，形成令人赏心悦目的审美意象。这就是主体与对象间构成的审美关系。

一枝梅花，植物学家对它进行分类，说明它的生长周期；物理学家从花的色彩研究光波长度，与梅花构成了认知关系。花店老板从事买卖的商业活动，乃与梅花构成实用关系。当梅花傲然怒放于严寒之中的感性风采令人心旷神怡时，梅花与人便构成了审美关系。在审美关系中，对象通过超越形质的感性风貌，作为对主体心灵发生作用的精神食粮而存在。在这种关系中，主体既超越了对对象形态的认知态度，又超越了对对象的功利态度。因此，审美关系不同于功利关系。功利关系把对象从物质需要上分为有用和无用，不管对象是否给人以精神性的愉悦，只要符合于主体的效用就行。审美关系是根据当时人类主体心理的特定需要，不着痕迹地遵循着某种准则的，是客体与主体心理的有机统一。这种统一是主体审美自由的实现，是主体心灵的升华。在客体与主体的互动过程中，审美关系以一种不期然而然的方式呈现出来。在审美关系中，主体则通过对客体的包容与吸纳，提升着自身的人生境界，而客体则与主体相契相合，共同构成了主体的精神家园，二者互相交融、互相变通，形成我中有你、你中有我的圆满境界。

主体摈弃狭隘的功利目的，形成和谐、超脱、自由的内心世界，从而与对象形成一种自由的审美关系。在审美关系中，主体超越了现实对象的物质束缚，也超越了主体自身的局限和束缚，从与外在感性世界的融合中进入生命的崭新境界。由于外在的感性世界是相对静止的，主体的心灵则是丰富、复杂的，主体在审美关系中只有改变自己的心意状态，与感性世界相融为一，才能进入自由的审美境界。

陶渊明离开官场的喧嚣，回归田园的质朴，就在于他超越对名利的追求，不为功名所累，勇敢地走向自我的本真。他回归乡野，采菊东篱，除草浇苗，尽情地享受着田园生活带给自己的一份朴素情怀。也只有通过乡村生活的熏陶，陶渊明才实现了作为一个诗人的价值，才称得上“人淡如菊”的清誉。而柳宗元的《江雪》：“千山鸟飞绝，万径人踪灭。孤舟蓑笠翁，独钓寒江雪。”① 正是在一片纯净的天地之间，通过一片皑皑白雪和钓者的寂寥，反衬出诗人高洁的心灵和孤傲的品格。他们抛弃了世间的功名利禄，回归自我的本真，回归感性世界的自由之地，实现了精神和审美的升华，开辟了人生的崭新境界。

二、审美关系存在的前提

人们对自己所赖以生活的各种对象，并不是像一般动物那样，只是消极地适应自然的奴隶，而是通过实践能动地改变了人与自然的关系。社会实践是人从自然界中产生出来的前提，也是人与对象构成一切关系的前提。劳动是人的社会实践的重要部分，通过劳动，人类解决了衣食住等直接物质生活。而人与对象构成精神性的审美关系，需要以基本的物质生存保证为前提和基础。《墨子》佚文：“食必常饱，然后求美；衣必常暖，然后求丽；居必常安，然后求乐。”② 基本的物质生存得以保障以后，才可能锦上添花，与

① （唐）柳宗元著，吴文治等点校：《柳宗元集》，第 1221 页。

② （清）毕沅校注，吴旭民校点：《墨子》，上海古籍出版社 2014 年版，第 331 页。

对象构成一种基于生理因素的精神关系。《韩非子·五蠹》中所说的“糟糠不饱者不务粱肉，短褐不完者不待文绣”①，也是这个意思。《国语·楚语上》载伍举以无害为美的基础，要“上下、内外、小大、远近皆无害焉”②；倘穷奢极欲，纵然目观耳闻无论多美，也让人于心不安。从一定的程度说，审美关系要以无害为基本条件，墨子也以此理由“非乐”。有些学者认为伍举、墨子的看法不利于审美意识的发展，实际上是把他们的看法放到一个不恰当的位置和角度去理解了。在无害的基础上，他们也并不反对满足人的精神需求的审美对象特别是艺术的发展。

包括劳动在内的社会实践同时也改造了整个人的躯体，包括大脑，慢慢地形成了意识和语言，作为便利思想的门户，五官感觉得到了进一步的发展。五官感觉，特别是视听感觉的成熟，是人与对象形成审美关系的重要基础。在促进五官感觉成熟的同时，社会实践也创造了人的社会感官，使人具有各种社会性的感觉能力。人们在实践的过程中成长、繁衍，并形成了自己对世界的认知模式，实践提升了人们的感知能力、辨别能力，从而使人的审美神经更加敏锐，更加细腻，也使人们在对世界与宇宙的审视中，更加接近宇宙和世界的本源。这样，人就有可能认识客观对象及其规律，也有可能、有条件与对象构成审美关系。

社会实践促进了人脑的进化，也带来了人类生产方式的改进，这样，人们便不至于整天囿于谋求第一需要——物质需要，同时也可以兼顾第二需要——精神需要了。也就是说，在改造了自身以

---

① （清）王先慎撰，钟哲点校：《韩非子集解》，中华书局 1998 年版，第 450 页。

② 徐元诰撰，王树民、沈长云点校：《国语集解》，第 495 页。

后，逐步地产生了人类所特有的精神世界。这些精神需要的产生，主要是因为人类在具有更高的劳动效率和对自然的征服后，开始获得了一种悠闲的心态。这种心态对审美关系的形成是至关重要的。《荀子·正名》中说："心犹恐则口衔刍豢而不知其味，耳听钟鼓而不知其声，目视黼黻而不知其状，轻暖平簟而不知其安。"① 没有闲适的心态，则如《吕氏春秋·适音》所说"五音在前弗听，五色在前弗视，芬香在前弗嗅，五味在前弗食"②。《淮南子·诠言训》中也说："心有忧者，……琴瑟鸣竽弗能乐也。"③ 心中忧虑，一切对象都成了感觉不到的对象，视听的对象在主体面前是"视而不见""听而不闻"，具有审美潜能的"琴瑟鸣竽"也就不能与主体形成什么关系，更不用说审美关系了。与此相反，"心平愉，则色不及佣而可以养目，声不及佣而可以养耳"④。也就是说，在平愉的心境下，不需要太高要求的声色也可以成为主体的审美对象，从而与主体结成审美关系。由此可见，闲适心态对审美关系形成的重要性，而这种闲适的心态正是在更多的有效劳动的基础上形成的。

社会实践也促进了人对对象的超越。生产力极端低下的人类处于被役于物的状态中，任何对象都不能成为审美的对象而存在，物与人之间也就不能形成审美关系。这在很多崇高的审美对象中可以看出。例如雷电，由于原始人社会实践尚处于初级阶段，因而也就不具备认识雷电的实践前提，而对其心存恐惧。当人类实践达到一定高度，便逐渐超越了对象对人的束缚，从而使对象成为崇高的审

---

① （清）王先谦撰，沈啸寰、王星贤点校：《荀子集解》，第431页。
② 许维遹撰，梁运华整理：《吕氏春秋集释》上，第114页。
③ 何宁撰：《淮南子集释》下，第1033—1034页。
④ （清）王先谦撰，沈啸寰、王星贤点校：《荀子集解》，第432页。

美客体而存在。

社会实践造就了人本身，因而也就创造了精神世界。诚然，精神世界本身是无形的，它要依附于物质世界而存在。但就其本身来说，它又是有其存在的独立性的。它与对象可以构成精神性的关系，即满足人们精神需要的关系。既然审美对象作为人们的精神食粮，审美关系便是一种特定的精神性的关系了。

以劳动为主要内容的社会实践同时也创造着众多的对象。这些对象无不包含着主体无限的精神力量，显示出一定的形式特征。其中的一些人工创造物，以其承载着特定精神力量的独特形态促进着主体的审美意识，从而成为审美对象，丰富了人与对象的审美关系。实际上，在我们人类与世界万物构成的众多审美关系中，人与人工创造物包括艺术等的审美关系是其中的主要部分。这些人工创造物无疑是人的社会实践的产物。

没有实践，就没有人。审美关系正是在主体能动实践的背景下形成和发展起来的。初生的婴儿，没有经过尘世的洗礼，没有经历历史的变迁，没有经受社会的锻造，就不可能去感悟人生、观照世界，发现生活之美。只有当我们在饱受沧桑、人世变迁和文化的洗礼之后，我们与世界的审美关系才会变得充实和丰富起来，才会显示出它的独特魅力和持久的吸引力。因此，审美关系的建立是人类精神的升华，满足了人类对理想家园畅想的愿望。

可见，审美的这种精神需要与其他需要一样，是在社会实践中形成的。人类在长期的生产实践中，逐步进化了自身，产生了人的各种社会器官，进而也产生了特定的精神性需要。这种需要，以主体在社会实践中所产生的审美尺度为前提。自然物象作为美的一种形态，是人类通过长期的社会实践，在与对象的关系中逐步地形成了审美尺度后才存在的，是符合于审美尺度的对象。当对象符合于审美尺度时，对象的具体形象与主体心理便是契合、适应的。

主体与对象的审美关系，就是以对象为精神食粮，来从事这种精神调节的。在特定的对象的前提下，主体心理要与之融为一体，将情感浸透于客体对象之中，主体就必须在长期的实践中，形成一个取舍审美对象的具体尺度。这种尺度，存在于主体的社会心理之中，就如同信息编码一样。它看不见、抓不住，却不着痕迹地支配着人们的审美活动。它并不是每个人随心所欲地去杜撰的，也不同于个人的嗜好、趣味那样无可争辩，而是属于社会意识的范畴，有着相对的尺度。人们共同的心理构造和生理机能，共同的生活环境和人类社会发展的共同道路，就决定了审美尺度的大致标准。否则，审美关系就失去它存在的普遍价值，因人而异了。

第二节　审美关系中的对象特征

在审美关系中，对象超越了与主体的现实关系，使对象的感性形态超越了形质的层面，作为主体愉悦耳目、愉悦情感的对象而存在，从而使对象与心灵情趣融为一体，凝结为审美意象。这实际上是客观对象在审美感官和心灵中的升华。通过升华，对象的感性形式脱离了与主体固有的现实关系，在主体心灵中达成了审美关系。其中，对象及其感性特征，是物我构成审美关系的基础。没有对象，审美关系就失去了建立的前提，就不可能产生和发展。没有对象，个体的审美活动也如无米之炊。

一、对象的形态特征

对象要成为处于审美关系中的审美对象，应该首先具备一定的形式特征。对此，中国古典美学强调最多的就是和谐、适度等。当然，和谐不仅仅指的是对象外在形态的适度，但外在形态的适度又是对象与主体构成审美关系的必备条件。《吕氏春秋·适音》："夫乐有适……何谓适？衷，音之适也。何谓衷？大不出钧，重不过石，小大轻重之衷也。黄钟之宫，音之本也，清浊之衷也。衷也者，适也，以适听适则和矣。"① 声音太大，会引起不舒适的震荡刺激；声音太小，则不能完全满足听觉器官，不能引起美感；声音太尖、太浊都不好，要么使人心神不安，要么使人感到压抑，所以要适度，才能引起主体的美感，从而与主体形成审美关系。

搭配恰当，背景与内容协调，使对象处于特定的情境之中，就能让人体验到对象切断了与主体的现实关系，使主体沉浸在奇妙的境象之中。据明代张大复《梅花草堂笔谈》记载："邵茂齐有言，天上月色能移世界。果然！故夫山石泉涧，梵刹园亭，屋庐竹树，种种常见之物，月照之则深，蒙之则净；金碧之彩，披之则醇，惨瘁之容，承之则奇，浅深浓淡之色，按之望之，则屡易而不可了。以至河山大地，邈若皇古，犬吠松涛，远于岩谷，草生木长，闲如坐卧，人在月下，亦尝忘我之为我也。今夜严叔向，置酒破山僧舍，起步庭中，幽华可爱，旦视之，酱盎纷然，瓦石布地而已。"②

① 许维遹撰，梁运华整理：《吕氏春秋集释》上，第114、116页。
② （明）张大复撰：《梅花草堂笔谈》中，上海古籍出版社1986年版，第201页。

寻常山石景致，在月光的照耀下，迷蒙神奇，让人只见其感性形态的空灵剔透。山川大河，在月色的笼罩下显得很渺远，狗叫松吼，在山谷间久久地回荡着。花草树木，似乎悠闲自得，或坐或卧。甚至山间破庙里的碎瓦碎石，在月光之下也显得朦胧可爱。置身此景之中，无疑会陶醉流连，进入忘我境界，仿佛自己已经融化在月色渲染、妆点过的景色之中。

在审美关系的构成中，由于审美对象所处位置不恰当，或没有处于恰当的审美语境中，往往也会影响审美的效果，影响审美关系的真正确立。猫眼石、玛瑙、蜜蜡、珊瑚等，本来可以引起人的美感的，但在《长生殿》中，小生却用它们来形容丑女的形象："眼嵌猫眼石，额雕玛瑙纹，蜜蜡装牙齿，珊瑚镶嘴唇。"① 所处不得其位，则本来美的对象也就不美了。《淮南子·说林训》云："靥辅在颊则好，在颡则丑。绣以为裳则宜，以为冠则讥。"② 酒窝长在人的面颊上是美的，但若长在额头上就不美。五彩的绣花刺绣在裙子上是美的，但是若绣在帽子上就不美了。这说明审美对象的确立不是孤立的，而是要注意审美对象是否与审美情境相协调，否则就会使审美的效果大打折扣。因此，审美关系的构成，不仅仅决定于审美客体本身，还要充分考虑到对象与周围环境的协调，盲目地对对象作胡乱搭配，只能适得其反。扬雄在《法言·吾子》中记载："或曰：'女有色，书亦有色乎？'曰：'有。女恶华丹之乱窈窕也，书恶淫辞之淈法度也。'"③ 意谓不恰当的文饰反而会影响对象的

---

① （清）洪昇著，徐朔方校注：《长生殿》，人民文学出版社1983年版，第24页。

② 何宁撰：《淮南子集释》下，第1216页。

③ 汪荣宝撰，陈仲夫点校：《法言义疏》，中华书局1987年版，第57页。

审美价值。

在审美关系中，对象必须具有盎然的生意和意趣。在西方传统审美理论中，有一派专门从对象形式的比例，来确定对象的审美尺度。著名的黄金分割律，就是注重形式规律的典型学说。在中国虽然也强调对象的协调，但从来不以单一风格、单一模式来限制审美对象。“佳人不同体，美人不同面，而皆悦于目。”① 而其关键在于其内在生意和内在精神。江淹在《杂体诗序》中，为了说明诗歌风格风骨的多样性，曾打过这样的比方：“娥眉讵同貌，而俱动于魄；芳草宁共气，而皆悦于魂。”② 对象的形式可以是丰富多彩的，但要有内在的神韵。《淮南子·说山训》云：“画西施之面，美而不可说；规孟贲之目，大而不可畏：君形者亡焉。”③ 对象的形式背后须有“君形者”，即神，要有对象的内在精神。而这也是历代艺术创作者所追求的。能得形似的只能称为“匠”，唯有得到神似的，才能度算是“方家”。这一点，在中国画里非常明显。在中国国画史上，享有历史声誉的往往是写意传神的作品，而不是“栩栩如生”的工笔画。

二、对象对主体的感发

在审美关系中，具体对象的不同形态会引起主体不同的心理反应。荀子在论述音乐的“声乐之象”时曾说：“齐衰之服，哭

---

① 何宁撰：《淮南子集释》下，第1191页。

② （明）胡之骥注，李长路、赵威点校：《江文通集汇注》，中华书局1984年版，第136页。

③ 何宁撰：《淮南子集释》下，第1139页。

泣之声，使人之心悲；带甲婴胄，歌于行伍，使人心伤；姚冶之容，郑、卫之音，使人之心淫；绅端章甫，舞韶歌武，使人之心庄。”① 认为不同声象乃至容颜服饰，都会感发主体不同的情感。自然现象也是如此，春光明媚和冰天雪地给人的感受是截然不同的。

在中国人的传统思想里，生命是自然对象的本性，主体正是通过生命意识去把握和体悟自然万物的，从而实现物我生命节律的共振。人们把自然界的生命规律视为自然道德。《周易·系辞下》：“天地之大德曰生。”② 以主体体悟到的生命与主体内在生命相印证，从中获得会心的愉悦。日月星辰，山川草木，都充满着生意，它们是一个个独立的生命体，都是造化的艺术杰作。人间的艺术只是师造化的结果。《文心雕龙·原道》云：“文之为德也大矣，与天地并生者何哉！夫玄黄色杂，方圆体分，日月叠璧，以垂丽天之象；山川焕绮，以铺理地之形；此盖道之文也。”③ 自然界万物顺情适性，天机自备，意趣自在，如同“鸢飞戾天，鱼跃于渊”④。这便是自由而活泼的审美情调。宗炳《画山水序》“山水以形媚道”⑤，着一媚字，情调宛然自在。殷浩《遗王羲之书》云：“当知万物之情也。”⑥ 在他的眼光里，万物本有情，而人能体悟，便会

---

① （清）王先谦撰，沈啸寰、王星贤点校：《荀子集解》，第381页。

② （魏）王弼注，（唐）孔颖达正义：《周易正义》，《十三经注疏》，（清）阮元校刻，第86页。

③ （梁）刘勰著，范文澜注：《文心雕龙注》，第1页。

④ （汉）毛亨传，（汉）郑玄笺，（唐）孔颖达等正义：《毛诗正义》，《十三经注疏》，（清）阮元校刻，第515页。

⑤ （南朝宋）宗炳撰：《画山水序》，宗炳、王微：《画山水序 叙画》，第1页。

⑥ （唐）房玄龄等撰：《晋书》第七册，中华书局1974年版，第2094页。

从中获得乐趣。《诗经》有“昔我往矣，杨柳依依，今我来思，雨雪霏霏”①。杨柳迎风摇曳，仿佛善解人意。从对象的姿态中，给人以心灵的感发。从一定程度上说，主体审美的心灵是四时之景、八方山水熏陶所造就的。在人与自然所共有的生命节律的基础上，主体通过拟人化或引譬连类的思维方式从对象身上体验到了情趣，也观照到了自身的生命活力。

审美对象以自己多变的面孔使审美关系变得丰满圆润起来了，使它具有更多的动感和韵律。在审美关系中，同一审美客体从不同的角度去欣赏，不同的方位去观照，也会产生大相径庭的审美效果。郭熙在《林泉高致》中有这样一段关于观山的精彩论断，他写道：“山有三远：自山下而仰山巅谓之高远，自山前而窥山后谓之深远，自近山而望远山谓之平远。高远之色清明，深远之色重晦，平远之色有明有晦。高远之势突兀，深远之意重叠，平远之意冲融而缥缥缈缈。其人物之在三远也，高远者明了，深远者细碎，平远者冲澹。”② 对同一座山，由于观瞻的位置不同，呈现的审美境界也就迥异，由山的位置不同，而到山之美的不同，再到人品之不同，可谓是一举两得。不同时节，观赏同一座山，山的风姿和美丽更是神态万千，各有风采。审美对象的变迁不仅令人感叹，也会给我们带来不同的感觉和体验。大自然正是以她变幻多姿的面孔，使我们的审美目光不至于呆滞，使我们的审美体验常变常新。

重视审美关系中的对象特征，对于审美关系的构成，审美效果

---

① （汉）毛亨传，（汉）郑玄笺，（唐）孔颖达等正义：《毛诗正义》，《十三经注疏》，（清）阮元校刻，第411页。

② （宋）郭思编，杨伯编著：《林泉高致》，第69页。

的获取，具有极其重要的意义。天地万物，日月星辰，作为我们的生活情境，不但富有蓬勃的生机，而且它们壮观的景象，柔美的身姿，丰富的表情，神秘的力量，吸引着我们去猜想，去发现，去体会，使主体进入一个美妙绝伦的审美境界。

第三节　主体在审美关系中的地位

审美关系的形成有赖于人们对世界的感悟和体验。在人与对象的各种关系中，主体常常起着能动作用。在认知关系中，主体往往要尊重对象及其形式规律自身，不能以情感或想象力在心目中改变对象。在功利关系中，主体仅以实用目的为原则去取舍对象，或用实际行为去改造对象。在审美关系中，主体则占着主导地位。审美关系中的主体以对象的感性形态为基础，不涉及概念和实际功利地对对象进行创造性体验。在这种体验中，主体常常以己度物，与对象达成一种亲和关系，而主体能动地在自然的感性形态中寻求和谐和相融，并且随着主体审美态度的历史变迁和民族差异而风采各异，最终使主体的心灵超越感性生命和环境的局限而实现自由。而个体与审美对象的关系，便反映了文化因素对于主体心态形成和发展的影响，在审美意象的创构过程中，主体的情感和想象力更是起着主导作用。

审美关系的确立有待于审美对象和审美主体的同时出现，两者缺一，便不能构成审美关系。审美的客体作为一种外在于人的存在物，具有一种稳定性，是一系列潜能的组合物。它对人来说的价值的实现，也就是它的潜能的实现，有待于主体的挖掘。而主体能否挖掘，又有待于主体能力的提高。这种提高，既包括族类总体能力的提高，也包括个体能力的提高，族类的总体能力总是在一个个的个体中表现出来的。如果说客体作为潜力的集合具有一定的稳定性，那么主体就处于不断变迁的状态中，因而会获得更多的主导性。我们说物与人形成审美关系，首先因为物有审美的价值。而这种价值指的是物对人的价值，如果人尚没有发掘这种价值的能力，或未处在发掘这种价值的状态中，那么对象就不能在这一“审美价值”的基础上与人构成审美关系。很明显，这一对审美关系的形成与否，就由人这一主体占据主导地位。在我们生活的大千世界里，对象随时可与人形成审美关系，但到底能否形成审美关系，形成哪一种审美关系，则取决于主体的身心、文化素质和审美能力诸因素是否处在能审美活动的状态中，以及主体在审美活动中的“看”法。

一、主体的主导地位

主体在审美关系中的主导作用主要体现在主体能动地寻求心灵与自然和其他对象的和谐。中国古代的天人合一思想，既是主体对人与自然共同规律的探寻，又是主体心灵对自然的体认。《周易》所谓“天行健，君子以自强不息”①，《庄子·刻意》所谓“静而与阴同德，动而与阳同波”②，都是这种天人合一自觉意识的寻求。通常所说的世上不是缺少美，而是缺少发现，正是在强调主体在审美关系中的能动作用。外物的自然节律和主体的生理节律与情

① （魏）王弼注，（唐）孔颖达正义：《周易正义》，《十三经注疏》，（清）阮元校刻，第14页。

② （清）郭庆藩撰，王孝鱼点校：《庄子集释》下，第470页。

感节律，惟有通过主体的能动体认，方能会通，方能达成审美关系。

主体的审美活动意在从物我关系中寻求心灵自由的契合点。因此，在审美过程中主体心灵的自由是审美关系得以成立的关键。所谓"物我两忘"的境界，正是主体在其心情与自然的交融合一过程中，超越现实世界的物质和伦理等方面的束缚，而进入自由的境界之中。《庄子·达生》强调"以天合天"①，以人的自然与万物的自然相融合，以消除物我的界限，拓展主体的有限生命，从而跃身大化，汇入无限的宇宙之中。主体即兴成趣，可以从千姿百态的对象中实现审美的目的，其中起主导作用的无疑是主体。

在审美关系中，作为群体的主体的整体思维方式，主体的审美态度和审美态度的历史差异与民族差异，乃至审美的最终目的，都反映了主体在审美关系中的能动作用。主体在审美活动中对想象力的运用，同样反映了审美主体的主动性。

主体审美态度的历史变迁和民族差异，影响着主体的审美理想，进而也影响着审美关系的内涵。这也同样证明了主体在审美关系中的主导作用。在历史的长河中，主体的审美态度和审美理想，是不断发展变化的。早在古代的狩猎阶段，人们在肉体上穿耳、剜唇、戴兽骨、插雉毛，具有普遍的审美价值。这些审美趣味虽然在历史的发展进程中优胜劣汰了，但在审美意识的发展进程中还是起到过积极作用的。春秋时代以硕人为美，明代以五短三粗为美，都反映了主体在审美关系中的主导作用。这些趣尚不仅仅表现在人物

① （清）郭庆藩撰，王孝鱼点校：《庄子集释》下，第661页。

品评上，而且影响到其他各类审美对象。如春秋时代以博大为美，此时的青铜器也是粗壮的，魏晋时代以清癯为美，而此时的书法也推崇王羲之的瘦劲飘逸。盛唐以丰腴为美，其书法也推崇颜真卿的丰满圆润。刘勰所谓“文变染乎世情，兴废系乎时序”①，说明不同时代，不同世态的文章，是有着一定的变化的。这些差异正反映了不同时代审美关系的差异，而在其中起主导作用的正是主体；审美关系的民族差异也同样表明了主体在审美关系中的能动作用。东方人与西方人的差异，日本人与中国人的差异，维吾尔人与汉族人的差异等等。他们可以对同一对象作出截然不同甚至完全相反的审美评判。如果说在历史的变迁中，一部分审美趣尚会因其违背人的共性等因素而被淘汰的话，那么，审美趣尚中的民族性，则大都不能强求一致，也无可争辩。

个体与对象的审美关系，还取决于主体特定时刻的心境。这种心境，首先是上文所指的不为物所役的心境，因为“聩者忘味，则糟糠与精粺等甘；岂识贤、愚、好、丑，以爱憎乱心哉”②？心事重重、忧心忡忡的人，感觉不出美与丑，也就不能与对象形成审美关系。另外，这里的心境还指使主体和对象形成特定审美关系的心境。李白《送友人》说：“浮云游子意，落日故人情”，浪迹天涯的游子，眼见着浮云，也会勾起思乡之情，勾起对昔日生活情调的回忆。面对着夕阳，也会引发对昔日情怀的追忆。即使同一个人在不同时期对于同一对象也会作出不同反应。“稚年所乐，壮而弃之，

① （梁）刘勰著，范文澜注：《文心雕龙注》，第675页。

② （三国）嵇康撰，戴明扬校注：《嵇康集校注》，人民文学出版社1962年版，第174—175页。

始之所薄，终而重之。”①对于具体对象的感性形态，个体可以作相对自由的点化和联想。虽然表现的是同一种行为，但由于主体所经历的事件的不同，人生阅历的不同，所呈现出来的审美效果也就不同。个体特定的心态可能决定对象能否成为个体的审美对象，也可能决定其成为哪一种审美对象，例如是悲剧性的还是喜剧性的，是优美的还是崇高的。《淮南子·齐俗训》里说：“夫载哀者闻歌声而泣，载乐者见哭者而笑。哀可乐者，笑可哀者，载使然也。”②心境悲哀的人，听到歌声却形成悲剧性的审美关系，而哭声却又成了心境快乐的人的喜剧性审美对象，可见主体在构造审美关系时的主导作用。《乐记·乐本》也说：“乐者，音之所由生也，其本在人心之感于物也。是故其哀心感者，其声噍以杀。其乐心感者，其声啴以缓。其喜心感者，其声发以散。其怒心感者，其声粗以厉。其敬心感者，其声直以廉。其爱心感者，其声和以柔。六者非性也，感于物而后动。”③哀心、乐心、喜心、怒心、敬心、爱心等不同的心境，就从同一个世界中感发出了不同的审美关系来。如果说世界给了我们以形成审美关系的机会的话，那我们主体就主导审美关系的形成，主导审美关系的具体形态。

二、审美关系中的主体素质

审美关系主要是建立在群体所认同的与对象的关系的基础上

---

① （三国）嵇康撰，戴明扬校注：《嵇康集校注》，第189页。

② 何宁撰：《淮南子集释》中，第777页。

③ （汉）郑玄注，（唐）孔颖达等正义：《礼记正义》，《十三经注疏》，（清）阮元校刻，第1527页。

的。个人的先天能力和后天素养虽然影响着个体对对象的审美领悟，却并不影响对象对社会的审美价值。但是，审美活动同时毕竟又是一种个人的直觉性活动。审美感觉不同于人在生理上的饥而欲食、寒而欲暖、劳而欲息，这些对每个人来说都是一样的，正如《荀子·荣辱》所说："凡人有所一同：饥而欲食，寒而欲暖，劳而欲息，好利而恶害，是人之所生而有也，是无待而然者也，是禹、桀之所同也。"[①] 审美感受则与之不同，审美对象在主体心目中，既有普遍有效性，又有着个体的差异。作为一种创造性活动，个体的先天差异和后天的文化差异，对主体的审美判断无疑发生着影响。因此在审美关系根本原则确立的前提下，个体在具体审美活动中与对象所达成的特定审美关系，以及物我所创构的审美意象的特殊性，同样反映了个体在审美关系中的能动作用。

审美主体的个性差异，有其生理和心理基础。这些生理素质的好坏及其挖掘、培养，对个体与具体对象结成审美关系是有影响的。如个体的不同气质，各自身心发育的早迟，童年时代感悟潜力的开掘和经历、素养的差异，画家对于光线、色彩的敏感及其培养，作曲家对于音色、音量的反应能力及其培养等，以及后天对环境的适应能力和主观努力程度的不同等，都会在个体对于具体对象的审美体验中发生影响。

审美主体的气质、性格常常是个体在长期的社会文化的浸润之下自发形成的。由于个性气质的差异，主体对对象的选择及其在对象中所染上的主观感情色彩自然也不相同。这也反映了主体由于能动作用中的心灵要素的差异，而使审美活动呈现出不同的风采。从

---

① （清）王先谦撰，沈啸寰、王星贤点校：《荀子集解》，第63页。

个体的角度看，主体与对象达成审美关系除了先天的基本自然素质，如视听感官等基础外，关键还在于后天文化素养对人的造就。个体能否从对象中发现审美价值，个体从对象中所体悟和创构的审美境界的高低，关键在于个体的文化素质。葛洪说："虽云色白，非染弗丽；虽云味甘，非和弗美。故瑶华不琢，则耀夜之景不发；丹青不治，则纯钩之劲不就。火则不钻不生，不扇不炽；水则不决不流，不积不深。"① 这同样可以用在人的审美素质上，每个人都有一定的审美意识潜能，如果经过好好培养，便可比以前又提高，也就能在更多的时候与更多的对象形成审美关系。如果后天的培养没跟上，则很多即使是艺术品的对象也不能与之形成审美的关系。《乐记·乐本》说知声而不知音的，是禽与兽；知音而不知乐的，是众多的普通人；而君子却能知乐。② 可见，只有人才能与对象形成审美关系，而这种审美关系所包含内容的高低，又取决于人的素质的高低。《淮南子·人间训》："夫歌《采菱》，发《阳阿》，鄙人听之，不若此《延路》《阳局》，非歌者拙也，听者异也。"③ 也是由于不同主体的不同素质或审美趣味，从而与对象结成不同层次的审美关系。

可见，文化素养，特别是审美素养，对人的审美活动有着重要的影响。一个画家被关在破旧的牢房里，其环境本身，并无多少审美价值可言。但倘若这个画家以达观、忘我的态度泰然处之，尽管他与整个世界割断了，与光和色、与自然生机之间不能直接联系起

---

① 杨明照撰：《抱朴子外篇校笺》上，中华书局 1991 年版，第 114 页。

② （汉）郑玄注，（唐）孔颖达等正义：《礼记正义》，《十三经注疏》，（清）阮元校刻，第 1528 页。

③ 何宁撰：《淮南子集释》下，第 1294 页。

来，他却能凭借其艺术家的敏感和想象力，从颓败、模糊甚至肮脏的墙壁上见到一幅山水画，一幅世相图。这是他对线条和形象的敏感在起作用，是想象力创造的结果，没有特定天赋和文化素养的人是做不到的。骆宾王在狱中能写出《在狱咏蝉》这样的五律，以蝉自况，抒发自己的情怀。但倘若是阿Q，在狱中听到蝉鸣，也许会感到厌烦，会抱怨蝉鸣妨碍他睡觉；或则即使蝉鸣能给他解闷，但与骆宾王相比，其审美联想不会那么丰富，其境界也不会那么高远。再如鲁迅把童年时代课余玩耍的百草园写得那么美，而在我们今天看来，那其实不过是一片荒园，废旧而且长了许多野草，但在富于机趣、具有诗人气质的鲁迅笔下，却是那样的诗意盎然。也许我们童年时代的记忆中，一样有温馨的回忆，一样有让童年的我们流连忘返的风景。但是，我们的审美能力，文化素养乃至心灵境界尚不及鲁迅，所以我们没能写得出来。在一定程度上，也说明我们作为个体，在与对象所创构的审美境界上，要比鲁迅稍逊一筹。

三、情感的价值

在中国有文字记载的历史长河中，情感始终在主导我们的审美心理和审美关系中担当着非常重要的角色。情感作为一股不可遏止的洪流，推动着不同时代的艺术家，书写出许多华美绝伦的艺术篇章。也正是在情感的推动下，主体成就了自身的艺术地位和文化品格。

情感或来自人们对某物的喜爱，或来自苦难所产生的愤激，或来自人们对压力的冲决。中国古代文学创作中有“发愤著书”一说，这一说法就是对情感最为生动的诠释。司马迁在《史记·太史公自序》中写道："昔西伯拘羑里，演《周易》；孔子厄陈、蔡，作《春秋》；屈原放逐，著《离骚》；左丘失明，厥有《国语》；孙子膑脚，而论兵法；不韦迁蜀，世传《吕览》；韩非囚秦，《说难》、《孤愤》；《诗》三百篇，大抵贤圣发愤之所为作也。"① 苦难，像一道拦河大坝，阻挡着情感水流的畅通，当苦难郁积在心中越来越多的时候，情感便会冲决大坝，急流奔涌，一泻千里，写出璀璨的瑰丽诗篇。正是苦难，催促着这些文学家们以敏锐的情思去创造千古不朽的名著。明代主张"童心说"的李贽，更是以"率性之真"的真性情来表达真感情。他谈到，那些能写真文章的人是这样的，"且夫世之真能为文者，比其初皆非有意为文也，其胸中有如许无状可怪之事，其喉间有如许欲吐而不敢吐之物，其口头又时时有许多欲语而莫可告语之处，蓄极积久，势不能遏。一旦见景生情，触目兴叹；夺他人之酒杯，浇自己之垒块；诉心中之不平，感数奇于千载。既以喷玉唾珠，昭回云汉，为章于天矣，遂亦自负，发狂大叫，流涕恸哭，不能自止"②。李贽通过语词把真感情、真性情蕴藏其间，使主体的真情感得到尽情的表白，也成就了最具震撼力的文辞，引发后人的激赏。王充在《论衡·超奇》中这样写包含真情作品的艺术魅力："精诚由中，故其文语感动人深。是故鲁连飞书，燕将自杀；邹阳上疏，梁孝开牢。"③

在不同的历史时期，许多作家对流泪的描述就呈现出不同的情感之旅。屈原"长太息以掩涕兮，哀民生之多艰"，是忧国之泪；

---

① （汉）司马迁撰：《史记》第十册，第3300页。

② （明）李贽著：《焚书 续焚书》，中华书局1975年版，第97页。

③ （汉）王充撰，黄晖校释：《论衡校释》第二册，第612页。

江淹的《别赋》："横玉柱而沾轼"，"造分手而衔涕"[①]，是离别之泪；贾岛的"两句三年得，一吟双泪流"（《自题》），是沥血之泪；杜甫的"感时花溅泪，恨别鸟惊心"（《春望》），是悲愤伤时之泪；李商隐的"春蚕到死丝方尽，蜡炬成灰泪始干"（《无题》），是殉情之泪；谭嗣同的"四万万人齐下泪，天涯何处是神州"（《有感》），则是愤激之泪。因此，事件的行为过程是相似的，但其中的审美效果和审美心境却是大相径庭的。

对同一件事物，在不同情感的人看来，审美效果也会大不一样。在一方看来是喜悦之事，而在他者那里则可能是离别之忧。杜牧"停车坐爱枫林晚，霜叶红于二月花"（《山行》）的诗句，抒发的是浓情惬意、舒畅悠闲的感受。而对于崔莺莺来说，枫林则是另一番景象："晓来谁染霜林醉，总是离人泪。"（《西厢记》）谁把这满山的枫叶染红，不是秋日的严霜，而是对张生离去伤心流下的热泪，主人公的悲痛溢于言表。而且在特定时期、特定心情中，人们常常会对具体对象作出不同的情感反应。或激活一时的灵感，或触动昔日的心事，有时来无影、去无踪，给人以"来不可遏，去不可止"[②] 的感觉。白居易"花非花，雾非雾，……来如春梦几多时，去似朝云无觅处"[③]，说的正是个体的这种感觉。陆游在心情舒畅的时候，听到窗外淅沥的雨声，便会有如下的诗句："小楼一夜听春雨，深巷明朝卖杏花。"（《临安春雨初霁》）那种闲适自得的心态跃然纸上。而当他失意烦闷之时，听到的雨声，则是"西家船漏

---

① （明）胡之骥注，李长路、赵威点校：《江文通集汇注》，第 35、36 页。

② （晋）陆机著，杨明校笺：《陆机集校笺》上，第 40 页。

③ （唐）白居易著，朱金城笺注：《白居易集笺校》第二册，第 699 页。

湖水涨，东家驴病街泥深”（《首春连阴》），雨和漏船、病驴、泥泞的道路，这些颓败之物联系在了一起，突显了陆游当时心境的消沉，从中可见个体的特定心境在审美关系中也起着积极的作用。

在我国古代的艺术理论中，认为主体情感是艺术创作源泉的也比比皆是。《乐记》认为音乐是人的情感的自然流露。文学方面，王充也认为：“笔能著文，则心能谋论，文由胸中而出，心以文为表。”[①] 陆机在《文赋》中写道：“诗缘情而绮靡。”[②] 刘勰在《文心雕龙·熔裁》中也提出“设情以位体”，即文章的结构安排应以是否有利于情感的表达为准，可见情感先导作用的重要性。[③] 而在文学创作和欣赏中，情感也是必不可少的：“夫缀文者情动而辞发，观文者披文以入情。”[④] 刘勰在此指出了一个非常有意思的文学现象，文学创作是由情感到文辞，而文学欣赏则是由文辞到情感。而审美主体在此过程中，则是从情感回到了情感的迂回过程。也就是说文学的发端是情感，归宿仍然是情感，点出了情感在审美主体中的能动性和重要性。钟嵘在《诗品序》中也非常鲜明地指出诗歌的本质就是表现人的情感：“气之动物，物之感人，故摇荡性情，形诸舞咏。”[⑤]《淮南子·本经训》更是明确指出艺术、礼乐的各种形式就是为表达感情服务的：“故钟鼓管箫，干戚羽旄，所以饰喜也。衰绖苴杖，哭踊有节，所以饰哀也。兵革羽旄，金鼓斧钺，所以饰

---

① （汉）王充撰，黄晖校释：《论衡校释》第二册，第609页。

② （晋）陆机著，杨明校笺：《陆机集校笺》上，第17页。

③ （梁）刘勰著，范文澜注：《文心雕龙注》，第543页。

④ （梁）刘勰著，范文澜注：《文心雕龙注》，第715页。

⑤ （梁）钟嵘著，陈延杰注：《诗品注》，第1页。

怒也。”① 情感催生了很多审美关系的实现，也促进了很多审美对象的形成。情感作为审美主体的动力，正是这样推动着主体审美关系的建构，从而实现了审美境界的升华。

第四节　审美关系的基本特征

审美关系作为人与世界的基本关系之一，和人与世界的其他关系既有一定的联系，又有着明显的差别。它不仅参与了人类文明的创构，而且寄托了人的理想。这种关系作为一种特殊的精神关系，既有其社会的共同性的一面，又有着个体的差异性。通过审美关系，个体与社会被紧密地联系在一起。特定的社会群体乃至整个人类都不断地推动着审美关系的探索。随着社会的不断发展，审美关系也在逐步向前发展。同人与自然的其他关系相比，审美关系具有兼容性、个体独特性和历史性等特征。

首先是兼容性特征。审美关系虽然同人与对象的其他关系是迥然有别的，但它同人与对象的其他关系常常是兼容的。当一个对象既是美的，同时又具有真、善特征的时候，不仅不妨害它为美，而且真、善、美之间可以相得益彰。因此，审美关系并不弃绝与认知关系和伦理关系的联系。我们从科学研究的角度强调真、善、美之间的差异，但并不否定它们之间的联系。如前所说，审美关系与认知关系和伦理关系迥然有别，但在通常情况下，它们之间并不是对立的。当审美关系之中同时以认知关系和伦理关系为基础时，其审美关系更为理想。当实用关系虚化为审美关系时，正表明了人类文

① 何宁撰：《淮南子集释》中，第599页。

明的向前推进。因此，审美关系和人与对象的其他关系在本质上并不冲突，它们共同促进着人类文明的发展。随着认知关系和伦理关系的发展，审美关系也得以深化和发展。

《孟子·尽心下》所谓："充实之谓美。"[①] 当人的道德修养高度完善，并且得以情感化、感性化时，主体即可对之进行观照，构成一种自由的审美关系。在这种关系中，欣赏者并不限制对象本身，不是占有对象，也不要求对象对主体有利，而主体从这种完善的感性形态中，体验到了快乐。这便是从伦理关系中无私地享受到了审美的快乐。

有时候，有些有害于健康的审美趣味，随着人的认识能力的提高而得以修正，也表明了认知关系和伦理关系对于审美关系的基础作用。源于南唐后主时代的缠足，乃是李后主"令窅娘以帛绕脚，令纤小屈上作新月状，素袜，舞云中曲，有凌云之态。""后人皆效之，以弓纤为妙"[②]，乃以小足的新月弓纤为妙。当人们认识到它有损于健康时，便淘汰了它。审美关系的终极目的在于解放人性，与有利于人类进步的人与对象的其他关系在本质上是不矛盾的。

其次，审美关系在社会共同性的基础上，还具有个体独特性。审美关系既有其普遍有效性的一面，又体现了个体的独特性，是每个人与社会认同、融合的一种途径。由于主体共同的生理机制（包括感官和心理的生理基础），和共同的社会文化基础，特定社会环境中的人，便有着共同的审美感受。《孟子·告子上》："口之于味

---

① （清）焦循撰，沈文倬点校：《孟子正义》，第994页。

② （宋）周密撰，孔凡礼点校：《浩然斋雅谈》，中华书局2010年版，第27页。

也，有同耆焉；耳之于声也，有同听焉；目之于色也，有同美焉。”[①]“至于声，天下期于师旷，是天下之耳相似也。惟目亦然。”[②]这在相对的意义上，尤其是审美的生理机制上，是正确的。

在此基础上，审美关系在特定的审美活动中，还表现为个性的差异。个体的独特体验既可与他人心心相印，又有其独特的感怀。这是人心的个体差异造成的。《左传·襄公三十一年》有：“人心之不同如其面焉。”[③]王充《论衡·自纪》有：“百夫之子，不同父母，殊类而生，不必相似，各以所禀，自为佳好。”[④]正如人之两目一口的脸一样，既有其相同的基础，又有其神态各异的结构与表情。审美心态如此，个体与对象之间的审美关系如此，艺术家在心中由物我关系所创构的审美境界，也同样如此。《文心雕龙·体性》云“各师成心，其异如面”，[⑤]体现了个体的创造精神。有时候，审美是需要发现的，个体通过其在审美过程中的独特颖悟与发现，通过其“情理之中，意料之外”的体验与社会相沟通。这种个体对群体的不断超越，而又不断获得群体的认同，则是个体推动审美关系向前发展的契机。

天才艺术家的贡献，便在于不断开掘和丰富了人类的体验。他们把审美对象视为快乐地交流的一种文化中介，把审美视为个体与社会的特殊沟通方式。张九龄《望月怀远》云：“海上生明月，天

---

① （清）焦循撰，沈文倬点校：《孟子正义》，第765页。

② （清）焦循撰，沈文倬点校：《孟子正义》，第764页。

③ （晋）杜预注，（唐）孔颖达等正义：《春秋左传正义》，《十三经注疏》，（清）阮元校刻，中华书局1980年版，第2016页。

④ （汉）王充撰，黄晖校释：《论衡校释》第四册，第1201页。

⑤ （梁）刘勰著，范文澜注：《文心雕龙注》，第505页。

涯共此时。情人怨遥夜，竟夕起相思。”其中的明月乃是人与人之间交流的中介，个体把自己此时引发的独特情思，通过明月贴切地传达出来，藉以引起有共同感慨的人的共鸣。刘禹锡《秋词二首》其一为：“自古逢秋悲寂寥，我言秋日胜春朝。晴空一鹤排云上，便引诗情到碧霄。”对秋天的感受，便一反悲秋之传统，对秋日的景致有独特的审美颖悟。这些均可视为在审美关系的大背景下，个体特定心境和特定视角、特定人生经历的积极意义。因此，伟大的艺术家的独特颖悟，会对整个审美关系的发展起着积极的推动作用。

第三，审美关系具有历史性的特征。审美关系是一个具有历史感的范畴，它随着历史的发展而不断向前推进。从发生学的角度看，在人类社会以前，广大的宇宙也是一种存在，但只是没有美丑等意义的存在。只有当审美关系的另一有机组成部分——审美主体在社会实践中形成以后，审美关系才会同时达成。从这个意义上说，审美关系的起源是以人的起源为基础的。当我们说“山”“水”“花”“木”等的时候，它们本是先于人类而存在的，是一种客观存“在”，人只不过用一种概念来指代它们。而当我们判断它们是美的时候，则包含了人在长期的生存环境中所形成的尺度。这个尺度具有一定的主观性和相对性，因而是一个具有历史感的范畴，具有历史性的特征。

审美活动带来主体身心愉悦的基本特征是相对固定的，而主体对待各类具体对象的态度，又是不断变化发展的。在古代狩猎阶段，人们通过戴兽骨、插雉毛，在肉体上穿耳剜唇、刻肤纹身，表现自己的审美理想，而对于现代人来说则是莫大痛苦的怪事。这不仅是认知、伦理等方面的关系的发展使然，同时也反映了社会生活的变化。这表明审美关系的发展，既有其继承传统的一面，又受着时代精神的影响。

审美关系是人类文明表征的有机部分，人类以往的全部生活经历是审美心灵的基础。不同社会、不同民族有时对对象的美丑作出截然相反的判断，都可能有其特定的价值。在时代精神的影响下，在主体创造意识的作用下，每个时代都有新的时尚和潮流。魏晋以飘逸为美，唐代以丰腴为美，各自在当时蔚为风气。魏晋时代对风骨的倡导，盛唐对浑融气象的追求，都使得主体与对象的关系打上了时代的烙印。经过优胜劣汰，优秀的审美遗产便得以承传下来，熔铸在后代的审美关系之中。而未来的风气和探索又进一步推动了审美关系的发展。

随着时代的变迁和审美心理的发展，人们对审美对象的选择，对具体形象的评判，也都是有所发展和变化的。因此，多民族的融合和外来文化的刺激，也是审美关系向前推进的重要因素。外来优秀的审美趣尚拓展了本民族的审美领域和审美方式，让人耳目一新，并与固有的趣尚融为一体，给长期僵化的趣尚和审美关系灌注了新的活力，获得了新的生机。它们通常又是通过统治阶级的倡导和少数天才的努力而实现的，尤其是通过精英阶层的努力去有意识地推动的，从中既扬弃了既往的社会历史成果和审美成果，又受着时代精神的感召，具有独特的颖悟。每个时代、每个社会的审美关系正是在此基础上得以深化和发展的。

佛教自从传入中国以来，就与中国的传统文化相碰撞，经过不断地传承、吸收和扬弃，在中国的文化长河中结出累累硕果，并直接影响了中国的诗歌、绘画、音乐、舞蹈等艺术门类，同时也影响了中国传统的审美方式和审美理想。佛教思想不仅影响着封建社会主体文化的代表——士大夫阶层，而且与儒道思想共同形成一种连续不断的文化氛围，陶冶熏陶着每一个社会个体，积淀在他们的感知、情感、思想中，形成了中华民族特有的审美文化心理结构。而这一文化心理结构的形成，也在影响着审美主体对审美客体的观照。

第四章

审美特征

审美活动与人类其他活动的根本区别，乃在于主体在审美活动中以情感为中心的思维方式。这种思维方式通过譬喻、连类和想象等手法，以诗意的情调体悟自然和人生，从中反映出体现生命意识的天人合一的思想和以人为中心的体悟特征，并且从中体现出和谐的原则。这便是中国人传统审美方式的基本特征。正是由于思维方式的这种特征，决定了审美活动中人对外物的"看"法，与认知和功利的感受有着截然的不同。

第一节　思维方式

在主体与对象所结成的审美关系中，主体起着主导作用。审美时的主体思维方式是审美关系得以成立的关键。作为一种触及整个身心的活动，审美活动通过感物动情的诗意方式，体现了对象与主体身心的贯通——使全身心都获得一种愉快，并通过虚静的心灵，和特定的感悟方式使主体的生命进入崭新的境界。

在审美活动中，主体有着独特的重感悟的思维方式。这种思维方式作为一种始终不脱离感性形态的直觉体悟，经由情的感动，通过类比和感兴，使得主体在物象中从生理到心理，乃至在生命本原的体道境界中能与自然及自然之道合而为一，从中体现出主体生命的创造精神。天人合一可以说是中国哲学对待人与自然关系的最高追求，也是文学作品意境发展的最高境界。人以其独立人格寻求与天地相参，以游戏的态度使天人合一的思维方式得以成立。而在主客体相沟通的过程中，主体则通过超感性的体悟来实现物我同一，获得高峰体验。

一、比兴

主体在与自然山水等外物的关系中逐步形成和发展起来的审美的思维方式，主要是比兴方式，即类比和感兴的思维方式。这种方式是主体先通过感知与审美对象发生联系，引景入心，然后感物而生情。主体将自己的情性、志趣寄托在所感受的物象中，心物感应，遂成就了审美的主体。所谓外感于物，内动于情，就是主体感知的事物通过想象、类比等加工，在想象力的作用下举一反三，衍生出相关的情感，创造出崭新的审美意象。从先秦开始有自觉意识的“自然比德说”，和从魏晋开始有自觉意识的“畅神说”，都反映了主体审美的比兴思维方式，体现了对象的特征与主体情调的对应贯通关系。

比兴方式早在原始人的万物有灵的思维中就已初现端倪，而在后来的诗歌中表现得更集中、更明确，并被明确地总结出来。李仲蒙认为，比是“索物以托情”，是以情附物；兴是“触物以起情”，是以物动情。① 他把比兴视为主体对自然山水体悟的两种思维方式，即借景抒情和即景生情。这种比兴的思维方式，使得主体的心灵受到了自然山水的感发获得了升华，形成了一种使自然对象超越物质的障蔽，成为独特的精神形态的传统。

在中国传统的审美思想中，比不只是艺术中的比喻方式，更是审美活动中比拟的体验方式。善用比喻，反映了中国古人审美的感

---

① （宋）胡寅撰，容肇祖点校：《崇正辩 斐然集》，中华书局 1993 年版，第 386 页。

受特征和思维特征。这使得主观情感投注到对象上，通过联想等方式丰富了感受的内涵，强化了感受的情趣。白居易《长恨歌》所谓“芙蓉如面柳如眉”，正是通过比拟的方式，借助于联想，丰富了我们的感受。孔安国提出的对自然形象进行“引譬连类”，朱熹所说的“感发意志”，以比喻的方式对自然对象作社会性的情感体验。在审美活动中，主体通过比拟，借助于想象，使原有的物象更具有可体验性，更便于获得共鸣，从而拓展了所体悟的物象，使情感获得更为深切的体验和依托，审美的感受也更为丰富和深入。这种比类取象的方法被进一步运用到艺术观上。艺术品被视为一个有机的整体，仿佛是系统的、完整的人的外化。

在中国古代思想中，以自然比附社会文化的方式所形成的比德传统，把自然看成是德性的象征，乃是一种成熟的比喻文化。比德说认为，自然对象之所以美，是因为对象的某些自然特征与人的德性等精神品质有一定的相通之处，主体在观照它们的时候，以己度物，引发了特定的联想，将山水性情或特征与主体心灵贯通起来，使自然山水具有丰富的意蕴，从中获得审美享受，并藉以感发和提升自己。在感受者的眼里，自然成了道德的象征，因而也就构成了审美的境界。在现存文献中，这种比德思想最早来源于孔子。如“子在川上，曰：‘逝者如斯夫！不舍昼夜’”①，以滔滔不绝的流水与时光的流逝相比拟。刘向《说苑·杂言》中，记载孔子以水为君子移情比德的对象，认为水“遍与而无私，似德；所及者生，似仁；其流卑下句倨，皆循其理，似义；浅者流行，深者不测，似

---

① （魏）何晏注，（宋）邢昺疏：《论语注疏》，《十三经注疏》，（清）阮元校刻，第2491页。

智；其赴百仞之谷不疑，似勇……”[①]。孔子以山水比德，并且说“岁寒，然后知松柏之后凋也”[②]、“知者乐水，仁者乐山”[③] 等，都是天人合一思维方式的运用。《易传》乾卦文言中，也曾认为“大人”与天地合其德，与日月合明，与四时合序，将自然与社会和人事贯通起来，认为人的自强不息精神与天道行健是贯通的。[④] 后来《孟子·离娄下》《荀子·法行》《荀子·宥坐》《春秋繁露·山川颂》等均对此加以阐释、发挥，形成了一个比德理论的传统，并深深地影响了后世对自然的审美领悟。如《荀子·法行》云：“夫玉者，君子比德焉。温润而泽，仁也；栗而理，知也；坚刚而不屈，义也；廉而不刿，行也；折而不挠，勇也；瑕适并见，情也；扣之，其声清扬而远闻，其止辍然，辞也。”[⑤] 将玉的感性形态特征与人类的“仁”“知”“义”等品格的相似之处贯通起来领悟。后世诗画中盛行的松竹梅兰菊等题材，均受比德思维方式的影响。

兴是感性物态直接感发主体的情意，引发丰富的联想和深切的体验。这是一种即兴的体验，包含着当下的灵感。“兴”发之时，眼前的景物便染上了人的感情色彩，欣赏者的情思和意趣正通过这种景物获得感性、具体的表现。因此，兴的感发是沟通物我、融合

① （汉）刘向撰，向宗鲁校证：《说苑校证》，第 434 页。

② （魏）何晏注，（宋）邢昺疏：《论语注疏》，《十三经注疏》，（清）阮元校刻，第 2491 页。

③ （魏）何晏注，（宋）邢昺疏：《论语注疏》，《十三经注疏》，（清）阮元校刻，第 2479 页。

④ （魏）王弼注，（唐）孔颖达正义：《周易正义》，《十三经注疏》，（清）阮元校刻，第 17 页。

⑤ （清）王先谦撰，沈啸寰、王星贤点校：《荀子集解》，第 535、536 页。

情景的欣赏方法，是依物生情，由自然引起的激荡和回应。它使得自然山水作为心灵的对应物，作为主体精神成就的对应物而存在。物象感动心灵，而兴会的灵感让我们豁然贯通，从对象中受到情感的激荡，在审美活动的瞬间，在忘我的刹那，实现物我交融。

“兴”发之时，眼前的景物便染上了人的感情色彩，欣赏者的情思和意趣正通过这种景物获得感性、具体的表现。这是一种心物偶然相遭、适然相合的心理体验。张戒《岁寒堂诗话》说：“目前之景，适与意会，偶然发于诗声，六义中所谓兴也。”① 邵雍《伊川击壤集》云：“兴来如宿构，未始用雕镌。”② 强调物对于心的自然感发和心对于物的自然契合。目前之景，之所以能与意会，根本原因就在于人与景、心与物的异类同构。通过兴的思维方式，主体在审美活动中即景会心，自然灵妙，有一种浑然天成、不着痕迹的特点。

在审美活动中，主体感物兴情，兴以起情。感而能兴，是以主体的感慨和体验为基础的。葛立方《韵语阳秋》说“观物有感焉，则有兴”③，宗炳《画山水序》说“应会感神”④，都是指在审美活动中精神上的贯通。对象给心灵提供想象的契机，并使对象具有象征的意义。情因感发而与物象相会，故云兴会。主体触目而生情，通过联想的方法，引发内蕴的情感，实现心物妙合，而神理正寓于其中。刘勰《文心雕龙·物色》则将其视为心与物的往复感发：“山沓水匝，树杂云合。目既往还，心亦吐纳。春日迟迟，秋风飒

---

① （宋）张戒撰：《岁寒堂诗话》，中华书局1985年版，第22页。

② （宋）邵雍著，陈明点校：《伊川击壤集》，学林出版社2003年版，第243页。

③ （宋）葛立方：《韵语阳秋》卷二，（清）何文焕辑：《历代诗话》下，第497页。

④ （南朝宋）宗炳撰：《画山水序》，宗炳、王微：《画山水序 叙画》，第7页。

飒。情往似赠，兴来如答。”①外物感发着主体，主体则以所感发的丰富的情意作为回报。其对于自然的情感投入，得到的是艺术创造的感兴。署名贾岛的《二南密旨》认为兴是感物兴情：“感物曰兴。兴者，情也。谓外感于物，内动于情，情不可遏，故曰兴。”②梅尧臣认为：“因事有所激，因物兴以通。”③这是一种“不可以事类推，不可以义理求”④的直觉体验。

畅神说则是一种典型的兴的思维方式。畅神说认为自然对象的美乃在于其生趣能怡情悦性，使主体的精神得以升华。这是一种在外物感发下神清气畅的直觉领悟。东晋孙绰《游天台山赋》云：“释域中之常恋，畅超然之高情。”⑤乃从佛家的立场上谈山水能让人超然物外，欣悦畅情。这里的畅情即畅神。宗炳曾认为大自然意态万千，历代圣贤沉醉于其中，物趣与主体内在精神浑然交融为一，以此辉映于历代：“圣贤暎于绝代，万趣融其神思，余复何为哉？畅神而已。”⑥在这种畅神的体悟中，主体超越了山水本身：“悟幽人之玄览，达恒物之大情，其为神趣，岂山水而已哉！”⑦同时也使主体自

---

① （梁）刘勰著，范文澜注：《文心雕龙注》，第695页。

② （唐）贾岛：《二南密旨》，（清）曹溶辑：《学海类编》第五册，广陵书社2007年版，第2412页。

③ （宋）梅尧臣著，朱东润编年校注：《梅尧臣集编年校注》，上海古籍出版社1980年版，第336页。

④ 《六经奥论》，《四库全书》影印版，中国书店2018年版，第41页。

⑤ （梁）萧统编，（唐）李善注：《文选》二，上海古籍出版社1986年版，第496页。

⑥ （南朝宋）宗炳撰：《画山水序》，宗炳、王微：《画山水序 叙画》，第9页。

⑦ （晋）慧远：《庐山诸道人游石门诗并序》，逯钦立辑校：《先秦汉魏南北朝诗》，中华书局1988年版，第1086页。

然的感性生命得以超越，从而进入到物我两忘，全无滞碍的化境。

自然之象与主观情意的融合，乃是通过比兴实现的。中国古代的诗歌以鸟兽草木比、兴，重视心物间的感应。孔子的“智者乐水，仁者乐山”，通过比拟和譬喻的思维方式，从自然中寻求精神寄托，拓展自我的精神生命。“白鸟于人如有识，青山何处不堪怜”[①]，人们从山水比德中获得欣悦，以自然特征与人的精神品质相类比，把自然看成人的特定心态的象征。

在对人生的审美体验中，比兴具体表现为“以己度人，推己及人”。在孔子的人生观中恕道是其成仁的重要内容。而恕道中的以己度人、推己及人，正是审美的思维方式的体现。通过这种思维方式，审美的人生境界遂得以深化和丰富。所谓以己度人，推己及人，主要是儒家孔子等人的思想，是爱恤他人的仁道的一种具体表现。这乃是设身处地地去体悟他人，而不差强人意。《论语》中多处申明了这种见解：“己所不欲，勿施于人”[②]、“我不欲人之加诸我也，吾亦欲无加诸人”[③]、“己欲立而立人，己欲达而达人”[④]。孟子的“老吾老，以及人之老；幼吾幼，以及人之幼”[⑤] 则进一步从伦理意义上将这种思想推而广之，将人生境界的成就进一步推衍到

---

① （清）沈德潜、周准编：《明诗别裁集》，上海古籍出版社 1979 年版，第 188 页。

② （魏）何晏注，（宋）邢昺疏：《论语注疏》，《十三经注疏》，（清）阮元校刻，第 2518 页。

③ （魏）何晏注，（宋）邢昺疏：《论语注疏》，《十三经注疏》，（清）阮元校刻，第 2474 页。

④ （魏）何晏注，（宋）邢昺疏：《论语注疏》，《十三经注疏》，（清）阮元校刻，第 2479 页。

⑤ （清）焦循撰，沈文倬点校：《孟子正义》，第 86 页。

尊老爱幼的自觉行为中。

二、悟

悟本义为心领神会。《文选·游西池》："悟彼蟋蟀唱。"李善注引《声类》："悟，心解也。"①《黄帝内经·素问》"慧然独悟。"王冰注："悟，犹了达也。"② 心解、了达，就是一种透彻的领会。佛教禅宗则讲究了悟本心，由悟见性，通过悟来寻求生命的归依。胡应麟《诗薮》内编卷三论严羽"以禅喻诗"时所谓"一悟之后，万象冥会，呻吟咳唾，动触天真"③，不仅是指诗歌的创作与欣赏，而且也是整个审美活动中体悟的写照。在审美活动中，悟是一种主客体沟通的思维方式。这是一种通过直觉、经神合到体道的审美体验，而这种体验又是在瞬间完成的。它以意会为基础，但又超越意会，既体验到对象，又把握到自我，包含着豁然贯通的觉醒。

悟是通过对自然大化的生命精神的体验，通过对社会道德律令的比附贯通的把握，并且借助于内心的省思，主体对人生心领而神会，从而超越了现实的、既定的人生体验，消解了自然规律与社会法则的对立，进入一种物我两忘的个体与社会、主体与自然之道的交融境界。通过妙悟，主体由感官感受到的感性对象，激发起内心澎湃的情思，由悟对而通神，使得心灵突破身观局限，超越现实的时空，由主体体悟自然之道，而使自我得以升华，从而神超形越，从了然于心进入到游心于道的化境之中，使大化精神汇入到个体的

① （梁）萧统编，（唐）李善注：《文选》中，第312页。
② （唐）王冰注：《黄帝内经》，第63页。
③ （明）胡应麟撰：《诗薮》，上海古籍出版社1979年版，第25页。

精神生命，从而创构出自由的人生境界。

悟使得诗情与物象的交融为一，是一种即景而会心，或因景生情，或因情而触景，实现物我合一。这是一种物我之间由感而通的境界。张彦远《历代名画记》卷二所谓“妙悟自然，物我两忘”[①]，郭若虚《图画见闻志》卷三所谓“灵心妙悟，感而遂通”[②]，说的都是物我感通的境界。悟是在景的感动下情感的激荡与生命的勃发。然而并不是所有的景物都能触发主体的情思，也不是所有的情思都能激发悟的突现，外物之所以能与主体情感发生联系，往往因其中蕴涵的精神内容能与主体契合。随着文明与文化的发展，自然物象在人类眼中已不是单纯的客观物体，而是蕴涵着普遍的乡土情怀、精神价值和文化意义等的感性物态。这些作为意象的物象，可以引发特定的联想，使喜怒哀乐之情有所依托，使意有所归；另外还增强表达的张力，以耐人寻味，含蓄地传达出朦胧的情感。因而在这些精神文化积淀的感召下，主体的情思可以超越客观客体，产生无尽的遐想，生发电光石火般的灵感。而在更深意义上，悟的产生是出于对生命意义的追求与洞悉。

感悟体现了主体的自然性与社会性的统一，普遍性与个体性的统一。主体在千百年中的悟，从自然中逐渐产生了人类的文化精神。自然从原始时代的万物有灵转而为有情有性，和欣赏者情性相通。所触之景成为文化的表征，兴会也就具有了普遍性。这种千百年来在文化传统中大体固定下来的情景对应关系，主要通过文化氛围熏陶和影响一代又一代，而作为生理基础的对应，则是出于人的

---

① （唐）张彦远著，俞剑华注释：《历代名画记》，第40—41页。

② （宋）郭若虚撰：《图画见闻志》，第105页。

自然本能，最终实现本能与文化的统一。因此，情景对应及其千百年来形成的审美的思维方式，是在生理对自然感应基础上的文化积累。需要说明的是，所谓的心理原型观虽然有一定的道理，但将其主要视为心理的遗传，则是错误的。由于个体的差异，对自然物象的体验必然也具有个人独特性，而且正是这种独特性，使得悟成为主体所追求的却又是难以言传的审美的思维方式，也使得自然在人类的文学及审美世界中呈现出缤纷的姿态。

通过悟，人在审美中实现了物态人情化，人情物态化。独特的审美思维方式是人与自然构成审美关系的关键。人们在与自然环境长期接触的过程中，常常以自己的情感和生命情调去揣度对象，又借助近观远譬来反省自身，从而使物态人情化、人情物态化。人们在静寂的夜晚能将月亮视为知己，与其倾诉衷肠："举杯邀明月，对影成三人。"（李白《月下独酌》）人们还将山水看成朝夕相处、慰藉心灵的可靠友伴："相看两不厌，只有敬亭山。"（李白《独坐敬亭山》）这种设身处地的感性体验，在认知的层面上是荒谬的，而在审美的层面上则是具有兴味的。无情的山水常常被看作是善解人意的知音："平林漠漠烟如织，寒山一带伤心碧。暝色入高楼，有人楼上愁。"（李白《菩萨蛮》）伤心的寒山，正是为楼上思妇分担忧愁的知心人。"感时花溅泪，恨别鸟惊心。"（杜甫《春望》）在我们欢欣的时候，山水与我们同乐；在我们忧伤的时候，花鸟为我们哭泣。"碧玉妆成一树高，万条垂下绿丝绦。不知细叶谁裁出，二月春风似剪刀。"（贺知章《咏柳》）这里把柳枝的新叶看成自然大化的妆扮，把春风看成妙于剪裁的造化手中的剪刀。经过如此丰富的想象和体验，春风吹绿的柳枝自然显得分外妖娆。美丽的大自然正是这样在审美的思维方式中与我们相契相合，亲密无间。

三、生命意识

在中国传统思想中，审美活动不只是主体以身心观照对象，更是一种以气合气的生命体验，在心物共感共鸣中体现出宇宙的生命精神。在审美活动中，主体以眼、耳等感官的生理节律体悟自然的生命节律，又以体现生命情调的心态去体悟物趣，使情景交融，完成虚实相生的意象的创构，由此进入到崭新的生命境界中。这一体现生命意识的过程，就是《庄子·人间世》载孔子所说的："无听之以耳而听之以心，无听之以心而听之以气。"① 物象扣动着人们的心弦，让人们用整个生命去听、去看、去想，从自然的生命中获得生命的共感，让自然存在于整个审美活动的过程，乃是体造化之道，尽显心源灵性，创构新的生命境界的过程。

主体对于自然的审美，首先是以自我的生命对自然物象的生命和自然规律的自发体验。艺术创造中的所谓观物取象，其观，乃是由象入神，进而体悟其中的生命之道，是一种跃身大化，将躯体自然化，自然躯体化，以生命体悟生命的观，是透过耳目之观，对以灵动的心灵对物趣的映照。而其取，也是一种活取，取自然之生机和情趣，创化为崭新的艺术生命。自然大化的生命节律在艺术中具象为对称、均衡、连续、反复、节奏等形式美的法则。形式法则的运用，富于节奏感和韵律感，体现了情感节律与自然法则的完美结合。具有象征意味的写意性，通过象征和意象的创构实现了具象和抽象、物与我、情与景、形式法则与主观情趣的统一，从中体现了

① （清）郭庆藩撰，王孝鱼点校：《庄子集释》上，第154页。

物我生命的融合。

中国传统上始终将人视为一个有机生命体，注重人的不滞于形物的自由精神，注重人的神韵。在审美的眼光下，人的生命和风采，被提到至高无上的地位。推己及物，视之艺术，便不再是平面的、科学分析式的。而从理论上强调得意忘形，认为言、象本身，不仅为筌蹄，只是达意而已。这种对艺术精神、对艺术境界的发现，本是包容于宇宙、人生的审美发现。自然美和人格美，同时在对对象的生气充盈、对生命力的把握品藻中发现和呈现出来。因此，中国古代的艺术家们，都在力求畅主体之神而写出对象之神。"望秋云，神飞扬，临春风，思浩荡。"① 主体得宇宙之精神、人生之真谛，再在摹写传达中，去重视能够体现出这种精神和真谛的神、骨、气，因此"山之精神写不出，以烟霞写之；春之精神写不出，以草树写之。故诗无气象，则精神亦无所寓矣"②。

中国艺术特别是书画和文学等，为了能使形更好地表达出神韵来，常常用骨、气、血、肉、肌肤等加以描述，无疑也是生命意识的体现。钟嵘《诗品》所谓"真骨凌霜"③，明末清初宋曹所谓"用骨为体"④，沈宗骞所谓"画以骨干为主"⑤ 等，分别在诗歌、书法和绘画诸方面用骨来对作品作生命的描述。荆浩《笔法记》

---

① （南朝宋）王微撰：《叙画》，宗炳、王微：《画山水序 叙画》，第7页。

② （清）刘熙载著：《艺概》，第82页。

③ （梁）钟嵘著，陈延杰注：《诗品注》，第21页。

④ （清）宋曹：《书法约言》，上海书画出版社、华东师范大学古籍整理研究室选编点校：《历代书法论文选》，第565页。

⑤ （清）沈宗骞著，虞晓白点校：《芥舟学画编》，浙江人民美术出版社2017年版，第91页。

称："凡笔有四势：谓筋、肉、骨、气。"[1] 唐岱《绘事发微》要求"骨肉相辅"[2]，刘勰《文心雕龙·附会》云"必以情志为神明，事义为骨髓，辞采为肌肤，宫商为声气"[3]，苏轼论书云"书必有神、气、骨、肉、血，五者阙一，不为成书也"[4]，张怀瓘论画云"象人之美：张（僧繇）得其肉，陆（探微）得其骨，顾（恺之）得其神。神妙无方，以顾为最"[5] 等等，其他如风骨、气韵、风力、骨气等，均属生命系统的范畴。中国艺术常常追求"一片化机之妙"的境界，正是一种体现生命意识的体道境界。

中国传统艺术具有重机能轻结构的特点。中国传统艺术注重的不是维纳斯式的结构比例，也不强调对形体的简单摹拟。对自然、对外界，既是亲近的，又是敬畏的。他们认为无须细腻地摹拟自然对象的形态，"论画以形似，见与儿童邻"[6]，也不可能写出对象的逼真形态来。人在这一点上，是不能与自然匹比的；而人之神态、气质，美丑好恶，又非摹形所能传达。"欲得其人之天"[7]，必当重以传神，必当重其充盈的生气。于是，人们便从神，从风骨、气血、肌肤等生命力的表征上去谋求表现。中国艺术的所谓骨气血肉，也非肉体的现实，而是从功能角度去把握的。无物之象，无骨之肉，必不能立，更无风力可言。故画虽无骨，却处处见骨。字虽

---

① （后梁）荆浩撰，王伯敏注译，邓以蛰校阅：《笔法记》，第 4 页。
② （清）唐岱：《绘事发微》，上海人民美术出版社 1987 年版，第 27 页。
③ （梁）刘勰著，范文澜注：《文心雕龙注》，第 650 页。
④ 孔凡礼点校：《苏轼文集》第五册，第 2183 页。
⑤ （唐）张彦远著，俞剑华注释：《历代名画记》，第 101 页。
⑥ （清）王文诰辑注，孔凡礼点校：《苏轼诗集》第三册，第 1525 页。
⑦ 孔凡礼点校：《苏轼文集》第二册，第 401 页。

无血，却能墨中见血，无血则不生。至于肌肤，则更是神采的体现。故传统的艺术，轻形而重神，以神为中心，从机能的角度，以人比艺，将艺术视为一个生命的系统。

第二节　天人合一

天人合一是中国传统文化中的一个重要的核心命题。在认知的意义上，它是人与自然关系的形上学说；在伦理的意义上，它又反映了古人善待自然的积极态度，体现了中华民族博大胸怀的精神境界；而在审美的意义上，它又体现了人们以人情看物态、以物态度人情的审美的思维方式。在中国传统的审美思想中，人与自然是统一的，万物生命间是息息相通的，处在相互对应的有机联系中，存在于统一的生命过程中，体现出生命的某种象征意义。

一、“天人合一”的思想源流

在中国传统文化中，天人合一的观念源远流长。先民们从敬畏自然到与大自然产生亲和关系，经历了一个较为漫长的过程。中国传统对人与自然的亲和关系的体验，在世界文明史上是很独特的。这与中国传统的农业文明和自然经济有着密切的关系。史前时代稻米作物的种植，虽然是长江中下游地区环境对人的生存压力的推动，但从攫取性的生存方式向生产性的生存方式的过渡，则反映了人们对环境的保护意识日渐觉醒。在农耕为主的农业生产背景下，人对自然环境的依赖，对风调雨顺的期盼，使得先民们在对四时交替、气候变换格外敏感中，逐渐形成了与环境和宇宙间的自然生命相互依存的文化心态，即“天人合一”的心态，认为人的自然生命与宇宙万物的生命是协调、统一的，反映了人们在追求一种人与自然和谐亲密的关系。随之也形成了一种相关的文化心理。这是以诗意的情怀去体悟自然的结果，认为人与自然本为一体，本是一种亲和关系。自然万物是愉情悦性的对象，人们可以从自然中获得身心的愉悦。

天人合一思想的最初提出，目的在于张扬人的本性和能动性。作为一种思想观念，它起源于神性告退、理性方滋的先秦时代。在中国远古的文化传统中，特别是《周易》和先秦诸子的论述中，已经包含了天人合一的精湛思想。作为一种思维方式，“天人合一”夺胎于万物有灵，是以人为中心为前提的。“天人合一”一语源于汉代董仲舒《春秋繁露》中的“以类合之，天人一也”①、“天人之际，合而为一”② 等语，将天人关系纳入一个系统，其中虽有牵强附会的内容和神秘主义的成分，却使天人合一从此形成了一个理论传统。宋代张载说“儒者则因明致诚，因诚致明，故天人合一，致学而可以成圣，得天而未始遗人”③，正式提出了“天人合一”一词。

从远古到先秦，中国的天人合一观经历了从自发到自觉、从敬畏天神的神秘主义到先秦理性主义的变迁。随后的“天”主要便指自然之道和自然万物，人是自然万物的一部分。《礼记·礼运》：

① （清）苏舆撰，钟哲点校：《春秋繁露义证》，中华书局1992年版，第341页。
② （清）苏舆撰，钟哲点校：《春秋繁露义证》，第288页。
③ （宋）张载著，章锡琛点校：《张载集》，中华书局1978年版，第65页。

"人者，天地之心也。"[1]"合"则说明人和天是相通的，天、人之间是亲密、融合的。天地自然环境乃是人和自然万物生命的依托。而人是自然的产物，是"天出其精，地出其形，合此以为人"[2]的。自然有阴阳之道，主体有刚柔之性。人的自然本性即天，人体现着自然的规律，而且应当顺应自然的规律。因此，人应当体现合规律性的一面。孔子说："天何言哉？四时行焉，百物生焉，天何言哉？"[3]自然界的变化是不断生成的过程，是充满"生意"的，有着生命的价值和意义的。孔子所谓"巍巍乎！唯天为大，唯尧则之"[4]，说的正是人以自然为法则。人共同遵循着天的本质，要以天地为心。朱熹说："天地以生物为心者也，而人物之生，又各得夫天地之心以为心者也。"[5]王夫之更进一步说明天、人、物本来就是一体的。他在《庄子解》中说："无人也，人即天也；无物也，物即天也。""以知人知物知天，以知天知人知物。"[6]这是在以儒解道，将儒道合一，符合以《易经》为代表的商周文化精神。

---

① （汉）郑玄注，（唐）孔颖达等正义：《礼记正义》，《十三经注疏》，（清）阮元校刻，第1424页。

② 黎翔凤撰，梁运华整理：《管子校注》中，第945页。

③ （魏）何晏注，（宋）邢昺疏：《论语注疏》，《十三经注疏》，（清）阮元校刻，第2526页。

④ （魏）何晏注，（宋）邢昺疏：《论语注疏》，《十三经注疏》，（清）阮元校刻，第2487页。

⑤ （宋）朱熹撰：《晦庵先生朱文公文集》四，朱杰人等主编：《朱子全书》第二十三册，上海古籍出版社、安徽教育出版社2002年版，第3279页。

⑥ （清）王夫之撰：《庄子解》卷二十五，《船山全书》第十三册，第394—395页。

儒家的思孟学派，将“天人合一”的思想阐释为人能动地从自我出发，寻求尽心知性以知天。人欲体现天道，可以反求诸己，尽心而知性。《中庸》云：“唯天下至诚，为能尽其性；能尽其性，则能尽人之性；能尽人之性，则能尽物之性；能尽物之性，则可以赞天地之化育；可以赞天地之化育，则可以与天地参矣。”[①] 孟子说：“尽其心者，知其性也。知其性，则知天矣。”[②] 宋代张载说：“儒者则因明致诚，因诚致明，故天人合一，致学而可以成圣，得天而未始遗人。”[③] 朱熹则说：“所谓‘反身而诚’，盖谓尽其所得乎已之理，则知天下万物之理。”[④] 这些思想体现了儒家把主体与自然之道贯通，人在自身心性中寻求对自然的领悟的返本归根思想，反映了主体能动地顺应自然的天人合德的精神。

《易传》在《易经》的基础上加以发挥，体现了先秦诸子对天人合一的看法，强调天道、人道、地道的贯通合一。《周易·乾象》说“天行健，君子以自强不息”[⑤]，《周易·系辞下》把易卦视为“仰则观象于天，俯则观法于地”[⑥] 的结果，《易·乾卦·文言》说：“夫‘大人’者，与天地合其德，与日月合其明，与四

---

① （汉）郑玄注，（唐）孔颖达等正义：《礼记正义》，《十三经注疏》，（清）阮元校刻，第1632页。

② （清）焦循撰，沈文倬点校：《孟子正义》，第877页。

③ （宋）张载著，章锡琛点校：《张载集》，第65页。

④ （宋）朱熹撰：《晦庵先生朱文公文集》三，朱杰人等主编：《朱子全书》第二十二册，第2081页。

⑤ （魏）王弼注，（唐）孔颖达正义：《周易正义》，《十三经注疏》，（清）阮元校刻，第14页。

⑥ （魏）王弼注，（唐）孔颖达正义：《周易正义》，《十三经注疏》，（清）阮元校刻，第86页。

时合其序。”[①] 倡导主体体悟和体现自然之道，并在此基础上发挥主观能动的刚健精神。人在与自然的相互依存中所构成一种和谐的关系，是一种生命的共感，在此基础上形成了人与自然的物质关系和精神关系。人间的文明创造，乃是效法天地自然的结果。《易传·系辞下》称“天地之大德曰生”[②]，将化育万物、使之生生不已看成是自然界的最高境界，并且体现了生生之德和穷神知化的变化发展观。刘宗周将此具体阐释为：“‘天地之大德曰生’，盈天地间，只是个生生之理，人得之以为心则为仁，亦万物之所同得者也。惟其为万物之所同得，故生生一脉，互融于物我而无间，人之所以合天地万物而成其为己者，此也。”[③] 《礼记·中庸》所谓：“天地位焉，万物育焉。”[④] 天地正其位，安其所，则万物遂其生。

董仲舒在《春秋繁露》中，对于天人关系的阐释虽然有神秘色彩和牵强附会的一面，在知识论的层面上是荒谬的，但作为对世界的诗意的体验是生动的，在审美的意义上却是饶有兴味的，体现了审美的思维方式。他以比附和类比的方式，将人的情志赋予天：“春爱志也，夏乐志也，秋严志也，冬哀志也。故爱而有严，乐而有哀，四时之则也。喜怒之祸，哀乐之义，不独在人，亦在于天，

---

① （魏）王弼注，（唐）孔颖达正义：《周易正义》，《十三经注疏》，（清）阮元校刻，第 17 页。

② （魏）王弼注，（唐）孔颖达正义：《周易正义》，《十三经注疏》，（清）阮元校刻，第 86 页。

③ （明）刘宗周：《读书要义说》，吴光主编：《刘宗周全集》第二册，浙江古籍出版社 2007 年版，第 312 页。

④ （汉）郑玄注，（唐）孔颖达等正义：《礼记正义》，《十三经注疏》，（清）阮元校刻，第 1625 页。

而春夏之阳，秋冬之阴，不独在天，亦在于人。”① 他还将人的情志看成是对天的本性的感应：“人生有喜怒哀乐之答，春秋冬夏之类也。喜，春之答也；怒，秋之答也；乐，夏之答也；哀，冬之答也。天之副在乎人。人之情性有由天者矣。”② 这种以己度物，将自然人格化和情趣化，对后代文艺思想中的感物动情和心物感应的思想产生了深远的影响。刘勰的“物色”观和郭熙《山水训》论四季之景与人的心情的关系等，均与董仲舒的思想一脉相承。

二、儒道“天人合一”观的异同

天人合一的思维方式的成立，表现在人以其独立人格寻求与天地相参，以游戏的方式思维，使天人合一的思维方式得以成立。《易经》基于人与自然相通共感的生命体验，阐述了天人合一的宇宙观和人生观。这是后世诸子天人合一思想的源头和基础。在重视生命、顺应自然规律方面，继承商周思想传统的中国文化的各分支之间是相通的，儒道两家也是一致的，只不过在方式和角度上有所区别而已。

儒家强调人与自然之间的亲善和谐。孟子提出了“尽其心者，知其性也。知其性，则知天矣”③，“上下与天地同流”④，“万物皆备于我”⑤，将自己的情性与万物的本性相联系，强调在主体内部

① （清）苏舆撰，钟哲点校：《春秋繁露义证》，第335页。
② （清）苏舆撰，钟哲点校：《春秋繁露义证》，第319页。
③ （清）焦循撰，沈文倬点校：《孟子正义》，第877页。
④ （清）焦循撰，沈文倬点校：《孟子正义》，第895页。
⑤ （清）焦循撰，沈文倬点校：《孟子正义》，第882页。

寻求自然之道，觉天以尽性，由尽性而知天，从而体现出“物我同一”。正是在此基础上，人才能顺情适性，与天地同其生命节律，以万物适宜愉悦于我。《中庸》所谓“赞天地之化育”“与天地参”① 等，便是这种思想的发挥。所谓到宋代，张载更是提出了著名的“民胞物与”的命题：“故天地之塞，吾其体；天地之帅，吾其性。民吾同胞，物吾与也。”② 以天地之体为身体，以天地之性为本性。将民众看成是同胞，万物看成是朋友。这些都是站在人为中心的立场上强调对生态环境的重视与保护。这种生态环境既是物质的环境，也是精神的生态。

道家则向往回归自然，庄子追求“以天合天”③，提倡人以自然的姿态与物为一，通过遵循自然规律的方法以求得精神的自由。“人与天，一也”；“有人，天也；有天，亦天也”④。人作为大自然的一部分，与大自然本为一体，与天在本质上是同一的。庄子要求人的行为都应与天地自然保持和谐统一，要“独与天地精神往来”⑤、“与麋鹿共处”⑥，正是主体自觉地追求从心灵上能动地与宇宙精神为一，使主体不仅从感性生命上与天为一，而且从精神生命上通过天人合一的追求获得心灵的自由。

道家强调人与万物道通为一，“神与物游”。庄生梦蝶的寓言故事，便反映了庄子讲物我同一，与万化冥合的思想。这是一种超越

---

① （汉）郑玄注，（唐）孔颖达等正义：《礼记正义》，《十三经注疏》，（清）阮元校刻，第1632页。

② （宋）张载著，章锡琛点校：《张载集》，第62页。

③ （清）郭庆藩撰，王孝鱼点校：《庄子集释》下，第661页。

④ （清）郭庆藩撰，王孝鱼点校：《庄子集释》下，第696页。

⑤ （清）郭庆藩撰，王孝鱼点校：《庄子集释》下，第1100页。

⑥ （清）郭庆藩撰，王孝鱼点校：《庄子集释》下，第997页。

日常的世事，忘怀世俗的生命，与天为一的自然无为的境界。《庄子·知北游》："山林与！皋壤与！使我欣欣然而乐与！"[1] 他把人与自然的和谐视为"大本大宗"："夫明白于天地之德者，此之谓大本大宗，与天和者也；所以均调天下，与人和者也。与人和者，谓之人乐；与天和者，谓之天乐。"[2]"圣人者，原天地之美而达万物之理。"[3] 人类要了解自然规律，掌握自然规律，按自然规律办事，这样才能做到"天和"，而"天和"是"人和"的前提。在此基础上，率性而任情，"任其性命之情"[4]。这是奠定在万物的节奏韵律与人的精神的同构关系的基础上的。

三、审美活动中的天人合一

在审美的意义上，天人合一意味着对象不但与人之间被视为一体，而且使主体在审美体验中跃身大化，与天地浑然为一。天人合一的境界是一种天人和谐的境界，个体投身到自然大化中去，实现个体生命与宇宙生命的融合。人可与日月同辉，与天地并生。人参天地化育，反映了人对自然的积极回应与人与自然的亲和关系。《文心雕龙·原道》云："文之为德也大矣，与天地并生者何哉！夫玄黄色杂，方圆体分，日月叠璧，以垂丽天之象；山川焕绮，以铺理地之形：此盖道之文也。仰观吐曜，俯察含章，高卑定位，故两仪既生矣。惟人参之，性灵所锺，是谓三才。为五行之秀，

---

① （清）郭庆藩撰，王孝鱼点校：《庄子集释》下，第776页。
② （清）郭庆藩撰，王孝鱼点校：《庄子集释》上，第466页。
③ （清）郭庆藩撰，王孝鱼点校：《庄子集释》下，第737页。
④ （清）郭庆藩撰，王孝鱼点校：《庄子集释》上，第336页。

实天地之心，心生而言立，言立而文明，自然之道也。”[1] 把人看成是天地之心，与天地为三。人的审美活动也正是天人之间的中介。

在审美活动中，“天人合一”不是单纯的主体对自然之道的被动体现，而是主体对自然的能动顺应，从对天地自然的积极适应和相融协调中伸张自我，实现心灵的自由。《孟子·公孙丑上》所谓养“浩然之气”[2]，“塞于天地之间”[3]，即是对主体在天地间通过“天人合一”的方式寻求自由的表现，体现了合自然的规律性与合主体精神的目的性的统一。《管子·心术上》所说的：“虚无无形谓之道，化育万物谓之德”[4]，将自然道德观与人的精神境界贯通一致，正是天人合一的思维方式的结果。

古人主张身心对应，情感受自然的影响，从“天人合一”的生命情调中，从人与自然的亲和关系中，即人在抒发情感的审美活动中与天合一。宗白华曾说：“中国人由农业进于文化，对于大自然是‘不隔’的，是父子亲和的关系，没有奴役自然的态度。中国人对他的用具（石器铜器），不只是用来控制自然，以图生存，他更希望能在每件用品里面，表出对自然的敬爱，把大自然里启示着的和谐，秩序，它内部的音乐，诗，表现在具体而微的器皿中，一个鼎要能表象天地人。”[5] 因此，人与自然的关系是一种富有诗意的

---

① （梁）刘勰著，范文澜注：《文心雕龙注》，第1页。

② （清）焦循撰，沈文倬点校：《孟子正义》，第199页。

③ （清）焦循撰，沈文倬点校：《孟子正义》，第200页。

④ 黎翔凤撰，梁运华整理：《管子校注》中，第759页。

⑤ 宗白华：《艺术与中国社会》，《宗白华全集》第二卷，安徽教育出版社1994年版，第412页。

异质同构的关系。审美活动中创构意象、体现物我同一的“情景合一”或“情景交融”便是天人合一思想的展开。

天人合一同时表现为一种思维方式。先民们“仰则观象于天，俯则观法于地，观鸟兽之文，与地之宜，近取诸身，远取诸物”[①]的结果，是“先验小物，推而大之，至于无垠”[②] 的思维方式的产物，《吕氏春秋·情欲》描述为：“人与天地也同，万物之形虽异，其情一体也。”[③] 这些观念，上升为抽象的理论，从人与自然的关系上看，便是“天人合一”。这种“天人合一”观和自然道德观，从认识论上看，颇多荒谬之处；但从审美的眼光看，却正是系统而饶有趣味的。在审美的眼光看来，自然与人是息息相通，心心相印的。《庄子·齐物论》所谓“天地与我并生，而万物与我为一”[④]，《吕氏春秋·有始》所谓“天地万物，一人之身也，此之谓大同”[⑤]，均是这种眼光里的看法。

因此人可以以自身为对象，去把握宇宙。而人的内在机能，那些看不见摸不着的东西，却又可借助宇宙了解和把握。同样，对灵魂的把握，对人生的反思，实际上也是对于宇宙的精神性的把握。就自然本身来说，自然的生命对于审美是次要的，而人对这种生命的富于人情的把握角度，即对自然万物同情的体验，却给人以无穷的韵味，人从中体悟到生命的意义，在此基础上高扬人的主体性。

---

① （魏）王弼注，（唐）孔颖达正义：《周易正义》，《十三经注疏》，（清）阮元校刻，第86页。

② （汉）司马迁撰：《史记》第七册，第2344页。

③ 许维遹撰，梁运华整理：《吕氏春秋集释》上，第45页。

④ （清）郭庆藩撰，王孝鱼点校：《庄子集释》上，第86页。

⑤ 许维遹撰，梁运华整理：《吕氏春秋集释》上，第283页。

天人合一的境界是一种天人和谐的审美境界。天人合一在人与自然亲密的基础上形成了一种相关的文化心理，这是人以诗意的情怀去体悟自然的结果，认为人与自然本为一体，是一种亲和关系。自然万物是愉情悦性的对象，人们可以从中获得身心的愉悦。中国美学正是从“天人合一”的生命情调中，即人与自然的亲和关系中寻求美。用生态的意识去审美，正体现了中国传统的思维方式。在审美的层面上，人既不是自然的主宰，也不是自然的奴隶，而是人即自然，自然即人。

四、艺术中的“天人合一”

在充满诗情画意的中国文化历程中，历代的文人骚客都在他们的诗文、书画和乐舞中传达着他们对天人合一真谛的体悟。王维在他那“明月松间照”（《山居秋暝》）、“人闲桂花落”（《鸟鸣涧》）一类的山水诗中传达了人景相依的情怀。辛弃疾的“我见青山多妩媚，料青山见我应如是”（《贺新郎》），也在物我为一的感受中提升着自己的心灵境界。程颐的“万物静观皆自得，四时佳兴与人同”（《秋日偶成》），则表现了诗人与自然和睦相处的怡然自得的心态。中国艺术理论中源远流长的所谓“情景交融”，张璪所谓“外师造化，中得心源”[①]，强调物与我、造化与心源的有机统一，以及“大乐与天地同和”[②]、“夫画：天地变通之大法也”[③]，主张主

① （唐）张彦远著，俞剑华注释：《历代名画记》，第201页。

② （汉）郑玄注，（唐）孔颖达等正义：《礼记正义》，《十三经注疏》，（清）阮元校刻，第1632、1530页。

③ （清）道济著，俞剑华标点注译：《石涛画语录》，第27页。

体身心节律与对象自然节律之间的契合协调，正是“天人合一”的具体表现和延伸，是一种“天人合一”的艺术境界。

艺术作品既源自自然，又参赞化育，造于自然，以笔补造化。《周易·系辞下》所谓“以通神明之德，以类万物之情”[①] 的卦象创造同样适合于艺术创造。刘勰《文心雕龙·原道》说“人文之元，肇自太极”[②]，孙过庭《书谱》谓“同自然之妙有，非力运之能成”[③]，都在强调艺术以造化为师，体自然之道的一面。沈约《宋书·谢灵运传论》云“民禀天地之灵，含五常之德，刚柔迭用，喜愠分情。夫志动于中，则歌咏外发”[④]，则用天人合一的思想阐释主体的情感特质及其表现。艺术作品中的所谓天机、天工都是指人所具有的天赋的灵感和能力。陆游所谓“文章本天成，妙手偶得之”[⑤]，也是指优秀的作家体自然之道来创作作品。刘熙载《艺概·书概》云：“书当造乎自然。蔡中郎但谓书肇于自然，此立天定人，尚未及乎由人复天也”[⑥]，认为书法艺术以源于自然为基础，这是在立天以定人，但还当由人复天，笔补造化。

刘勰所谓“神与物游”[⑦]，提出在创作活动中人与自然的交融汇合。《文心雕龙·物色》云：“春秋代序，阴阳惨舒，物色之动，

---

① （魏）王弼注，（唐）孔颖达正义：《周易正义》，《十三经注疏》，（清）阮元校刻，第 89 页。

② （梁）刘勰著，范文澜注：《文心雕龙注》，第 2 页。

③ 马国权译注：《书谱译注》，上海书画出版社 1980 年版，第 39 页。

④ （梁）沈约撰：《宋书》第六册，中华书局 1974 年版，第 1778 页。

⑤ （宋）陆游著，钱仲联校注：《剑南诗稿校注》八，上海古籍出版社 1985 年版，第 4469 页。

⑥ （清）刘熙载著：《艺概》，第 171 页。

⑦ （梁）刘勰著，范文澜注：《文心雕龙注》，第 493 页。

心亦摇焉。盖阳气萌而玄驹步，阴律凝而丹鸟羞，微虫犹或入感，四时之动物深矣。若夫珪璋挺其惠心，英华秀其清气，物色相召，人谁获安！是以献岁发春，悦豫之情畅；滔滔孟夏，郁陶之心凝；天高气清，阴沉之志远；霰雪无垠，矜肃之虑深；岁有其物，物有其容；情以物迁，辞以情发。一叶且或迎意，虫声有足引心。况清风与明月同夜，白日与春林共朝哉！”① 宇宙万物皆一气运化而交感，人与自然同在宇宙生命的节奏、韵律之中，感物动情，故能神思飞扬，兴味盎然。故王维的“夫画道之中，水墨最为上，肇自然之性，成造化之功”②；苏轼的“身与竹化”③；石涛的“山川与予神遇而迹化也”④ 等，说的正是审美欣赏和艺术构思活动中的天人合一。朱庭珍亦云：“作山水诗者，以人所心得，与山水所得于天者互证，而潜会默悟，凝神于无朕之宇，研虑于非想之天，以心体天地之心，以变穷造化之变……造诣至此，是为人与天合，技也进于道矣。”⑤ 这些都在说明艺术乃人体天道，天人合一的产物。

自然山水关乎人的心灵，一片山水就是一片心灵的境界，自然山水随着时间的变化而变化，人的心灵便在自然山水的流转之中获得陶钧。山水之间既是思想的天地，也是性灵的乐园，故人们寄意云水，息心山林。郭熙《林泉高致·山水训》说：“春山烟云连绵人欣欣，夏山嘉木繁阴人坦坦，秋山明净摇落人肃肃，冬山昏霾翳

---

① （梁）刘勰著，范文澜注：《文心雕龙注》，第693页。

② （唐）王维撰：《山水诀 山水论》，第1页。

③ （清）王文诰辑注，孔凡礼点校：《苏轼诗集》第三册，第1522页。

④ （清）道济著，俞剑华标点注译：《石涛画语录》，第42页。

⑤ （清）朱庭珍著：《筱园诗话》卷一，郭绍虞编选，富寿荪校点：《清诗话续编》四，第2345页。

塞人寂寂。”[①] 沈颢《画尘》说：“山于春如庆，于夏如竞，于秋如病，于冬如定。”[②] 恽格《瓯香馆画跋》说：“春山如笑，夏山如怒，秋山如妆，冬山如睡。”[③] 都在说四时之景，与人的身心相互对应，故人能在自然之景中产生共鸣。因此，中国艺术把自然视为安顿心灵的家园和艺术灵感的渊薮。《文心雕龙·物色》说“山林皋壤，实文思之奥府”[④]，张彦远说顾恺之的画达到了“妙悟自然，物我两忘”[⑤]的境界。《世说新语·文学》：“郭景纯诗云：‘林无静树，川无停流。’阮孚云：‘泓峥萧瑟，实不可言。每读此文，辄觉神超形越。’”[⑥] 更是阮孚对郭景纯诗中所体验的境界的高度认同和共鸣。

艺术的创构过程，便是天人合一的具体表现，取象表意乃是取自然之象表达人之情趣。钟嵘《诗品序》说：“气之动物，物之感人，故摇荡性情，形诸舞咏。”[⑦] “若乃春风春鸟，秋月秋蝉，夏云暑雨，冬月祁寒，斯四候之感诸诗者也。”[⑧] 主体感物动情，实现自然物象与情景统一，即物我交融，表现在作品的意象之中，便是一种“天人合一”。王夫之《姜斋诗话》说：“情景名为二，而实不可离。神于诗者，妙合无垠。巧者则有情中景，景中情。”[⑨] 在人为中心的原则支配下进入心物交融、情景合一的境界。

---

① （宋）郭思编，杨伯编著：《林泉高致》，第39页。
② 卢辅圣主编：《中国书画全书》第四册，第814页。
③ （清）恽格著：《南田画跋》，上海人民美术出版社1987年版，第32页。
④ （梁）刘勰著，范文澜注：《文心雕龙注》，第695页。
⑤ （唐）张彦远著，俞剑华注释：《历代名画记》，第40、41页。
⑥ 余嘉锡撰：《世说新语笺疏》，中华书局1983年版，第257页。
⑦ （梁）钟嵘著，陈延杰注：《诗品注》，第1页。
⑧ （梁）钟嵘著，陈延杰注：《诗品注》，第2页。
⑨ （清）王夫之撰：《姜斋诗话》卷二，《船山全书》第十五册，第824页。

总之，“天人合一”体现了中国传统审美活动的独特特征。钱穆曾认为“天人合一”观“是中国文化对人类的最大贡献”，“是整个中国传统文化思想归宿处”①，从中体现了有机整体的思想方法，这对我们总结人类审美活动的基本特征，乃至将中国传统的文艺理论思想发扬光大，有着重要的理论意义和实践意义。当然我们也要看到，在中国传统的“天人合一”思想中，其精华与糟粕杂糅着，我们应当站在时代的高度，继承其精华，剔除其糟粕，为未来的文化建设，特别是审美和艺术活动服务。

第三节　人为中心

这里的所谓“人为中心”，不是说人总是夜郎自大，将自己视为一切的核心。实际上，人是有自知之明的，人非常明白自己在宇宙间的位置。就人与天地的关系来说，人们强调人体天道，要适性而存。王通说“仰以观天文，俯以察地理，中以建人极”②。天文、地理乃观察所得，人极则由天地之道而建。人与自然的和谐理论便具体地说明了这种肯定，反映了人体现着大自然的规律，而又能动地适应自然，与大自然处于一种亲近友好的关系。可见，人在理性的层面上并不真正把自己当成中心，把人当成中心只是一种美好的愿望，这种美好的愿望是从远古遗留下来，保留在我们的潜意识中，体现在我们的思维方式里。因此，中国古代的审美活动，在体悟方式上肯定生命，肯定人生，追求人生价值的实现，是从情感上

① 钱穆:《中国文化对人类未来可有的贡献》，《中国文化》1991 年第 4 期。
② 张沛撰:《中说译注》，上海古籍出版社 2011 年版，第 191 页。

以人为中心的。

一、人为中心思想的变迁

在中国古代，人为中心的观念与“天人合一”的思想是相辅相成的。主体以“人为万物之灵”的态度，是主体与对象构成审美关系的前提。在人与对象的诸种关系中，审美关系的确立，唯有奠定在主体自信心充分确立的基础上。

早在神为中心的时代，主体已经逐步以己度神，将神人间化。对神的创造和想象本身就是以己度物思维方式的结果，这种以己度人的方法也是人情物态化的一种表现。商代以前，人们畏天命、敬鬼神，是一个神为中心时代，当时的巫术如舞蹈及其相关的活动，虽然有了审美和艺术的自发意识的萌芽，但主要还是服务于宗教的。到商代人尚巫崇神的时代，虽然对神顶礼膜拜，但人的自觉意识和自我中心的意识却已在感性地滋生、发展着。但盘古开天辟地、女娲炼石补天等神话传说，在把英雄神异化的同时，又不自觉地强调了人的主观能动作用。商代末年帝乙“射天”，帝辛（商纣王）也“慢于鬼神”①。

《尚书·泰誓》中的“惟人万物之灵”②，开启了春秋战国时代的人本思想。到周代，《诗经》中的有些诗篇也在骂天，诸侯以自己的意念解释天命，甚至带有调侃的味道，乃是人的独立人格寻求与天地相参，以游戏的方式思维的结果。西门豹治巫，孔子以人文

① （汉）司马迁撰：《史记》第一册，第104—105页。

② （汉）孔安国传，（唐）孔颖达等正义：《尚书正义》，《十三经注疏》，（清）阮元校刻，第180页。

精神解释祭祀缘由，只是借天命发发牢骚而已，老庄不提天命鬼神，等等，这些都表明无神论的理性主义开始萌芽，人从自己的角度去看待万物，并有着充分的自信心。到了人为中心的时代，审美的自由艺术便开始自发地形成了。

从周代开始，“人为中心”的观念在理性主义思想中已经由自发而自觉。《礼记·礼运》说：“故人者，其天地之德，阴阳之交，鬼神之会，五行之秀气也。”① 又说：“故人者，天地之心也，五行之端也，食味、别声、被色而生者也。”② 人能“参”天地，在于人之有“心”，觉得“水火有气而无生，草木有生而无知，禽兽有知而无义，人有气、有生、有知，亦且有义，故最为天下贵也”③。气乃形气，生为生命，知则知觉（感知能力），义指感情，从中体现了对人的价值的肯定，对生命的肯定。孟子讲“万物皆备于我”④，备者，美好，适意也。万物与我心相容，万物适意于我，主体与外界和谐一体，便侧重强调了人。即便佛教禅宗，也在强调人及其自我修养，所谓“心即是佛”⑤，所谓“天上天下，唯吾独尊”⑥，都是在强调人。这种奠基于“参”天地，能“识”的“心”根底上的主体性，正是人与外物构成审美关系的基础。审美作为一种精神解放的境界，即人能动地解放自己或改变环境，能使人生处

---

① （汉）郑玄注，（唐）孔颖达等正义：《礼记正义》，《十三经注疏》，（清）阮元校刻，第1632、1423页。

② （汉）郑玄注，（唐）孔颖达等正义：《礼记正义》，《十三经注疏》，（清）阮元校刻，第1632、1424页。

③ （清）王先谦撰，沈啸寰、王星贤点校：《荀子集解》，第164页。

④ （清）焦循撰，沈文倬点校：《孟子正义》，第882页。

⑤ （宋）普济著，苏渊雷点校：《五灯会元》上，第118页。

⑥ （宋）普济著，苏渊雷点校：《五灯会元》下，第1125页。

于一种艺术化的情境之中。无论从审美的主体、审美的标准，还是审美的目的上看，都是以人为中心的。

在审美活动中，对象的审美价值因人而彰，因心而得，更是体现了主体的能动作用。柳宗元《邕州柳中丞作马退山茅亭记》云："夫美不自美，因人而彰。兰亭也，不遭右军，则清湍修竹，芜没于空山矣。"① 自然山水，对于能够从中获得共鸣、产生趣味的人来说，才具有审美价值。所谓的万类由心、境由心造的思想，都是强调了主体的主导作用。王国维《人间词话·附录》："山谷云：'天下清景，不择贤愚而与之，然吾特疑端为我辈设。'诚哉是言！抑岂独清景而已，一切境界，无不为诗人设。世无诗人，即无此种境界。"②

总之，中国传统的审美思想，总结了历代的审美实践，尤其重视审美活动对于人生的价值，通过审美活动，调适心理，从而在现实的层面上提升人的境界。

二、儒家人为中心论

儒家对对象的看法，是侧重风神骨气等感性生命及其精神面貌的，是用拟人化的方式，从把握人的角度去把握山水万物的。他们认为山水的灵趣，在于它体现着像人一样的灵趣。人从观照山水中，可以反思和把握主体的灵魂，从这个角度看，人是以自己为中心，去欣赏自然山水的。孔子所谓山水比德，以为山水似智、似

---

① （唐）柳宗元著，吴文治等点校：《柳宗元集》，第730页。

② 王国维著，徐调孚、周振甫注：《人间词话》，人民文学出版社1960年版，第251页。

礼、似勇，山水蓄生万物，阴阳耦合，以及山水的“盈科而后进”[1]等，均以人之“质”去衡量万物。这种以己度物，推己于物的方式，作为一种系统观点，正反映了人们以人为中心的情感态度，从精神上把握万物的审美特征。

孟子则从主体精神上，论述了养浩然之气，充实而为美的观点。他认为人既然要自强不息，就当养“至大至刚”之气，从而从精神上能够“塞于天地之间”，达到对宇宙的精神性的把握。与此同时，他还进一步强调这种把握须以人格的修养为前提，既要能动地去培养，又不能拔苗助长，操之过急。这种养浩然之气，显然就是在追求审美的境界。他主张主体在宇宙间的审美观照，不是企求以什么超自然的力量去改造天地，而是要求从人格上加强自我修养，合于天地之乐，从而充塞于天地之间，进入审美境界。

肇始于孔子的乐为中心的艺术观，将艺术的境界视为人格的最高境界，主张“兴于诗，立于礼，成于乐”[2]。而这种最高境界，与宇宙精神是一致的，譬如音乐，便是人既与宇宙自身契合相融，而又“感于物而后动”[3]，使本性在后天的影响下得以发展，进而凝聚为音乐的。透过音乐，人们便可看到人生，看到社会。治世之音与乱世之音迥然有别，而个体的充实，人格的高扬，也可从中得

---

① （清）焦循撰，沈文倬点校：《孟子正义》，第563页。

② （魏）何晏注，（宋）邢昺疏：《论语注疏》，《十三经注疏》，（清）阮元校刻，第2487页。

③ （汉）郑玄注，（唐）孔颖达等正义：《礼记正义》，《十三经注疏》，（清）阮元校刻，第1632页。第1527页。

到反映。所以，它可使人“耳目聪明，血气和平”[①]，使“易、直、子、谅之心”[②] 油然而生。故孔子至齐郭门外，遇婴儿视精、心正、行端，便认为“韶乐方作”[③]。对于音乐的学习，也是要由曲到数，到志，最后到人。《史记·孔子世家》载孔子学鼓琴于师襄，目的是为了“得其为人”[④]。因此，艺术创作的过程，就是倾注灵魂、抒发情怀的过程。而欣赏的过程，则是以心合心，使人格与人格相融合的过程，以至可以达到三月不知肉味的程度。

正是从这一原则出发，孔子反对郑声，郑声淫，是一种五音相汜、杂调并奏，一种繁声、慢音，不能进行这种调节。只有韶乐之类的正音，五音相生相克，相辅相成，才能使心情处于宁静的状态，一种与天地同和的状态。从艺术形式上看，乐本来是体现着天地间的和谐的，“大乐与天地同和”[⑤]。而人自身，也要与天地达到契合和谐，故音乐的最终目的，便是对人进行一种调节，使人与天地相合。这主要体现在节奏和韵律上，艺术的节奏和韵律中体现着人的身心要求。毫无疑问，艺术形式的目的，依然是以人为中心的。

这在后世有着广泛的影响，王阳明说：“你未看此花时，此花

---

① （汉）郑玄注，（唐）孔颖达等正义：《礼记正义》，《十三经注疏》，（清）阮元校刻，第1632页。第1536页。

② （汉）郑玄注，（唐）孔颖达等正义：《礼记正义》，《十三经注疏》，（清）阮元校刻，第1632页。第1543页。

③ （汉）刘向撰，向宗鲁校证：《说苑校证》，第499页。

④ （汉）司马迁撰：《史记》第六册，第1925页。

⑤ （汉）郑玄注，（唐）孔颖达等正义：《礼记正义》，《十三经注疏》，（清）阮元校刻，第1530页。

与汝心同归于寂。你来看此花时，则此花颜色一时明白起来。便知此花不在你的心外。”① 审美境界的创构，正是在主体的心灵中成就的。

总之，儒家是尚仁爱人，以人为中心，并力图从人格上提升自己。这从对待“人”的现实态度上也可得到印证，马厩失火，遂问“伤人乎”?“不问马”。显然以人为灵，有别于后来佛教之重生，且六合之外，存而不论，从人的生命本身，基于现实的人生中去思考，故云“未能事人，焉能事鬼”，“未知生，焉知死”。②

三、道家人为中心论

比起儒家来，道家较为注重消除自我，扬弃对身观的拘泥，表面上看，似乎在强调打破自我中心。与人为中心论格格不入，讲以道为中心，或则起码可以说是以自然为中心（道法自然）。实际上，老庄采取的是一种欲擒故纵的方法。老子说“将欲取之，必固与之”③，庄子也说“既以与人，己愈有”④。主体要想精神性地把握自然，必先遵循它的客观规律（道），必须消除自我，这样才能真正地使人处于中心，从精神上把握宇宙，让自然成为人的精神上的有机体。

---

① （明）王阳明撰，［日］佐藤一斋注评，黎业明整理：《传习录》，上海古籍出版社2018年版，第204页。

② （魏）何晏注，（宋）邢昺疏：《论语注疏》，《十三经注疏》，（清）阮元校刻，第2499页。

③ （明）薛蕙撰：《老子集解》，第22页。

④ （清）郭庆藩撰，王孝鱼点校：《庄子集释》下，第729页。

这就要成就艺术化（审美）的人生，要“忘我”，不能贪图私欲之小胜，而为大胜。忘我的目的，是在更高的层面上成就我，由“丧我”（不物于物）而获得真我。在无为中成就人生，合乎天覆地载而不为仁的自然道德。自然中“天无不覆，地无不载”[①]，而至人，则为天为地，覆而兼载。由此，人可扬长避短，扬弃人之渺小之处，而成就其伟大之处。“眇乎小哉，所以属于人也！謷乎大哉，独成其天！”[②] 自然本乎一气，人也本乎一气。人对自然以天合天，即以气合气，遂能弃人之小，成人之大。要做到这一点，和须虚静（心斋），内心要虚，“虚乃大”[③]。惟其虚，才能包容万物。人的心灵，要像大海那样，“注焉而不满，酌焉而不竭”[④]。

儒道相比，儒家重游方之内，重人际，道家则重游方之外，重天人。儒家面对现实，重解放，道家则着眼心灵，求解脱。儒家将人视为一个完整的整体，认为质犹文，文犹质，要文质彬彬。道家为了在更高、更超脱的阶段，成就其人为万物之灵，庄子便将人分为形神两个部分，重神而轻形，强调精神的自由解放，反对形为物役。在庄子以前，老子也说：“吾所以有大患者，为吾有身，及吾无身，吾有何患？”[⑤] 其中重点强调的，也是人的精神。

所谓精神，是从人的生命力的角度去看的，精为阳，神为阴。精神，便是组成生命力的阳刚阴柔之气。“人之生，气之聚也；聚

---

① （清）郭庆藩撰，王孝鱼点校：《庄子集释》上，第216页。

② （清）郭庆藩撰，王孝鱼点校：《庄子集释》上，第224页。

③ （清）郭庆藩撰，王孝鱼点校：《庄子集释》上，第433页。

④ （清）郭庆藩撰，王孝鱼点校：《庄子集释》上，第91页。

⑤ （明）薛蕙撰：《老子集解》，第8页。

则为生，散则为死。”[①] 聚的高峰，即生气充盈，为美的极致。同时，精神又无处不在，无处不往。“精神四达并流，无所不极，上际于天，下蟠于地，化育万物，不可为象。”[②]《庄子·逍遥游》曾描述姑射之山的神人，处于一种至人无己的精神境界，“肌肤若冰雪，绰约若处子；不食五谷，吸风饮露；乘云气，御飞龙，而游乎四海之外”[③]，可与天地精神往来而戒除贪欲。正是这种精神，才能使人“旁日月，挟宇宙，为其吻合”[④]。所谓的“天地与我并生，而万物与我为一”[⑤]，也正是指精神的合一，于无为中实现无不为。“齑万物而不为义，泽及万世而不为仁，长于上古而不为老，覆载天地刻雕众形而不为巧。此所游已。”[⑥] 顺任自然，比如蹈水（游泳），“始乎故，长乎性，成乎命。与齐俱入，与汩偕出，从水之道而不为私焉”[⑦]。

人们平常的纵情声色，穷奢极乐，均为了满足自我的形体。庄子则反对心为形役，要超越形体有欲的我（形），留下与道契合的我（神）。形体只不过是精神的暂时寓所，它的变化无损于心，“有旦宅而无情死”[⑧]，形骸的损害，乃至消亡，不会影响到精神的存在及其发扬光大，即使长相丑陋、畸形者，同样可以达到精神的自由解放，达到审美的境界。

---

① （清）郭庆藩撰，王孝鱼点校：《庄子集释》下，第735页。
② （清）郭庆藩撰，王孝鱼点校：《庄子集释》上，第547页。
③ （清）郭庆藩撰，王孝鱼点校：《庄子集释》上，第31页。
④ （清）郭庆藩撰，王孝鱼点校：《庄子集释》上，第107页。
⑤ （清）郭庆藩撰，王孝鱼点校：《庄子集释》上，第86页。
⑥ （清）郭庆藩撰，王孝鱼点校：《庄子集释》上，第289页。
⑦ （清）郭庆藩撰，王孝鱼点校：《庄子集释》下，第659页。
⑧ （清）郭庆藩撰，王孝鱼点校：《庄子集释》上，第282页。

总之，道家庄学是以人的精神为师，而强调人为中心的，是投身大化，而精神性地占领自然万物的。

四、佛教禅宗的人为中心论

佛教思想是在玄学的接引下进入中国主流文化的。早期般若学的人生理想，追求超世绝俗的永恒的空无，意在超越道家的自然和儒家立足于现实的道德人生，推崇由悟而进入佛我为一的境界。而在本质上，尤其在思维方式和所追求的境界上，儒、道、佛三者是相通的，都是讲究与审美的思维方式相通的悟，都是在追求人生的完善。佛家的“空”与道家“无”在一定的程度上也是相通的。正是佛与儒道的相通之处，使得佛学中国化有了坚实的基础，其在着眼人生问题立论上尤其如此。

禅宗作为中国本土文化传统接引佛教的产物，其中既体现了印度佛教悲悯情怀的佛陀精神，又植根于中国传统的思想文化基础，从而体现了中国文化的特征。禅宗继承原佛教“万法由心”的思想，以“妙悟”为禅道，正是在强调主体性的核心地位。禅宗提出“佛即是心”，“心即是佛”，心佛同一、心物同一，以及物我合一、物我同根，丰富和完善了中国传统的天人合一和人为中心的思想。禅宗还追求人的自我拯救或解脱、超越。禅宗所讲的“觉”“悟”“清净”“定”“慧”和“解脱”等，都是以人为中心来追求自我对世俗情感的超越。佛教禅宗通过神秘的直观来论证自身佛性的所谓“亲证”“自识本心，自见本性”[①]，与中国传统“反求诸己”的做

① 魏道儒译注：《坛经译注》，第 79 页。

法是相通的。慧能曾将佛理解为自心觉悟的“觉”：“佛者，觉也；法者，正也；僧者，净也。”① 他把自然人情化的思维方式，也是建立在人为中心的基础上的。其“青青翠竹，尽是真如；郁郁黄花，无非般若”② 的泛神论思想与“即心即佛”③ 思想相互补充，更加印证了人为中心的思想。禅宗的目的，乃在于发掘生命的内在潜能，使人生获得诗意的栖息之所，这便是人为中心的审美境界。

总而言之，人为中心的思想，为儒道释思想的共同特征，也贯串了整个中国的古代社会，并渗透在整个民族的审美心理之中，诸如“窗含西岭千秋雪，门泊东吴万里船”（杜甫《绝句》），“天地入吾庐”④ 等，都是在以人为中心，去看待万事万物的。中国传统的审美思想关注人的价值和生命的存在。

第四节　和谐原则

在中国传统文化中，审美的和谐原则是主体评判对象审美价值的基本原则。它与中国古人对人与世界的看法是联系在一起的。中国古人认为和谐是宇宙之道的体现，其中反映了天地万物的生命精神。天地间的万物的生命现象，便是最高的艺术，造化便是最高的艺术活动。而人们以欣赏的态度去体悟自然万物，就是在以身心的和谐去体悟万物的和谐，因而能引起共鸣。艺术作为师楷化机的主

---

① 魏道儒译注：《坛经译注》，第 97 页。

② （宋）普济著，苏渊雷点校：《五灯会元》下，第 945 页。

③ （宋）普济著，苏渊雷点校：《五灯会元》上，第 118 页。

④ （清）张惠言著，黄立新校点：《茗柯文编》，上海古籍出版社 1984 年版，第 248 页。

体创造物，外师造化，便体现了和谐的原则。个中也同样体现了艺术家发自心源的主观情趣的和谐。审美主体无论是欣赏自然还是欣赏艺术，都从和谐的体验中获得身心的愉悦。因此，和谐是中国古人获得审美愉悦的重要原则。

一、和谐的基本含义

所谓和谐，在中国古代的传统观念中，主要指感性形态上的协调、相融和恰到好处，是感性形态上的相辅相成。这种相辅相成主要是指对象的五行（五音、五色）所织成的生命韵律，即所谓的气韵。而在内在精神上，和谐则主要指感性对象阴阳化生的内在节奏的相反相成。这种阴阳五行观念是先民们从现实生活的节律中，日积月累归纳总结出来的。他们从寒暑交替、日夜变更和男女两性等现象中获得启发，最终总结出了阴阳对立统一的观念，又从五材并用和相生相克的观念中归纳出五行。《淮南子·氾论训》云："天地之气，莫大于和。和者，阴阳调，日夜分，而生物。"① 刘劭《人物志》在论人时，认为动物皆体现了阴阳五行的功能："凡有血气者，莫不含元一以为质，禀阴阳以立性，体五行而著形。"② 这是在说明万物存在的形、神的生命节律。阴阳、五行的特征体现了天地化生万物的根本规律。

对象形态上的所谓协调、相融和恰到好处，认为对象的各个部分是一种相辅相成的关系，从中体现出韵律感。《左传·昭公二十

① 何宁撰：《淮南子集释》中，第934页。
② 梁满仓译注：《人物志》，中华书局2009年版，第10页。

年》:“一气，二体，三类，四物，五声，六律，七音，八风，九歌，以相成也。”① 即指各部分的协调。音乐如宫商角徵羽的相互配合，色彩中青赤黄白黑相间，以及水土木火金组成万物等，这种和谐正是对象生机的源泉。《国语·郑语》史伯对郑桓公说:“夫和实生物，同则不继。以他平他谓之和，故能丰长而物归之;若以同裨同，尽乃弃矣。故先王以土与金木水火杂，以成百物，是以和五味以调口，刚四支以卫体，和六律以聪耳，正七体以役心，平八索以成人，建九纪以立纯德，合十数以训百体。”② 而这种生机又是对象生意和风采的体现。中国古代所谓文，即纹饰，在对象的感性形态中，正是对象的风采。《周易·系辞下》:“物相杂，故曰文”③,《国语·郑语》:“声一无听，物一无文”④，反映对象的风采正是杂多的有机统一，构成一个和谐的整体。而人间的艺术及礼义法度，正是天地自然相辅相成的和谐原则的效法者和体现者。

五行杂错织成了万物及其韵律，体现了形式的和谐。《左传·昭公二十五年》:“‘夫礼，天之经也，地之义也，民之行也。’天地之经，而民实则之。则天之明，因地之性，生其六气，用其五行。气为五味，发为五色，章为五声。”⑤这里将人间的礼看成是天经地

---

① (晋)杜预注，(唐)孔颖达等正义:《春秋左传正义》,《十三经注疏》,(清)阮元校刻，第2093—2094页。

② 徐元诰撰，王树民、沈长云点校:《国语集解》，第470页。

③ (魏)王弼注，(唐)孔颖达正义:《周易正义》,《十三经注疏》,(清)阮元校刻，第90页。

④ 徐元诰撰，王树民、沈长云点校:《国语集解》，第472页。

⑤ (晋)杜预注，(唐)孔颖达等正义:《春秋左传正义》,《十三经注疏》,(清)阮元校刻，第2107页。

义的规律，而主体只是效法它们。而艺术正是这种自然之道的反映。依自然法则，遂有五色的绘画，五声的音乐。《淮南子·原道训》云："故音者，宫立而五音形矣；味者，甘立而五味亭矣；色者，白立而五色成矣。"①

这种和谐的原则同样体现在对象的内在精神上。在内在精神上，和谐是一种相反相成。根据对立统一规律，阴阳、刚柔、天地，是生成万物的对立统一因素。这些因素相互消长又缺一不可。《左传·昭公二十年》云："清浊、小大、短长、疾徐、哀乐、刚柔，迟速、高下、出入、周疏，以相济也。"②《吕氏春秋·大乐》也认为："太一出两仪，两仪出阴阳。阴阳变化，一上一下，合而成章。"③ 自然对象的雷霆震荡，风雨勃兴，四季交替，日月轮转，万物荣枯等，都是大自然生命节奏的体现，是天地相荡、阴阳相摩的结果。整个宇宙法则，就是天地间最大的音乐，就是最高的和谐，艺术中的疏密、浓淡、虚实、明暗等，都是这种相反相成的生命节奏的表现。

审美对象的和谐正是外在形态的相辅相成和内在精神的相反相成。前者构成对象的韵律，后者构成对象的节奏。韵律与节奏的统一，即对象形与神的统一。这就是中国传统的阴阳与五行的和谐原则。而那些为人间建立秩序和创造艺术作品的人，乃是自然精神的最高体现者。他们有时被称为大人或圣人。《周易·乾卦·文言》："夫'大人'者，与天地合其德，与日月合其明，

---

① 何宁撰：《淮南子集释》上，第60页。

② （晋）杜预注，（唐）孔颖达等正义：《春秋左传正义》，《十三经注疏》，（清）阮元校刻，第2094页。

③ 许维遹撰，梁运华整理：《吕氏春秋集释》上，第108页。

与四时合其序，与鬼神合其吉凶。”[①] 正是指人和艺术体现着和谐的自然法则。中国古人将人伦法则看成是天地万物法则的体现。

对象的和谐原则，须以主体的身心感受适宜为度。《国语·周语下》：“夫乐不过以听耳，而美不过以观目。若听乐而震，观美而眩，患莫甚焉。夫耳目，心之枢机也，故必听和而视正。”[②] 陆机《演连珠》云“音以比耳为美，色以悦目为欢”[③]，说明审美对象的审美价值须以主体的生理和心理承受能力为度。如果视听感觉无法接受，则后患无穷，则自然谈不上精神愉悦，必须听那些能够适宜于听力的和音，看那些能够适宜于视力的景致等。由此可见，审美对象是相对于审美主体而言的，它本身既适应着主体，又造就着主体，在与主体的相互关系中，审美对象与审美主体相互成就。

二、儒道和谐观的异同

儒道的和谐观共同继承了商周先人的审美意识，特别是《易经》中的和谐观，既体现了对宇宙生命的和谐规律的意识，又反映了古人沟通物我，自然与社会的思维方式与人生理想。两家继承和发挥的角度不同，各有侧重，看似观点截然不同，甚至相互抵牾，实际上在根本精神上是相通的，互补的。当然有些各自的独特建树

---

① （魏）王弼注，（唐）孔颖达正义：《周易正义》，《十三经注疏》，（清）阮元校刻，第 17 页。

② 徐元诰撰，王树民、沈长云点校：《国语集解》，第 109 页。

③ （晋）陆机著，杨明校笺：《陆机集校笺》上，第 499 页。

又是可以相互校正的，因此，我们在研究中国审美理论的和谐原则时，对于儒道两家对中国人审美心灵的深刻影响，都应该给予高度重视。

在先秦思想中，儒家从孔子开始讲究“中和”，强调适中而不偏颇。这是继承了远古思想特别是商周社会和文化礼仪中以“中”为用的思想，把它们推进到审美和史学批评的“中和”观念中。《尚书·舜典》中的“直而温，宽而栗，刚而无虐，简而无傲”①，对音乐中所表现的情感提出了中和的要求。《尚书·盘庚中》：“汝分猷念以相从，各设中于乃心。”② 以中正为美德。周公则进一步提出了“中德”思想。《尚书·酒诰》：“尔克永观省，作稽中德。”③ 景仰周公的孔子则在周公的基础上以“中庸”为德。《论语·雍也》云：“中庸之为德也，其至矣乎!”④《礼记·中庸》将“庸”释为“执其两端，用其中于民”⑤。“中庸”与“中和”表述的角度不同，在意义上是相通的。《礼记·中庸》还对中和作了进一步的论述：“喜怒哀乐之未发谓之中，发而皆中节谓之和。中也者，天下之大本也。和也者，天下之达道也。致中和，天地位焉，

---

① （汉）孔安国传，（唐）孔颖达等正义：《尚书正义》，《十三经注疏》，（清）阮元校刻，第131页。

② （汉）孔安国传，（唐）孔颖达等正义：《尚书正义》，《十三经注疏》，（清）阮元校刻，第171页。

③ （汉）孔安国传，（唐）孔颖达等正义：《尚书正义》，《十三经注疏》，（清）阮元校刻，第206页。

④ （魏）何晏注，（宋）邢昺疏：《论语注疏》，《十三经注疏》，（清）阮元校刻，第2479页。

⑤ （汉）郑玄注，（唐）孔颖达等正义：《礼记正义》，《十三经注疏》，（清）阮元校刻，第1626页。

万物育焉。”[1] 从主观情感的角度论述了中和，并且将灾难看成是宇宙之道的体现。反对过，过犹不及。孔子还举一反三，把中庸、中和的思想推广到人生境界和文学艺术等领域。如他提出为人处世要“文质彬彬，然后君子”[2]，使内在人格与感性风貌相契相合，强调文与质、形与神的统一；对于审美对象，他强调形式上的精巧与内容上的善的和谐统一，即所谓“尽善尽美”；音乐要“乐而不淫，哀而不伤”[3]，这些都是中和思想的体现。这在后世产生了深刻的影响。《荀子·劝学》：“诗者，中声之所止也。”[4]《乐记·乐论》论乐：“乐者，天地之命，中和之纪，人情之所不能免也。”[5]刘劭《人物志》：“凡人之质量，中和最贵矣。中和之质，必平淡无味，故能调成五材，变化应节。”[6] 分别是在用中和观品评诗、乐和人。

道家则讲究太和、至和，崇尚自然，重视和谐作为宇宙大化生命精神的体现。老子继承《易经》的生命意识传统，从宇宙论的角度看待人生和社会诸问题，要求顺任自然。他认为大象无形，视之不见；大音希声，听之不闻，主张以广大无边，周流不息的宇宙精

---

① （汉）郑玄注，（唐）孔颖达等正义：《礼记正义》，《十三经注疏》，（清）阮元校刻，第1625页。

② （魏）何晏注，（宋）邢昺疏：《论语注疏》，《十三经注疏》，（清）阮元校刻，第2479页。

③ （魏）何晏注，（宋）邢昺疏：《论语注疏》，《十三经注疏》，（清）阮元校刻，第2468页。

④ （清）王先谦撰，沈啸寰、王星贤点校：《荀子集解》，第11页。

⑤ （汉）郑玄注，（唐）孔颖达等正义：《礼记正义》，《十三经注疏》，（清）阮元校刻，第1545页。

⑥ 梁满仓译注：《人物志》，第11页。

神为最高和谐。这种宇宙精神一本万殊，有象而无定象，有物而非定物，故不能通过单一的感性形态充分表现它。他主张万物相反相成："有无相生，难易相成，长短相形，高下相倾，音声相和，前后相随。"① 反映了事物的生存规律，也反映了生命的节奏规律，并把它视为众妙之门。

与儒家相比，道家更侧重于自然之道，强调顺情适性，顺任自然，"乘物以游心"②，使"喜怒通四时，与物有宜而莫知其极"③，在人与自然的和谐统一中实现自由。《老子》的"大音希声""大象无形"④，要求人与自然达到最高的和谐。庄子主张要"游心于物之初"⑤，体悟到大化的生命精神，使主体的心灵与大化的生命精神相贯通。所谓"与天和者，谓之天乐"，《庄子·天地》云："视乎冥冥，听乎无声。冥冥之中，独见晓焉；无声之中，独闻和焉"⑥。说明人体天道，从造化中获得最高的和谐。庄子还讲究齐物，要万物齐一，合乎天道，以达到物我兼忘。他把人与自然的和谐视为"大本大宗"："夫明白于天地之德者，此之谓大本大宗，与天和者也；所以均调天下，与人和者也。与人和者，谓之人乐；与天和者，谓之天乐。"⑦ "大本大宗"即最根本最主要的事情，也就是说人类要了解自然规律，掌握自然规律，按自然规律办事，这样才能做到"天和"，而"天和"是"人和"的前提，由此表现出人

---

① （明）薛蕙撰：《老子集解》，第2页。
② （清）郭庆藩撰，王孝鱼点校：《庄子集释》上，第168页。
③ （清）郭庆藩撰，王孝鱼点校：《庄子集释》上，第237页。
④ （明）薛蕙撰：《老子集解》，第28页。
⑤ （清）郭庆藩撰，王孝鱼点校：《庄子集释》下，第714页。
⑥ （清）郭庆藩撰，王孝鱼点校：《庄子集释》上，第420页。
⑦ （清）郭庆藩撰，王孝鱼点校：《庄子集释》下，第737页。

与自然和谐相处的理想。所谓“天地与我并生，而万物与我为一”[1]，正是在讲究人与自然的契合。由此种心灵所创造出来的艺术，无疑会达到太和、至和的境界。

无论是道家的太和、至和，还是儒家的中和，都是要求主体的情感要体现出和谐的原则，体现出造化的生命精神。所不同的是，道家更侧重于自然之道，要求在人与自然的最高和谐中实现自由。儒家则将这种和谐的原则贯通自然与社会，从中强调了人为中心的主体意识。孟子讲“万物皆备于我”[2]，万物与我的心理相融，在主体与自然的协调谐和中更强调了人。故儒家以主体对和谐的自觉意识为准的，要求情感发而皆中节，从对立中获得和谐统一。儒道互补，方为中国传统和谐观念的完整体现，也方为主体和谐心灵的完整体现。

三、艺术中的和谐

和谐的原则尤其体现在中国古典艺术中。艺术作品作为“外师造化，中得心源”的产物，它的和谐既体现了造化的生命精神，又表现了主体情感的和谐。物我同一，才能使作品生气灌注。

古人首先将艺术中的和谐看成是自然之道的体现。《乐记·乐论》云“大乐与天地同和”[3]，优秀的音乐与天地同其生命节律。

---

① （清）郭庆藩撰，王孝鱼点校：《庄子集释》上，第 86 页。

② （清）焦循撰，沈文倬点校：《孟子正义》，第 882 页。

③ （汉）郑玄注，（唐）孔颖达等正义：《礼记正义》，《十三经注疏》，（清）阮元校刻，第 1530 页。

《乐记》将天地之和视为宇宙间最大的乐，表现为“地气上齐，天气下降，阴阳相摩，天地相荡，鼓之以雷霆，奋之以风雨，动之以四时，暖之以日月”[①]。这种天地之和，是万物生命力的根源，万物茁壮成长，便是乐的根本大道。“天地欣合，阴阳相得，煦妪覆育万物，然后草木茂，区萌达，羽翼奋，角觡生，蛰虫昭苏……”[②] 总之，天地自然相合，阴阳有机统一，阳光、水分和养料哺育万物，使之生机勃勃、健康成长。这种生命力便是万物之为美的源泉。《乐记》还把人类社会看成天地和谐的整体的一部分。当纯正的音乐感动着人们的时候，和顺的气氛就随之形成，并影响整个社会，万物的根本规律，都是同类相应的。

阮籍《乐论》认为：“夫乐者，天地之体，万物之性也。”“故定天地八方之音，以迎阴阳八风之声，均黄钟中和之律，开群生万物之情。”[③] 清人龚贤论书画时也说：“古人之书画，与造化同根，阴阳同候。”[④] 这些都在说明音乐的中和之律，乃顺天地之性，体万物之生而成，是宇宙和谐精神的体现。嵇康的《声无哀乐论》则继承子产论乐的说法，认为五行体现了宇宙的生命精神：“夫天地合德，万物贵生。寒暑代往，五行以成。故章为五色，发为五音。”[⑤] 刘勰在《文心雕龙·情采》中，曾说艺术之“文”（纹）体

---

① （汉）郑玄注，（唐）孔颖达等正义：《礼记正义》，《十三经注疏》，（清）阮元校刻，第1531页。

② （汉）郑玄注，（唐）孔颖达等正义：《礼记正义》，《十三经注疏》，（清）阮元校刻，第1537页。

③ （三国魏）阮籍撰，陈伯君校注：《阮籍集校注》，中华书局1987年版，第78页。

④ （清）周二学著：《一角编》，上海人民美术出版社1986年版，第41页。

⑤ （三国）嵇康撰，戴明扬校注：《嵇康集校注》，第197页。

现了五行的杂多统一："故立文之道，其理有三：一曰形文，五色是也；二曰声文，五音是也；三曰情文，五性是也。五色杂而成黼黻，五音比而成韶夏，五情发而为辞章，神理之数也。"① 因此，邹一桂《小山画谱》认为艺术当"夺天地之工，泄造化之秘"②，体现的就是造化的阴阳化生的和谐原则。

同时，艺术是人感于心的产物，是人的本性感物动情的结果，个中（个体）的和谐同时表现为物我间的高度契合。《乐记·乐本》云："凡音之起，由人心生也。人心之动，物使之然也。"③ 人性本静，感于物而动，故生七情。七情之和，发而为艺。宋代文天祥曾说："诗所以发性情之和也。"④ 在艺术作品中，主观的情感是通过情景交融得以表现的。这种情景交融是一种物我的必然契合。古人认为主体与造化之道是契合一致的。物趣作为天机（"道"）的表现形态，人情作为主体本性（《二十四诗品》所谓"素"）的表现形态，虽然各有其纷繁丰富性，但究其本源，道素实则一体。物我和谐，方能创构艺术的花朵。

艺术作品作为主体师法造化的创造物，同样体现了和谐的生命节奏与韵律。节奏体阴阳之性，韵律合五行之道。诗歌中的声律，就是这种和谐的生命节奏的表现。沈约在《宋书·谢灵运传论》说："夫五色相宣，八音协畅，由乎玄黄律吕，各适物宜。欲使宫

---

① （梁）刘勰著，范文澜注：《文心雕龙注》，第537页。

② （清）邹一桂著：《小山画谱》，中华书局1985年版，第33页。

③ （汉）郑玄注，（唐）孔颖达等正义：《礼记正义》，《十三经注疏》，（清）阮元校刻，第1527页。

④ （宋）文天祥撰：《罗主簿一鹗诗序》，（宋）文天祥著，熊飞等校点：《文天祥全集》，江西人民出版社1987年版，第352页。

羽相变，低昂互节，若前有浮声，则后须切响。”[①] 刘勰《文心雕龙·声律》也说：“异音相从谓之和。”[②] 均指声音形态的相辅相成。而其音调的平仄、动静，绘画中的疏密、浓淡、明暗等，则是生命节奏的表现。

艺术作品还在动静相成、虚实相生中体现出生命的和谐。清代吴雷发认为诗当“动中有静，寂处有音”[③]，刘熙载论书法云“正书居静以治动，草书居动以治静”[④]，均言动静相生的道理。清人迮朗《绘事雕虫》亦云：“山本静也，水流则动。水本动也，入画则静”。[⑤] 画山之静，须以水流之动相成，水之动则以静心使之入画，然后方有生机。可见，艺术之中，大若摹天绘地，细至高山流水，都体现出动静相成的和谐原则。同时，绘画中的虚实相生，作为生存、运动的形态表现，体现了生命运动的节奏。在画面的结构中，虚实是有无生机的关键。仅有实，无法使生气流通，还必须有虚，才能使“灵气往来”[⑥]。画面从有形生出无形，有限生出无限，使有限的形式具有无限的容量，都是虚实相生的结果。因此，艺术中的动静相成和虚实相生，都织成了作品和谐的生命节奏。

---

① （梁）沈约撰：《宋书》第六册，第 1779 页。

② （梁）刘勰著，范文澜注：《文心雕龙注》，第 553 页。

③ （清）吴雷发：《说诗菅蒯》，丁福保辑：《清诗话》下册，上海古籍出版社 1978 年版，第 905 页。

④ （清）刘熙载著：《艺概》，第 143 页。

⑤ （清）迮朗撰：《绘事雕虫》，周积寅编著：《中国画论辑要》，江苏美术出版社 2005 年版，第 422 页。

⑥ （清）周济著：《介存斋论词杂著》，人民文学出版社 1959 年版，第 4 页。

这种和谐的原则还体现在艺术作品的风格上。在艺术风格中，阴阳化生的和谐规律体现为刚柔相济。万物刚柔相分，人之气有刚柔，都是造化使然。艺术创造师法造化，艺术风格也同样是物我同一的产物，必然体现出阳刚或阴柔的风格，且刚中含柔，柔中寓刚，两者和谐有致，遂有艺术的生命力。清人姚鼐在《复鲁絜非书》中，曾把文章视为天地之精英，认为人应该体天地和谐之道。“天地之道，阴阳刚柔而已”，把阴阳刚柔看成是宇宙万物的本质属性。而文乃人体天道的产物，亦当与天地合流，与大化同流。因而，文也是“阴阳刚柔之发也”。这种阴阳刚柔虽然事属两端，造物者在使两者融合和谐时“气有多寡”，从而化生出无数风格各异的众生来，而且又都能体现出和谐原则。① 艺术风格也同样如此。

四、圆

中国古人推崇圆满和圆融境界，实际上也是和谐的一种表现。在中国传统的审美眼光里，圆昭示出流畅、运动、活泼、宛转、和谐、完美等特征，故有圆满、圆通、圆融、圆润等说法。中国古人在审美活动中追求一种圆满具足的体验，追求圆融无碍、流转不息的生命境界。作为化生万物万有的本原，圆是运转无穷，生生不息的表现，体现了绵延不已、循环往复的宇宙精神和生命特征。在物象中，圆则表现为生命力的柔和畅达，反对僵硬和呆滞。何绍基认为万物气贯其中而得圆满，“一在气”，“气何以圆”？“直起直落可

① （清）姚鼐著：《惜抱轩全集》，中国书店出版社 1991 年版，第 71—72 页。

也，旁起旁落可也，千回万折可也，一戛即止亦可也，气贯其中则圆。”[1] 审美活动于刹那间体悟到永恒，特别讲究主体在审美体验中自我超越时的圆满具足，这便是司空图所谓的“超以象外，得其环中”[2]。千百年来，中国人由人与对象的关系而逐步形成了尚圆的审美文化心理。

佛教追求一种完美无缺的圆相，讲究形体的圆妙光泽。禅宗则更是讲究圆形意识，尤其推崇圆轮、圆月、圆坛等。禅宗所谓“妙悟圆觉”，也是一种理想。钱锺书先生曾说，“形之浑简完备者，无过于圆。吾国先哲言道体道妙，亦以圆为象。……南阳忠国师作圆相以示道妙，沩仰宗风至有九十七种圆相”[3]，“译佛典者亦定‘圆通’、‘圆觉’之名，圆之时义大矣哉。推之谈艺，正尔同符”[4]。禅家志在成就一种圆融而审美化的超脱人格，追求心性的自足圆成（心和），以心物相圆为至境（圆境）。这种思想与中国传统的思想融为一体，对后世的审美文化心理产生了广泛的影响。

圆是中国古人人生理想和艺术理想的表现。圆作为造化精神的表现，艺术只有体现圆浑，与造化为一，方能做到气韵生动，而臻于化境，体现了恰到好处的和谐特征。清代张英《聪训斋语》卷上云，“天体至圆”，“万物做到极精妙处，无有不圆者。至人之德，

---

① （清）何绍基撰：《与汪菊士论诗》，《东洲草堂文钞》第一卷，台湾学生书局 1971 年版，第 241 页。

② （唐）司空图著，祖保泉、陶礼天校笺：《司空表圣诗文集笺校》，第 163 页。

③ 钱锺书：《谈艺录》，中华书局 1984 年版，第 111 页。

④ 钱锺书：《谈艺录》，第 112 页。

古今之至文法帖，以至于一艺一术，必极圆而后登峰造极。”[①] 书法艺术如姜夔谈书法时说“圆则妍美”[②]，“草贵圆”[③]。作品的气脉要圆畅，思绪要圆通，结构要圆备，结构要圆熟，语言符号要圆转。清代黄钺《二十四画品》，专列“圆浑”一品：“圆斯气裕，浑则神全。和光熙融，物华娟妍。欲造苍润，斯途其先。”[④] 在艺术创造中，圆还体现出虚实相生的特征。

徐上瀛《溪山琴况》云：“五音活泼之趣，半在吟猱；而吟猱之妙处，全在圆满。宛转动荡，无滞无碍，不少不多，以至恰好，谓之圆。吟猱之巨细缓急，俱有圆音，不足，则音亏缺；太过，则音支离。皆为不美。故琴之妙在取音：取音宛转则情联，圆满则意吐。其趣如水之兴澜，其体如珠之走盘，其声如哦咏之有韵：斯可以名其圆矣。抑又论之：不独吟猱贵圆，而一弹一按一转一折之间，亦自有圆音在焉。如一弹而获中和之用，一按而凑妙合之机，一转而函无痕之趣，一折而应起伏之微，于是欲轻而得其所以轻，欲重而得其所以重，天然之妙犹若水滴荷心，不能定拟。神哉圆乎！”[⑤] 把琴的演奏的完整和恰到好处看成是圆满的表现。

① （清）张英著：《聪训斋语》，张英、张廷玉著：《聪训斋语 澄怀园语》，安徽大学出版社 2013 年版，第 19 页。

② （宋）姜夔撰：《续书谱·用墨》，上海书画出版社、华东师范大学古籍整理研究室选编点校：《历代书法论文选》，第 389 页。

③ （宋）姜夔撰：《续书谱·用墨》，上海书画出版社、华东师范大学古籍整理研究室选编点校：《历代书法论文选》，第 391 页。

④ （清）黄钺撰，陈育德、凤文学校点：《壹斋集》下，黄山书社 1999 年版，第 776 页。

⑤ （明）徐上瀛著，徐梁编著：《溪山琴况》，中华书局 2013 年版，第 130 页。

中国戏剧特别是悲剧的大团圆结局，就是一种对圆满的追求。从总体上讲，才子佳人大团圆是中国古典戏剧的固定模式。作为一种情节结构的原则，它顺应了民族文化心理的需要，是儒家“乐而不淫、哀而不伤”的“中和之美”原则的反映，从而怨而不怒地对待社会与人生，求得心灵的慰藉与平和。这不但是现实生活的集中反映，而且也是现实世界的必然延伸，从而深化和发展了悲剧人物的性格和品格。

圆在艺术的语言中表现得尤其突出。文学语言尤其是诗歌语言，都在讲究声律的圆畅。所谓“流美圆转”、“珠圆玉润”，乃至戏曲唱腔的所谓“字正腔圆”等，都是对文学语言的一种描述。《南史·王筠传》载沈约引谢朓语：“好诗圆美流转如弹丸。”[①] 辛弃疾《丑奴儿·晚来云淡秋光薄》所谓：“字字都圆。”[②] 胡应麟曾说：“唐人律调，清圆秀朗。”[③] 王士祯《〈四溟诗话〉序》赞叹谢榛的诗歌“声律圆稳”[④]。何绍基也要求“落笔要面面圆，字字圆”[⑤]。

刘勰的《文心雕龙》多次谈及文学以圆为美的理想。在感受体验上，《文心雕龙》提出：“诗人比兴，触物圆览。”[⑥] 在构思上则

---

① （唐）李延寿撰：《南史》第二册，中华书局1975年版，第609页。

② （宋）辛弃疾撰，邓广铭笺注：《稼轩词编年笺注（增订本）》，第165页。

③ （明）胡应麟撰：《诗薮》，第1页。

④ （明）谢榛著，宛平校点：《四溟诗话》，人民文学出版社1961年版，第129页。

⑤ （清）何绍基撰：《与汪菊士论诗》，《东洲草堂文钞》第一卷，第241页。

⑥ （梁）刘勰著，范文澜注：《文心雕龙注》，第603页。

有“思转自圆”[①]、“得其环中”[②]、“理圆事密”[③]、“首尾圆合，条贯统序”[④]，在语言上则有“辞贯圆通”[⑤]，作品欣赏又有“圆照之象，务先博观”[⑥]等等。陆时雍在《诗镜总论》中说：“古人善于言情，转意象于虚圆之中，故觉其味之长而言之美也。”[⑦]

---

① （梁）刘勰著，范文澜注：《文心雕龙注》，第506页。
② （梁）刘勰著，范文澜注：《文心雕龙注》，第506页。
③ （梁）刘勰著，范文澜注：《文心雕龙注》，第589页。
④ （梁）刘勰著，范文澜注：《文心雕龙注》，第543页。
⑤ （梁）刘勰著，范文澜注：《文心雕龙注》，第394页。
⑥ （梁）刘勰著，范文澜注：《文心雕龙注》，第714页。
⑦ （明）陆时雍撰，李子广评注：《诗镜总论》，中华书局2014年版，第13页。

第五章

审美意识

审美意识指心灵在审美活动中所表现出来的自觉状态。作为一种感性的意识形态，审美意识是被意识到并被系统化的审美经验。它包括主体审美的感受能力、思维方式和审美理想等，是以生理快感为基础，在心物之间反复融通、物我同一的基础上形成，并在各种社会生活因素的影响下所造就起来的心理特征，因而受着文化形态和一般文化心理的影响，是人们总体社会意识的有机部分。它与其他社会形态是既相辅相成、相互影响，又迥然有别的。人类身心结构的一致性，人们所处的自然社会环境的稳定性，以及具体文化艺术载体的长久存在，使得作为精神财富的审美意识在不同的时间和空间中得以传承。随着时间的推移，审美意识会在一代又一代的传承中得以继续或渐或顿地丰富和发展变迁。这种发展变迁可能是由于某一创造性的具体审美实践对审美意识的丰富充实乃至修正，也可能是社会历史的变迁所带来的人们审美价值观的改变。

第一节　审美意识的生成

在一定的自然环境下，在物我交流的劳动中，人类开始了从动物到人、从生理到心理的发展。伴随着这种发展，人类的审美意识也逐渐生成。而人类赖以存在的自然环境、人类成就自己的社会实践，以及在此基础上形成的社会环境，无不在人类审美意识的生成中扮演着重要的角色。

一、从生理向心理生成

审美意识作为人类从生理快感到心理快感、从感官愉悦到精神愉悦的升华，是在满足基本生理生存的基础上形成的。主体的生理机制，乃是形成心理的基础。在生理需求得到满足以后，逐步形成了心理层面的需求。中国古人认为，在人类基本的生存需要中，有两大最基本的需要，即“食”和“色”。食，乃维持个体的基本生存；色，则维持族类的基本生存，即由两性吸引的繁衍来延续人类。《礼记·礼运》：“饮食男女，人之大欲存焉。死亡贫苦，人之大恶存焉。”①《孟子·告子上》引述告子的话说：“食色，性也。”②将饮食男女看成是人的共性。其实，“食”和“色”的意义不仅仅在于使人类得以生存延续，还在于使人的生理快感得以满足的同时，又产生了新的心理层面的需求：如基于“食”的美食和基于“色”的爱情。鸟类世世代代以鲜艳的羽毛和悦耳的鸣叫来从生理上吸引异性，而人则在生理的基础形成了美容和情歌等文化形态，这就已经超越生理的层面而上升到心理的层面了。本来是装盛食物等东西以满足实用生理需求的陶器，却被人们加上了纹饰，这也表明人们从感官愉悦迈向了精神的追求。

最初，人们通过能动的劳动和工具的使用来满足生理的需要，但这同时也促进了肢体的发展，促进了人脑和语言的发展，从而日渐开拓了人的精神领域。在这个精神领域中，就有自我意识的产生。而这种自我意识的觉醒，乃是审美意识生成的前提。原始人的最初意识是混沌的，没有明确的主体和客体的区分。后来在与外界事物的不断交互作用中，主体才逐渐自我醒悟，从生理需求提示着我的存在开始，由模糊而日益清晰，主客关系也渐渐明朗，从而促

---

① （汉）郑玄注，（唐）孔颖达等正义：《礼记正义》，《十三经注疏》，（清）阮元校刻，第1422页。

② （清）焦循撰，沈文倬点校：《孟子正义》，第743页。

进了自我意识的发展，并开始了物我关系的分化。而个体的自我意识，则是指个体对自己的各种身心状态的认识、体验和愿望，以及对自己与周围环境之间关系的认识、体验和愿望。这种个体的自我意识是在机体生长发育特别是脑机能的成熟过程中，通过从外界对婴儿的刺激开始的个体的社会化而形成与发展起来的。自我意识包含着生理自我、心理自我和社会自我三个层面。正是在自我意识的基础上，主体才逐步形成自己的精神需求，审美意识也才得以形成和发展。这样，对象物态对人的影响，便从自然状态的感官刺激，上升到心灵的愉悦，具有精神和文化的意义。人与物分化以后，人才可能以审美的心态来对待它。

生理需求的满足，也使人们的生活心态发生很大的变化，这种变化了的心态是美感的基础，也是审美意识得以形成的前提。原始状态的类人猿，由于还不具备随心遣物的能力，整日处在心为物役的状态中，是没有审美心态可言的，当然也就没有审美意识在大脑中产生。审美心态是不带直接功利目的、超越对象实用价值的。而要实现这种超越，就只有先满足主体的基本生理需求。在这个时候，自然的一花一木，就不再仅仅是为生理需要而所求的对象，主体对它们的观照就超越了为求饱暖的功利利用，对象的“优美”形象第一次进入了人们的视野。这就表明：主体开始具备了审美的心态。审美的心态是审美活动的前提，当然也是审美意识产生的前提。

在满足生理需要的同时，主体还产生了对自然进行精神征服的愿望和理想，这是审美意识产生和发展的又一动力源泉。例如人们以好奇的心理渴望一探月亮的风采时，创造了嫦娥奔月的神话，体现了人们的理想。这种理想是对象具有审美价值的重要条件。这也正是主体的自我意识，特别是愿望和创造欲对审美意识的积极推动。作为一种追求理想的意识，审美意识超越了现实的层面，是主体基于现实又对现实的超越的结果。这样的超越，无疑是建立在生理满足的基础之上的。审美意识支配着人们的审美活动，主体心灵的创造性活动，是在审美意识的支配下完成的。

审美意识主要表现在以情感为中心的审美心理功能中，审美意识的本源乃是情感的产生。情感的生成是人的本性受外物感发的结果，而由动物的情绪升华为人的情感，经历了一个漫长的过程。情感的出现及其要求，是人区别于一般动物的重要标志之一。动物只有喜怒哀乐的情绪，而人则在从生理向心理生成的过程中形成了情感。人的情感是与理性相交融的，它不再是非理性的情绪反应。理性融会到情感之中，与情感共同参与对感性对象的领悟，使对象具备审美的价值，这也就意味着某一特定审美意识的形成。另外，对象因为有了情感的投射，会因此而成为审美的对象，或者具有更高的审美价值。而主体在用情感培育审美对象的时候，也培养着自己的审美意识。这种情感影响着人对世界的体验，也影响着人们的物质的创造，人的审美意识正是从中得以产生和体现的。情感需要外物的激发，也有表达的要求。原始的歌谣和器物的造型与色彩的精致化，都是情感的表达与交流的具体形式。这些歌谣和器物折射出人类最初审美意识的萌生状态，也不断地培育着后人的审美意识。

审美意识的本质正在于奠定在生理基础上的心理意蕴，这是以主体的生理为基础，又不滞于生理而上升到心理层面的主体心态及其内涵。具有社会历史内涵的心理反应虽然是奠定在生理基础上的，但它的形成同时又受到其他如环境、实践和社会等因素的影响。

二、环境与审美意识的生成

个体的审美意识，虽然受到生理机制中遗传因素的影响，但总体上说，主要是通过环境的唤醒和熏陶而获得的。也就是说，审美意识的生成与发展，受着环境的影响与制约。这里的环境既包括自然环境，又包括社会文化环境，其中社会文化环境的作用至关重要，它们通过人的能动性起作用。

人和动物的进化一方面是由物种的能动性决定的，另一方面是由环境决定的。人之所以进化为人，与其他猿类有着根本的区别，首先在于其物种的差异。而环境对于物种的挑战，又推动了物种的进化。人的感官的进化和退化，人的生理基础和心理机制的变迁，都是为着能动适应环境的需要。环境包括自然环境和文化环境。文化环境就是丹纳的所谓“精神的气候”：“的确，有一种‘精神的’气候，就是风俗习惯与时代精神，和自然界的气候起着同样的作用。”① 丹纳所说的“精神气候”，包括后天的文化环境和特定时代所产生的动力。

人和动物的进化和发展，首先受着自然环境的影响。动物中的拉蒂迈鱼（又称矛尾鱼），在远古时代是一种普通的鱼，生活在河流之中，由于地壳的变化，河流干涸，鱼儿们暴露在阳光下，许多鱼被烤干了，有一部分胸鳍比较发达，就开始扭动，如果幸运，可以进入第二条河流，就能存活下来。如果一个地区的河流经常干涸，这种现象就会反复出现。于是它们中的佼佼者就会成为最早的

① ［法］丹纳：《艺术哲学》，傅雷译，人民文学出版社1963年版，第34页。

两栖类。拉蒂迈鱼在成为两栖类之后，地壳再次变化，它们的栖息地变成了大海，于是大自然就开始新一轮筛选，凡是适应咸水的鱼就活了下来，然后它们那进化不久的原始的肺，就又成了腮。这就是拉蒂迈鱼为着适应环境的需要，不断地改善自己的器官的情形。同样，长颈鹿的长脖子也是该物种为着适应环境的需要，便于吃到更多的树叶，比一般动物有更多的生存能力而生成的。假如人有这么长的脖子，一定会被视为怪物。比起动物来，人在适应环境时，其生理和心理方面有着更为复杂的能动适应能力。人的腮和阑尾的退化，手的进化，都是生存的自然环境所决定的。同时，这种生存的自然环境也影响着审美意识的生成和发展。

生存的自然环境对审美意识的形成和发展产生的重要影响，首先表现在环境为审美主体提供最初的审美对象。先民们是在器皿的制造中体现着自己天性中的模仿的本能和创造的本能以表情达意的。先民们生存的特定自然环境，为他们提供了特定的摹仿对象，又影响并触发了他们特定的心情。这对他们的内在品格的铸造产生了深远的影响。

生存环境对审美意识的形成和发展产生的重要影响，还表现在环境的制约在促进主体审美感官的形成，以及审美意识的丰富和发展中的作用。我们很难说审美感官和审美对象谁先生成，但可以肯定的是，审美的感官促使对象具备审美的价值，而具有被审美地对待的潜能的对象又不断地刺激着人的感官，使之逐渐成为审美的感官，并不停地使之更加完善。远古的人们逐渐朦胧地在自然环境中获得视听的快感，并日益醒悟到生命的节律。花开花落、日出日落，都会引发他们心灵的惊喜和颤动。审美意识的产生是对象和主体共同作用的结果，而自然环境对象对人的造就，无疑是人能够拥有审美意识的心灵的一个关键。

审美意识的生成和发展受自然环境的影响，可以在中国古代审美意识的南北差异及农业社会特征中看到。历史资料及现在人们的审美习惯都可以表明，南北两地在对审美对象及其审美风格的选择和审美理想等方面，都有比较明显的差异，如南重阴柔、北重阳刚等等。形成这些审美意识差异原因的重要方面就是自然环境的差异。在不同的自然环境下，可以生成不同的审美意识，这足以见出自然环境对审美意识生成的影响。有趣的是，这种差异又在后来的相互交融中产生了独特的效果。另外，中国的审美意识传统，深深地打着农业文明的烙印。我国农业文明的自然背景，在传统的审美意识中打上了深深的烙印，与游牧民族有着明显的差异。这些都有力地证明，自然环境对审美意识生成的重要作用。

自然环境不是促使审美意识生成的唯一因素，审美意识的生发以总体文化为背景，审美意识同时受制于文化环境。达尔文反对“审美的观念是人所独具的”观点，把动物的条件反射和异性间生理性的吸引看成是美感，我们并不苟同。但他认为美感“在有文化熏陶的人，这种感觉是同复杂的意识与一串串的思想紧密的联系在一起的”①，这无疑是正确的。人的审美意识植根于生理本能的基础之上，更以社会性的特征为标志。生理本能包括食、色，作为个体求生本能和族类求生本能，这是所有的动物所具有的。但是人类通过其社会生活，又有了不同于动物、超越于动物的一面。人的审美意识虽然有其生理基础，但与动物性的性吸引有着根本的区别。

---

① ［英］达尔文：《人类的由来》，潘光旦、胡寿文译，商务印书馆 1983 年版，第 136 页。

这种区别主要在于人基于独有的心理机制而形成的动物所没有的社会文化环境，这种环境进而决定着人的审美意识的生成，并表现出远远高出动物的性吸引的特征。

人与动物的不同之处，首先在于人在适应环境的过程中有一定的能动性。主体审美感官的形成，乃是主体对对象的能动适应和选择造就而成的。人的感官需要和心理需要，既是对象造就的，又能动地在选择对象，使得对象从独立自在的对象变为具有精神意义的对象。在人与对象的审美关系中，人自身占着主导地位，这首先表现在中国传统的“惟人万物之灵”[①] 和西方传统的“人是万物的尺度”[②] 这样一种人的自觉意识和自我中心的意识中。在审美意识中，这种自我中心的意识正反映了人以万物为精神食粮，最终为成就自己的心灵服务。人在审美意识中所表现的能动性，还反映在主体能动地寻求心灵与自然的和谐，能动地体认外物的自然节律和主体的生理节律与情感节律，与对象达成审美关系。

人与动物的不同之处还在于，社会环境使人不同于动物，超越于动物。比如上文所说的人类男女之间的互相吸引，除了动物性的性吸引外，还以其更为复杂的文化仪态相互吸引，并且具有着丰富的、具有精神性的价值情感。人以自己的能动性和超越性而在动物和生理的基础上形成自己的社会文化，这种社会文明又反过来升华了人的动物性特征，促进人类形成自己独有的审美意识。

---

① （汉）孔安国传，（唐）孔颖达等正义：《尚书正义》，《十三经注疏》，（清）阮元校刻，第 180 页。

② 普罗泰戈拉著作残篇 D1，北京大学哲学系外国哲学史教研室编译：《古希腊罗马哲学》，第 138 页。

荀子曾经提出“化性起伪”[①] 的观点来阐释文化对人的造就。其中，“性”指人的自然本性，“伪”则指后天文明对人的造就。个体的审美能力正是文化对自然的人化性起伪，在后天造就起来的。先天的遗传只限于生理机制包括神经机制，进化也只是肌体的进化。而文化的积累与进化，审美能力的提高，乃是在个体体外，通过社会环境进行的。脱离了社会环境，婴儿在长大过程中，连路都不会走。著名的狼孩、猪孩的例子说明，人的直立行走，虽然在肌体上留下了痕迹，但行为本身并没有变为本能。狼孩、猪孩依然在狼、猪的“教导”下爬行。人从出生的时候，文化传统就开始造就着他，而优秀的个体又丰富着文化。当然，在个体体外进行的进化，同时也会在神经机制上留下痕迹。所谓的修养、风度等，正是文化在肌体上留下的痕迹。这种肌体，尤其是其神经机制的进化，乃是文化的载体，而且也是文化肌体的生产者。个体的审美意识也是借助于这种文化环境造就的。

社会文化包含着丰富的内容，社会发展的各种形态、社会众多因素形成的历史积淀等都属于人类文化的范畴。在审美意识的历史生成中，社会的发展道路、多民族的文化交融，以及对待遗产的意识和继承的方式，均具有重要的意义。它昭示了后世数千年审美意识的发展方向，确立了现有审美意识的独特特征。对于它的总结，不仅有助于我们厘清审美意识发展的脉络，而且有助于我们强化审美意识发展的自觉意识，推动审美意识顺应规律地向前发展。审美意识是社会文明的成果，受着文化形态和一般文化心理的影响，审美意识中包含着人、社会、自然三者之间的关系。独特的地理环

① （清）王先谦撰，沈啸寰、王星贤点校：《荀子集解》，第 438 页。

境、社会发展道路和精神实践包括审美实践，制约着审美意识的产生和发展，影响着审美意识的特征。

由于主体的审美需要是历史地产生的，审美活动也打上了历史的烙印，因此，某一社会群体或民族所具有的审美意识在生成的过程中，必然会受到他们特有的社会发展道路的影响。民族的大融合是社会发展的一种特殊形态，它对这些民族融合后的审美意识的生成也产生重要影响。例如商代，各地域、各部族、各方国之间相互交流、相互渗透、相互融合，形成了商代全社会相对一致的文化、心理和习俗等。特别是在迁徙、征伐、兼并过程中，在商贸交流中，实现了多民族的融合。这些在客观上带来了对各部族文化的吸收，也在此基础上促成了审美意识的多元融合特征。商代的文化和艺术的风格，就体现了当时多民族、多文化（中原文化、淮夷文化、荆楚文化和北方文化）融合的特征。这种融合使得商代的审美意识有着独特的风貌。

社会文化环境中还包含着一个重要的组成部分，即社会意识。审美意识是社会意识的一个重要方面，它与其他的社会意识如实用意识、认知意识和宗教意识等既迥然有别，又相互联系和相互促进，它们共同组成了主体的精神领域。审美意识最初与实用意识、认知意识和宗教意识等融为一体，而逐步从史前的总体混沌意识中分化独立出来。当实用的内容、认知的内涵和宗教的神圣空灵化为有意味的形式体验时，审美意识便开始具有独立的价值。原始思维方式经历了一个从现实功利到超功利的发展历程，现实的功利升华为精神的愉悦。从泛灵论的原始思维方式中，原始人逐步分化成几种基本思维方式。当它们被导向认知时，逐步产生了科学；当它们被导向信仰时，产生了原始的宗教；当它们被导向审美时，产生了原始的艺术。其中只有审美的思维方式直接地秉承了原始的思维方式。那种物态人情化，人情物态化的思维方式，正是人类童年时代情趣的延续，从中体现出由自发到自觉的生命意识。

但审美意识在其发展过程中，又不能独立于其他意识而独立存在和发展。实用的需要和宗教、政治等意识形态的影响，客观上推动了人们审美意识的生发。远古的工具和器皿本是为实用的需要和宗教、政治服务的，但在制造工具和器皿的过程中对法则的运用，使得工具和器皿在为宗教和政治服务的过程中得到了深化和发展。例如鼎的发明，起初是为着烹调的实用，后来才开始承载着认知（《左传》宣公三年："铸鼎象物"[①]、"使民知神奸"[②]）、政治、宗教（"协于上下，以承天休"[③]）和审美等多重功能。审美意识正是在此基础上逐步分化和独立的，同时又与其他意识形态相互影响、相互依赖。

宗教对审美的推动，在商代表现得尤其明显。宗教的神圣性使得艺术依托于宗教而得以繁荣，从而促进了审美意识的深化；同时，艺术及其日益独立的发展，又推动了早期社会从神本向人本的发展和超越。商代在祭祀的形式中寄托着审美的趣味，使得艺术依托于宗教而得到重视。宗教祭祀方面的原因使得牛羊等动物的头形较早、且更多地成为制器之形及其中的纹饰，巫及巫术对舞蹈和造

① （晋）杜预注，（唐）孔颖达等正义：《春秋左传正义》，《十三经注疏》，（清）阮元校刻，第1868页。

② （晋）杜预注，（唐）孔颖达等正义：《春秋左传正义》，《十三经注疏》，（清）阮元校刻，第1868页。

③ （晋）杜预注，（唐）孔颖达等正义：《春秋左传正义》，《十三经注疏》，（清）阮元校刻，第1868页。

型艺术也起着重要的作用。器皿中的鸟兽形象常常是祖神和王权的象征。商代的工艺作品受宗教的影响，有了普遍存在、逐步定型并且形成传统的母题，如人兽母题等。至今，商代的许多审美结晶还保存在我们的审美意识和民间文化中。例如民间的小孩虎兜、老虎童鞋和各种装饰图案等，依然还有着商代审美意识的影子。

政治环境也是推动某一审美意识形成发展的重要力量。《文心雕龙·时序》中说："观其时文，雅好慷慨，良由世积乱离，风衰俗怨，并志深而笔长，故梗概而多气也。"① 政治环境是"世积乱离"，文艺就呈现"志深笔长、梗概多气"的特征，政治环境影响着审美价值的取向。不同的政治环境，就促成承载不同审美意识的艺术的形成。"及成王，周公致大平，制礼作乐，而有颂声兴焉，盛之至也。本之由此风雅而来，故皆录之，谓之诗之正经。后王稍更陵迟，懿王始受谮烹齐哀公。夷身失礼之后，邶不尊贤。自是而下，厉也，幽也，政教尤衰，周室大坏。《十月之交》《民劳》《板》《荡》，勃尔俱作，众国纷然，刺怨相寻。五霸之末，上无天子，下无方伯。善者谁赏，恶者谁伐，纪纲绝矣！故孔子录懿王、夷王时诗，讫于陈灵公淫乱之事，谓之变风、变雅。"② 这些正是政治环境对审美意识影响的生动写照。对此，刘勰也在《文心雕龙·时序》中表明了类似的看法："昔在陶唐，德盛化钧，野老吐何力之谈，郊童含不识之歌。有虞继作，政阜民暇，熏风诗于元后，烂云歌于列臣。尽其美者何？乃心乐而声泰也。至大禹敷土，九序咏功，成汤圣敬，猗欤作颂。逮姬文之德盛，周南勤而不怨；大王之

① （梁）刘勰著，范文澜注：《文心雕龙注》，第673、674页。

② （汉）毛亨传，（汉）郑玄笺，（唐）孔颖达等正义：《毛诗正义》，《十三经注疏》，（清）阮元校刻，第262—263页。

化淳，邠风乐而不淫。幽厉昏而板荡怒，平王微而黍离哀。故知歌谣文理，与世推移，风动于上，而波震于下者。”①

三、实用与审美意识的生成

生存需要是人类的首要需求，中国上古时代的器皿乃至文字的发明都与人类原初的生存需求有关。那些器皿实物在日常生活中担负着重要的实用功能，从满足实用的需要到满足精神的需要，并逐渐形成自发的审美需要，从中体现出人们的理想和愿望。如上文所述，在上古时代，实用、宗教、政治与审美的关系是互动的，很难说明它们与审美是一种单向、必然的因果关系。宗教礼仪中的器物既有实用的价值，又富于装饰功能，器皿不仅易拿易提，又使造型灵动、富有生机，凝固的物质产品延伸出了巨大的精神意蕴。

在旧石器时代，从元谋猿人用砾石石器开始，艺术就在实用器具中开始孕育了。从打制石器开始，原始人就逐步在感受形式的规律和色彩。穿孔的石珠、兽牙和贝壳等饰品，反映了先民们淳朴的爱美天性。从陶器的形制与纹饰，到神话的创构与充实，莫不体现了古人的情趣与理想。陶器在烧制过程中以情感为动力，以想象力为工具，在尊重实用规律（如鬶、陶罐、陶碗、尖底陶瓶等）的同时，又反映了先民的情趣和审美理想。具有实用功能的感性形态，一旦脱离了实用内容，进入韵律化和节奏化的形式之中，就具有了审美的价值。这样，在工具的制造和使用过程中，审美的意识在游

① （梁）刘勰著，范文澜注：《文心雕龙注》，第671页。

戏心态中逐步觉醒。从新石器时代到夏代、商代，这一审美意识逐渐走向成熟。

从实用到审美是物质产品转化为精神产品，从中体现出自己的审美意识，尤其是审美理想。早在石器时代许多实用工具如石斧、石铲和测日圭等，就被转化为作为精神产品的玉斧、玉铲和玉圭等，兼有礼器、祭器和审美观赏品的功能，而且逐渐变成了专门的审美观赏品，礼仪和内容升华为形式的意味，高度地体现着主体的审美理想，并在艺术的探索创新中推动着审美意识的发展。肇源于烹调的鼎，后来逐渐被用作礼器，并自发地体现出审美的追求，具有审美的价值和意义。很多原始的乐器，特别是打击乐，最初也是来自于工具和日常生活用品，用以传情达意，表达审美的情怀。后来，这些器具在演奏实践中被加以改造，使音色更悦耳动听，造型也更美观，在视听效果上体现出主体的审美意识。为实用需要的器皿，受偶然现象的效果启发和文身的影响，也被加上了审美性的装饰。这些都与实用的器物本身具有被审美地对待的潜能有关。

实用对审美意识产生的意义还在于：实用技术的进步提高了人们驾驭形式的能力。如石器、玉器由打制到磨制，陶器由手工到轮制，都使得工艺品更为实用，更为精美。随着分工的越来越精细，工艺制作便越来越精。其节奏、其对称，都是运用了他们所感受到的自然法则。各类艺术形式都体现着对称、节奏、律动和奇妙、自由、活泼的生命形态，可谓千变万化。从再造的自然中体现出自己的理想。一个文字、一件工艺品，就被当作一个完整的生命形态，一个完整的天地境界。

从简单的模拟，到超越模拟的表现对图案的抽象升华，出现几何纹样的形式规律和表意性，主体的审美意识出现了一个飞跃。主体审美意识中的时空意识和虚实感，也在实践中逐渐明朗起来。这时的审美意识，便在器物的制造和工艺品中，借助于物态形式，使朦胧的审美意识得以物化，且日渐清晰。如在工具制造和实用器皿的制造过程中，人们逐渐对自然界的法则，诸如均衡、对称、色感等形式韵律逐渐有了一定的意识。这种意识从自发到自觉，通过对物质材料的征服，使之在创造过程中得以表现，获得更多的交流和传播，并通过社会培养和造就了一代又一代人的审美意识，使审美意识得以凝定和积累。原始艺术通过技巧征服物质材料，实现自己的审美理想，从而日渐显著地培养并体现出审美意识。古人将自己的形式感、色彩感呈现在器皿的制作和艺术的创造中，使自己的审美意识获得了物态化的形式。

实物造型甚至文字，其最初的形态都是由其实用功能决定的。器皿的实用功能启迪了先民们的审美意识，物质器皿也因此具有了精神的意义。由实用的简单摹拟到游戏心态的创造性摹仿，实用便进入了审美。加之物质材料逐渐为艺术家所征服，成为传达艺术精神的语言。而艺术家灵心妙悟的传达也受到物质材料自身特征的限制。因而，艺术的构思与作为物质材料或节约物质材料特征的语言水乳交融，方能创造审美的新境界。中国上古文字的创造动因也首先来源于人们交流的需要。人类表情、手势和声音的瞬间即逝性不利于思想的表达和文化的传播，因此就有了对于超越时空的刻画符号和图象的迫切需要。纯粹实用的抽象记事符号，一旦在结构上进入感性化的状态，使抽象符号具体化、节律化，便进入了审美的状态，体现出人文的情调和生命的意识。

从实用到审美，并不限于实用的物品转化为体现审美理想的审美对象，同时还包括主体日常生活的心态转化为审美的心态，从习见的生活感受中升华出来审美的趣味。如庄子所说的庖丁解牛，便是日常生活中升华出来的审美体验。《世说新语·言语》载："简文入华林园，顾谓左右曰：'会心处，不必在远。翳然林水，便自有濠、濮间想也，觉鸟兽禽鱼，自来亲人。'"① 晋简文帝司马昱觉得寻常生活中的鸟兽禽鱼善解人意，自有一番情调。这就超出了日常生活的眼光，衡之以审美尺度，从中体现出主体的审美意识。郭熙《林泉高致·山川训》亦云："君子之所以爱夫山水者，其旨安在？丘园养素，所常处也；泉石啸傲，所常乐也；渔樵隐逸，所常适也；猿鹤飞鸣，所常亲也。"② 以平常之心体味身边草木的审美情趣，感悟到物象的亲和适性，这种方式也使得日常生活变为审美的情境，实用心态转换为审美心态。日常生活和劳动中的节奏升华为艺术的节奏，也是从实用到审美的有力的佐证。审美意识就是这样在心物之间反复融通、物我同一的基础上形成的，既往的审美经验丰富和充实着主体的审美意识。

这些当然并不意味着一切实用物品都必然会转向审美。实用升华为审美，物质对象本身的潜质占有重要的地位。鹅蛋可以孵化出小鹅，鹅卵石则不能。同时，审美是一个历史性的范畴，也许当今的实用器皿如斧、铲等，在美观上已经远远超过了当年的玉斧、玉铲，但我们今天还是把它们视为实用品，而非审美工艺品。可见，从实用到审美是一个历史进程，而这个历史进程又是有限度的。

---

① 余嘉锡撰：《世说新语笺疏》，第121页。

② （宋）郭思编，杨伯编著：《林泉高致》，第11页。

第二节　审美意识的特征

审美意识包括人类社会的审美意识、民族的审美意识、时代的审美意识和个体的审美意识等，它们有着共同性和差异性的双重特征。两者之间，既是迥然不同的，又是相辅相成的。

一、普遍性

审美意识具有一定的普遍性，这是审美活动规律的前提。正是由于它的普遍性，而非“各美其美”，审美活动才能作为科学研究的对象。这种普遍性是人类自身的生理特征和总体自然环境及社会环境的共同性所造就起来的。

人在生理上、在对环境适应上的共同性，使得包括审美意识在内的人类文化心理有着更多的相似之处，而由此生成的文化传统在历史的变迁中依然有着强大的生命力。孟子强调感官感受的共同性，尤其包括耳、目这两种基本的审美感官。《孟子·告子上》曾说：“口之于味也，有同耆焉；耳之于声也，有同听焉；目之于色也，有同美焉。”[①] 这是在强调感官生理机制的共同性。孟子还说：“至于声，天下期于师旷，是天下之耳相似也。唯目亦然。”[②] 虽然主要还是指审美感官，但已包含着心理内容。这正是审美意识的普遍性的基础。

在过去的几百万年中，地球上的人类不可能同出于一源，但各

① （清）焦循撰，沈文倬点校：《孟子正义》，第765页。
② （清）焦循撰，沈文倬点校：《孟子正义》，第764页。

地的类人猿却在不同的地点、面对不同的环境，走出了大体相同的进化之路。虽然语言不一，文字迥异，但其语言文字的发明，神话的形式乃至内容，都有着惊人的相似。东西方人对洪水遭遇的感受，通过拟人化方式的造神，如西方的夏娃、中国的女娲等等，莫不体现出人类感受和思维的共同性。甚至古希腊的苏格拉底、柏拉图的对话体著作与孔子、孟子的对话体著作，我们都没有理由认为他们是相互摹仿过的，而是人类的身心机制在其历程中的必然产物。包括自然科学中的几何、代数、物理等方面的内容，都是科学家通过具有普遍意义的生理、心理基础的逻辑坐标对自然规律的普遍体认。因此，钱锺书在《谈艺录》序中说："东海西海，心理攸同；南学北学，道术未裂。"① 共同的生理机制，以及共同生理机制的基础上，由从宏观上看大体相同的环境所造就起来的心理机制，具有着相当的普遍性。这种普遍性同样是人类审美意识共同性的特点。

审美意识的生成，是主体审美经验自觉化的结果。主体审美的愉快是由几百万年来人类的生理及情绪反应形式的经验积累而成的，并且逐步形成了基本的模式，这种基本模式有着共同的生理结构，也有着大体一致的自然与社会环境造就起来的心理结构，每一个个体都是通过对文化传统和社会氛围的认同而获得审美能力的，这种审美能力与群体有着很大的共同性。

二、差异性

共同性只是审美意识特征的一个方面。另一方面，不同的个体

① 钱锺书:《谈艺录》，第1页。

和民族在不同时代、不同民族的自然与社会生活环境下形成的审美意识，又在普遍性的基础上趋于多元，具有一定的差异性。

审美意识是通过在个体身上建立起心理模式进行活动的。心理模式有其先天的基础，这是人类大体共同的基础。经过后天的感受实践和文化熏陶，呈现出不同的形态。感受是审美活动的基本方式，又是调整心理模式的前提。这种调整以同化为主，同时受着自然环境和社会环境的影响。因此，审美的心理模式的形成，是先天生理构造与后天环境影响的积累逐步形成的。这种心理模式从生理上讲是可以遗传进化的，从心理内容上讲，则又是通过习得不断调整的，后天环境的影响相近的可以被同化、吸收，相异的部分则会推动原有心理模式的改良和变革。

个体的先天气质和后天文化素养有其差异性。先天生理素质的好坏及其挖掘和培养，对审美的心灵会产生重大的影响。中国古代的学者早就重视个体心灵间的差异。《左传·襄公三十一年》有“人心之不同如其面焉”[①]；王充《论衡·自纪》有“百夫之子，不同父母，殊类而生，不必相似，各以所禀，自为佳好”[②]。审美意识也是如此。每一次审美意识的变迁，都经历着从个体的独创到群体的认同，再由群体认同的意识传播到新的个体心中。个体的耳目等感受能力的天赋，不同的气质类型，各自身心发育的早迟，童年时代感悟潜力的开掘和经历素养的差异，以及后天对环境的适应能力和主观努力的程度不同等，都会造成审美意识的差异。甚至主体特定时刻的心境，也会显示出其与众不同的差异。当然，这种个体的独创能力

---

① （晋）杜预注，（唐）孔颖达等正义：《春秋左传正义》，《十三经注疏》，（清）阮元校刻，第2016页。

② （汉）王充撰，黄晖校释：《论衡校释》第四册，第1201页。

须奠定在群体所认同的基础上。个体的独特感受和体验通过艺术作品的传播而启示群体，从而唤醒独特感悟方式的自觉意识。这时审美和艺术方面的天才在身心机制及影响方面占有独特的优势。

审美意识是在一定的自然环境和社会环境基础上形成的。除了个体的先天气质和后天文化修养的不同引起审美意识的差异以外，审美意识生成不同的自然、社会环境基础也会使审美意识呈现出千姿百态的差异景象。如上文所述，中国传统的审美意识有着南北的差异。代表古代北方艺术的《诗经》和代表南方艺术的《楚辞》就呈现出判然有别的艺术风格。

关于“楚辞”所呈现的审美意识生成的原因，刘勰曾发感慨说：“然屈平所以能洞监风骚之情者，抑亦江山之助乎?”① “江山”能促某种审美意识的形成，那么不同的“江山”当然就会造就不同的审美意识。自然环境影响审美意识，首先在于自然环境造就不同地域人的不同性格特征。庄绰说：“大抵人性类其土风。西北多山，故其人重厚朴鲁。荆扬多水，其人亦明慧文巧，而患在轻浅。”②这种性格的差异继而影响着审美意识的差异。所谓“燕、赵尚气，则荆、高悲歌；楚人多怨，则屈骚凄愤。斯声以俗移”③。“南方水土和柔，其音清举而切诣，失在浮浅，其辞多鄙俗。北方山川深厚，其音沉浊而讹钝。”④ “江左宫商发越，贵于清绮，河朔词义贞

---

① （梁）刘勰著，范文澜注：《文心雕龙注》，第695页。

② （宋）庄绰撰：《鸡肋编》，中华书局1983年版，第11页。

③ （明）屠隆撰：《鸿苞》卷十八，（明）屠隆著，汪超宏主编：《屠隆集》第八册，浙江古籍出版社2012年版，第452页。

④ （北齐）颜之推撰，王利器集解：《颜氏家训集解》，上海古籍出版社1980年版，第473页。

刚，重乎气质。”① 这些都在从地域的角度谈审美意识差异的原因。日本学者青木正儿在此基础上作了更明确的阐释：“首先就风土来看，一般地说，南方气候温暖，土地低湿，草木繁茂，山水明媚，富有自然资源。北方则相反，气候寒冷，土地高燥，草木稀少，很少优美风光，缺乏自然资源。所以南方人生活比较安乐，有耽于南国幻想与冥想的悠闲。因而，民风较为浮华，富于幻想，热情，诗意。而其文艺思想，则趋于唯美的浪漫主义；有流于逸乐的华丽游荡的倾向。反之，北方人要为生活奋斗，因而性格质朴，其特点是现实的，理智的，散文的。从而其文艺思想趋于功利主义的现实主义；倾向于力行的质实敦朴的精神。”②

当然，造成这种差异的原因既有南北地理风貌的不同，也有南北文化的差异，例如楚地重巫的文化特征就在“楚辞”中有明显的体现。这些艺术特征的差异正是审美意识差异的具体体现。至于中西的差异就更加明显了，这就不仅仅是自然环境的差异所能解释的，而应该是促成和影响审美意识产生的所有因素共同作用的结果。

审美意识的时代特征也是形成审美意识差异的重要原因。这种时代特征打上了民族的烙印，同时又与时代的总体文化风气息息相关，并且渗透到社会的各个领域。魏晋崇尚飘逸、瘦劲，唐代盛行丰腴等风格，表现在文学、书法及人体等各个领域。《礼记·乐记》谈到谈到治世之音、乱世之音和亡国之音的差异，刘勰在《文心雕

---

① （唐）魏征等撰：《隋书》第六册，中华书局 1973 年版，第 1730 页。

② ［日］青木正儿：《中国文学思想史》，孟庆文译，春风文艺出版社 1985 年版，第 3—4 页。

龙·时序》中也强调了世情和时序对审美趣味的影响。治乱兴废、风气播迁这些时代因素，不仅影响了文学艺术，而且会影响到整个审美意识。

三、共同性与差异性的关系

由于人类在生理特征、生存环境等方面存在着相当的共同点，审美意识及其发展历程无疑存在着一定的普遍性。同时，又由于民族乃至个性等方面的不同点，审美意识还存在着相当的差异性。这种差异性和普遍性相辅相成，又相互制约，共同推动着审美意识的向前发展。

由于主体身心的共同特征，也由于人类所面临的大体相近的环境，以及广泛的交流和沟通，审美意识有着相当的相同之处，并且不断地趋于认同。但民族和地域的差异，具体生活环境的差异，以及个体的差异等，依然在一定程度上存在着。如生活在同样环境里的闰土写不出鲁迅《从百草园到三味书屋》这样的作品，而同样可以在狱中听到蝉声的阿Q写不出骆宾王《在狱咏蝉》那样的五律。由此所产生的个体体验的独特性影响着群体的审美意识，推动着审美意识的向前发展。当然这种差异是奠定在民族共同性的基础上的。即使一些新潮的审美观念，也吸收了前人的优秀成果。陈子昂大骂“文章道弊五百年”，但他自己的作品中依然有骈体文的特点。

在新的共同特性形成以后，还会出现新的差异。世界大同的文化形态短期内不可能实现，而且个体审美趣味的差异还会持久地存在，不断地新生。正因有这种差异存在，审美意识才会不断地得到丰富和发展。也正因有多民族的差异存在，当一个民族的审美意识走向歧途、缺乏生机时，可以借鉴其他民族的审美意识，以获得新的生机。

这种差异性使得审美趣味丰富多彩。独特的审美趣味通过交流可以为人们普遍接受，而获得普遍性，并且可以使既往的审美意识不断地充满生机，具有活力，从而推动着具有普遍意义的审美意识的发展。因此，审美意识的普遍性与差异性是相互制约，又相辅相成的。

在个体的审美体验之间起媒介作用的，便是交流。交流使人们的趣味有更多的共同性，而对个性的伸张又使得趣味趋于多元。正因审美体验有了差异性，才有交流，才能推动审美意识的发展。个体的情感丰富了普遍情感，并且推动着普遍情感的发展，普遍情感又熏陶和丰富了个体的情感，而个体体验和升华本身又超越了个体的体验。

这种交流不仅表现在个体之间，同时表现在不同的民族之间。每个民族都根据自己既存的审美意识及其适应能力，对外来文化中的审美意识进行同化。对大致相近的审美意识，人们从微观上可以吸收两种审美意识间可以认同的差异，同时在误读中获得一定的启示。误读和其他类似的方式，使得审美意识在传承过程中出现变异现象。这种变异现象隐含着进化和退化的成分，通过环境及偶然因素的影响而得以实现。积极的变异现象使得特定民族群体的审美意识不断获得生机和活力。

外来文化对既有审美意识的影响和冲击，不仅使审美意识更具有普遍性，而且推动了审美意识的发展。对外来文化的同化和吸收，既有的审美意识具有自身的适应性的特点。当一个民族自身的文化包括审美意识失去其生命力时，这种文化和审美意识对于外来文化的冲击来说，是不堪一击的。当一个民族自身的文化只是失去活力，还依然有着生存的价值时，外来文化则将被其同化和吸收，并使自身的文化和审美意识获得改良。

第三节　审美意识的变迁

在人类文明的历程中，审美意识有其一脉相承的一面，也有其不断发展的一面，是人们在继承前人成果的基础上在当代积极活动的成果。审美意识随着社会历史的发展而发展。审美意识是流动的、发展的，是在社会的发展中不断变迁的。审美意识随着社会历史的发展变化而产生的变化，是物我双向交流的产物。既往的审美经验丰富和充实着主体的审美意识，独特的地理环境、社会发展道路和精神实践包括审美实践，制约着审美意识的产生和发展，影响着审美意识的特征。而南北差异对审美意识的发展也产生了一定的影响，并在相互交融中产生了独特的效果。虽然由于人为因素的干扰，也由于审美意识在变迁的过程中自身探索的成败得失，审美意识的变迁有时会出现迂回曲折的局面，但从总体上说，审美意识是逐渐进步的，它的发展是一个优胜劣汰的过程。

一、审美意识的传承

审美意识通过遗传和文化环境的影响而得以传承。在此基础上所形成的审美意识有相对固定的成分，也有不断变迁的内容。人们对对象体验的共同性强化了群体对于审美的意义，同时又不排斥个体的体验对审美意识的贡献。在审美意识的发展过程中，其历史传承性和普遍有效性影响着特定社会环境中的个体心理。整个社会的审美意识，乃是通过文化传统和社会氛围得以造就和传承的。审美意识是一种可继承的精神财富，因而有理由经过一代又一代的传承，这种传承可以通过递代、隔代、跨代、跨地等方式进行。

自从达尔文提出进化论以来，西方有不少学者尝试用进化论思想来解释文化的生发、传承与变迁。这样做既有它独到的地方，也有其局限性。借鉴生物学的方法研究文化问题，并非从达尔文开始。早在古希腊时代，出生于宫廷御医家庭的亚里士多德就开始借鉴生物学的分类方法（属和种差），来确定他的科学的定义方法，研究自然科学和人文科学，对西方两千多年的科学和人文学术的研究产生了重大影响。19世纪后半叶，达尔文从生物学的角度研究物种的起源和人的进化，系统地提出了他的进化论学说，并且把这种观点拓展到社会文化领域。到新达尔文主义者，则专门用进化论学说研究文化问题。由于自然科学与人文学术作为科学有着相通之处，两者在发展规律方面也有类似之处，人的文化特征也是以其生理特征为基础的，进化论学术对于研究文化的历史传承与变迁无疑是重要的。但同时我们也要看到，文化的传承与变迁包括审美意识的传承与变迁，与生物学的遗传是明显不同的。

英国当代动物学家和行为生物学家道金斯在他的《自私的基因》一书中，提出了“觅母”（Meme）的范畴，认为除了遗传进化以外，还有一种通过非遗传进化的途径进行自我复制的方式，即“觅母”。文化正是借助于觅母，即个体的学习和摹仿而得以传播、延续和发展的。文化的发展可以用生物学的遗传进化来比拟，但文化的发展、传承和变迁有其自身的规律，它通过非遗传的途径由媒介在体外对心灵发生影响。它的渐进方式，表明它对传统有一定的继承和认同，就像生物进化对基因的传承一样。对于作为整体的人来说，基因和觅母作为自然因素和社会因素，常常是相互支持、相互加强的。道金斯驳斥了群体的行为选择以及由此产生的心理特征和倾向仅仅是通过遗传来进行的说法，认为文化、文化的发展以及文化之间的差异，有着更为深刻的原因。道金斯还认为，生殖的遗传不能永恒，而文化的传播却非常久远。优秀的艺术作品可以久远而完整地流传下去。①

在谈到艺术的变迁与传承时，我曾经这样说："在艺术心灵发展历程中，非文化形态的因素是微不足道的，没有文化形态的中介，个体的艺术心灵要想获得民族既有的高度是不可思议的。一旦摧毁现存的文化形态和个体有生之年的记忆，包括反映在人的言行中的艺术心灵的具体表现，就不可能拥有我们当今的艺术心灵，不可能将千百年来累创起来的艺术心灵发扬光大。那种以为艺术心灵通过集体无意识在心中自然存在由偶然契机唤醒的神话是缺乏依据的。"② 从大处讲，审美意识的变迁也是如此。文化形态，包括整个生存环境都是延续和发展审美意识的环境。它们所起的作用，即道金斯所谓的"觅母"，使审美意识的传统得以继承。虽然人们可以把它比喻成基因，而且也有一定的生理基础，但从根本上说，它与遗传和基因是不相同的。

事实上，19世纪以后的学者谈文化的进化，大都是在比附的意义上使用"进化"这个词的。只有荣格的集体无意识的原型理论，认为人类集体的经验在心理深层可以通过遗传而得以延续。但

---

① ［英］道金斯：《自私的基因》，卢允中、张岱云译，科学出版社1981年版，第263—281页。

② 朱志荣：《中国艺术哲学》，华东师范大学出版社2023年版，第274—275页。

是，这种说法充其量只是一种假说，无法得到严密的论证。文化活动和审美活动，影响了生理机制和神经机制的进化，并且使感官的接受方式和情感在生理上的表现形式，逐步丰富和发展。这种生理上的特征，是可以通过遗传的方式，不断延续和发展的。而在审美意识中，心理层面的变迁，虽然有类似于遗传的复制方式，但它是通过体外，以文化传播的方式进行的。人的心理因素是不会遗传的，只有与心理因素相匹配的生理基础，如情绪的生理机制、反应、感受等，才可以遗传，为新一代的生命接受和传承新时代的审美意识等心理活动提供生理基础。

不同时代和民族间个体身心的一致性是审美意识得以传承的基础。审美意识的传承，要以认同为前提。不能得到他人认同的审美意识，只可能遭到阻拒，而不能在不同的个体间进行传递。在生理感受、心理反应机制、思维方式、价值取向等方面，不同民族和时代的人具有一定程度的共同性。这就意味着对待同样的对象，人们可能产生同样的感受，有共同的思考方式和评价标准，而不是“各美其美”“趣味无争辩”。也就是说，某一个体的审美意识是基于一定的身心机制产生的，而这种身心机制在不同个体上又有着一定程度的共同性，所以，某一个体的审美意识就可能得到他人的赞同，在赞同的同时，就是对其中的合理成分予以吸纳和接收，这正是审美意识传承的一种方式。例如中国传统的审美意识为什么能在现在人的心理占据一定的位置，是因为现在人与古代人身心机制（包括反应方式、思维方式等）的一致，所以能对传统的审美意识表示赞同，从而在无形之中完成了审美意识的传承。

文化和审美意识在个体身上的生成，除了基本的生理机制等前提条件外，是通过已有的物质文明和精神文明这类文化形态，包括社会生活环境作为中介进行的。例如自然对象就对审美意识的传承产生了重要作用。自然环境作为相对稳定的存在物，对人们的审美活动来说，是一个不变的刺激源。自然山水本身作为审美活动的对象和主体的生存环境，长期地刺激主体的感官、陶钧主体的心灵，影响着审美的感官和心灵的造就，因而也同样可以作为审美意识传承的中介。大自然的花开花谢，日升日落，在几千年的历史中，以不变的生命节律，通过相对固定的方式刺激着不同人的感官。如果说花开花谢让古代人感受到了大自然的生命律动从而获得审美的感受的话，它也以同样的方式刺激着后来的人们，也让后人获得同样的审美享受，在这种审美享受上形成的审美意识就得到了传承。在审美的层面上，自然山水也可以作为文化形态，独立或依附于文学艺术作品在审美意识的继承发展中发挥作用。作为一种精神食粮，自然山水可以超越物质的障蔽，作为文化形态独特地发挥作用。如上所说，这些看似外在于人们的自然对象，实际上却承载着人们的审美意识。万古长东的流水中承载着孔子关于水的“比德”审美思维，千变万化的巫山孕育承载着人们关于爱情的审美趣味，当不同时代的人们看到这些景象的时候，都自觉不自觉地想起了其中包含的古人的审美意识，它便以活教材的形式不断给后人以审美意识的启示和强化，从而实现审美意识的传承。

除了自然对象外，还有包括各种具体文化的人造对象对审美意识的传承作用。审美意识的继承与创新永远离不开在其中起中介作用的文化形态。在自然向人的生成的过程中，个体身心机制的不断进化，为审美意识的后天继承提供了先决条件。但这种身心进化并不能取代文化作为社会背景和中介，在审美意识发展过程中的中介意义。主体的审美意识的心理机制和社会性内涵不能像生理机制那样遗传，但可以通过具有物化形态的艺术作品等为中介，一代一代、一个一个地造就着后继者，使得整个社会形成一个健全的审美意识传统。

在社会生活中我们可以看到，人的精神实践虽然是在社会生活等基础上形成的，但它的变化往往滞后于社会实践，表现出巨大的惯性。从历史上看，社会实践特别是政治形态的巨变会很截然地打断某一族类文化心理的传承，包括审美意识的传承。由于政治的需要或政治家的好恶，人们往往试图建立一种崭新的审美意识，阻断既有传统的传递。但是，人们精神实践的惯性往往使这样的企图难以得逞。虽然时代变了，某一特定审美意识赖以产生的基础也变了，但传统的审美意识却依然能得以传承。欧阳修在《苏氏文集序》中说："余尝考前世文章政理之盛衰，而怪唐太宗致治几乎三王之盛，而文章不能革五代之余习。"① 这里的"五代"是指宋、齐、梁、陈、隋前五代。唐太宗时代的政治风貌虽然与五代的情况大不相同，但文章却依然保持着五代的一些特点。也就是说五代的审美意识被顽强地传递到了社会历史环境很不相同的唐代，这就不能不从人们精神实践的惯性中去找原因。

审美意识是在审美活动中形成和发展的，同时又在具体的审美活动中起支配作用。审美意识的传统与总体文化传统一样，有自己延伸、继承的内在规律，常常不以个人的意志为转变。个体的审美活动依托于主体的审美意识，乃是审美意识的具体运用。任何审美活动都不能独立于审美意识之外，从某种程度上说，审美活动是审

---

① （宋）欧阳修撰，洪本健校笺：《欧阳修诗文集校笺》第二册，上海古籍出版社 2009 年版，第 1064 页。

美意识的客观化。一次审美活动中的异常表现，或瞬间的偶然因素，不足以改变审美意识的根本特征。

二、审美意识发展的动因

审美意识在传承的同时又有着发展变迁。只有如此，才能保持生生不息的生命力。《周易·系辞上》说："参伍以变，错综其数：通其变，遂成天地之文；极其数，遂定天下之象。非天下之至变，其孰能与于此?"[①] 陆贽在《杜亚淮南节度使制》也说："妙于用而有常，通其变而能久。"[②] 正所谓"变则通，通则久"[③]。白居易《废琴诗》说："丝桐合为琴，中有太古声。古声淡无味，不称今人情。玉徽光彩灭，朱弦尘土生。废弃来已久，遗音尚泠泠。不辞为君弹，纵弹人不听。何物使之然？羌笛与秦筝。"[④] 正是"变"才使审美意识保持着丰富性。个体的身心变化及创造意识，环境、时代及外来刺激，是审美意识变迁的重要因素。审美意识的发展有赖于生理机制的进化，而文化的发展也影响着生理机制的进化。不过相比之下，生理机制的进化是相当缓慢的，文化的发展则要迅速得多。因此，我们在讨论审美意识的变迁时，既要考虑到它的生理基

---

① （魏）王弼注，（唐）孔颖达正义：《周易正义》，《十三经注疏》，（清）阮元校刻，第 81 页。

② （唐）陆贽著，刘泽民校点：《陆宣公集》，浙江古籍出版社 1988 年版，第 76 页。

③ （魏）王弼注，（唐）孔颖达正义：《周易正义》，《十三经注疏》，（清）阮元校刻，第 86 页。

④ （唐）白居易著，谢思炜校注：《白居易诗集校注》，中华书局 2006 年版，第 28 页。

础，更要考虑到社会文化因素对它的影响。

如上文所说，文化和审美意识在个体身上的生成，除了基本的生理机制等前提条件外，是通过已有的物质文明和精神文明这类文化形态，包括社会生活环境作为中介进行的。但在此基础上，个体可能由自己人生的独特体验而得以将已有的文化和审美意识进行丰富和发展。按照道金斯的说法，“觅母”这个词与记忆、相同和拷贝有关。詹金斯曾说，小鸟发明新歌，常常是它摹仿老歌时的差错造成的。道金斯受此启发，认为觅母传播中的差错也会促成文化的变迁。其实在审美意识的传播中也可能有这样的情况，只是有时的确可能因为传播的误差，但更大程度上是个体的主动独创。

个体在自己的审美实践中常会显示出自己的个性和独创性。这种个性和独创性又常常丰富着群体的审美意识，推动着审美意识的向前发展。个体的每一次具体的审美活动，每一次具体的独特审美体验，都是推动审美意识前进动力的一部分，都在为审美意识的丰富和发展而努力。尤其是优秀的艺术家等，在自己的生活背景中，对审美意识的发展起着强劲的推动作用。可以说，一次次具体的审美体验，是审美意识变迁的阶梯，也是整个人类文明进步的有机组成部分。其实，历史上的很多审美意识的丰富或变迁，正是在一些天才艺术家的独创下造就的。他们的创造性活动可能很多，但那些能为人们普遍认同的，便逐渐融入到整个时代、民族甚至人类的审美意识中去。在明代，文学流派纷呈，它们往往以某一创造性的作家或文论家为旗帜，掀起一波又一波的文学改革浪潮，从而带来审美意识的变迁。钱谦益在《列朝诗集小传·袁稽勋宏道》评价公安派的袁宏道和竟陵派的钟惺时，认为公安末流“狂瞽交扇，鄙俚公行，雅故灭裂，风华扫地。竟陵代起，以凄清幽独矫之，而海内之风气复大变”[①]。可见，作为领军人物的袁宏道和钟惺对特定时期审美意识的变迁有着不可忽视的作用。

自然环境在审美意识的生成和传承中都起着重要的作用，理所当然也会促使审美意识的变迁。因为自然环境在相对的稳定中也会有变的成分。从个体上来讲，历史上的确存在一些艺术家因为环境改变而带来的审美趣味的改变。例如北朝诗人庾信，在北渡以后表现的艺术风格就与在故国的时候截然不同，这当然有即将谈到的社会环境和个人心境的变化，但也不能排除所生活的自然环境的改变而带来的审美意识的变化。从整体上来看，古代人生活在自然怀抱中建造的园林所代表的审美意识与现代人生活在都市的建筑艺术所表现的审美意识就很不相同。

社会历史环境的变迁对审美意识的变迁也产生了重要作用。刘勰在《文心雕龙·时序》中明确指出：“文变染乎世情，兴废系乎时序。”[②]《毛诗序》上有云：“至于王道衰，礼义废，政教失，国异政，家殊俗，而变风、变雅作矣。”[③] 变风、变雅所代表的审美意识不同于“风”“雅”所代表的审美意识，这种审美意识变迁的原因就是“王道”“礼义”“国政”等社会历史环境的改变。孔颖达说：“然则《诗》理之先，同夫开辟，《诗》迹所用，随运而移。上皇道质，故讽喻之情寡。中古政繁，亦讴歌之理切。唐、虞乃见其初，牺、轩莫测其始。于后时经五代，篇有三千，成、康没而颂声

---

① （清）钱谦益著：《列朝诗集小传》，上海古籍出版社 1983 年版，第 567 页。

② （梁）刘勰著，范文澜注：《文心雕龙注》，第 675 页。

③ （汉）毛亨传，（汉）郑玄笺，（唐）孔颖达等正义：《毛诗正义》，《十三经注疏》，（清）阮元校刻，第 271 页。

寝，陈灵兴而变风息。”[①] 也就是说，社会政治风貌等因素影响着审美意识支配下的艺术风貌。欧阳修在《与荆南乐秀才书》中记载：“天圣中，天子下诏书，敕学者去浮华，其后风俗大变。今时之士大夫所为，彬彬有两汉之风矣。”[②] 可见社会政治力量对审美意识变迁的巨大影响。社会历史环境中还有一股文化意识的力量，它们的变迁，同样极大地影响着审美意识的变迁。例如佛教作为一种文化意识传入中国，就对中国本土的审美意识产生了重要影响，以至于，一些佛教思想因素现在已成了中华民族的审美意识中的重要组成部分。

审美意识的创新与变迁，是由多元复合的动力所推动的，而社会变革的冲击更是起着直接的作用。社会变革对社会的冲击通常是全方位的，从外在形式到内在心灵，这就不能不波及到审美意识。这常常不是以个人意志为圭臬的。它的发展有其不能凭统治阶层、少数意识形态领袖或个别文人的意志所左右的势不可挡的一面，这就是带有自发性的进化，通过实质性的量变，而致形式的突变。统治阶级的倡导和天才敏锐的创造性，只能循着审美意识变迁的大势推波助澜，而不能由逆潮流而动取得成功。有些“精英”的审美理想或意图，特别是体现这类“精英”的观念的艺术作品，虽然可以通过舆论炒作盛极一时，但从本质上讲，这只是一种假象，无法植根于社会文化心理。一旦时过境迁，便会烟消云散。传统的审美意识尽管总是雅正观念占着上风，但民间

---

① （汉）毛亨传，（汉）郑玄笺，（唐）孔颖达等正义：《毛诗正义》，《十三经注疏》，（清）阮元校刻，第 261 页。

② （宋）欧阳修撰，洪本健校笺：《欧阳修诗文集校笺》第二册，第 1174 页。

符合规律的审美意识却常常势不可挡地冲击着正统观念，并最终被认同为正统。如汉乐府民歌等。因此，审美意识的变迁，从现象上讲是迂回曲折的，从实质上讲，有着自身的发展轨迹。一些流行的趣尚和艺术作品，单靠炒作和强行的推动，最终是要被历史淘汰的。

人类社会是永不停息地向前发展的，因而审美意识也是永不停息地向前发展的。现存的审美意识，是丰富的审美体验的结晶。审美意识依附于具有审美价值的感性物态，在主体反复的审美实践中，不断地得到灌溉和滋养，从而能保持持久的活力。对象的感性物态造就了我们审美的心灵，并且时时地养护着它，不断地推动着它的发展。

三、审美意识发展的方式

像所有的事物发展变化一样，审美意识的变迁经历着潜移默化的渐进和外在形态的突变的过程。审美意识的变迁不是一朝一夕、一蹴而就的。在审美活动过程中，审美意识无时无刻不在不断地丰富自己，改良自己，给自己以活力。只不过事物在其变迁过程中由微而著，由量变到质变，处于各个发展阶段的表现形态不同而已。与物质文明有所不同的是，审美意识的发展，必须以现有的审美意识的传统为根基，在时代精神的感召下，在外来文明的刺激下，经过现有的审美意识的同化和顺应才能得以实现。传统、民族特色及个性风采都会在新的审美意识中获得体现。任何一个文明的社会，都不可能凭空移植外来的审美意识。

审美意识的变迁，是一个翕辟成变的过程。“翕辟”源于“阖辟”，《周易·系辞上》有：“一阖一辟谓之变。”[①] 用来表现阴阳化生的生命节奏的。熊十力用翕辟成变指事物相反相成的发展变化。它也同样可以借用来表述审美意识的变迁。翕为外在对象，包括感性的自然、艺术等文化形态和外来文化，这些对象始终以其感性形态刺激感发着心灵。辟为主体接受感性物态感发的心灵。审美的心灵受到感发，不断产生新的感受。这种感受，有其不变的一面，即由身心基础所带来的共同感觉；也有其不断创获的一面，即由瞬刻特定的心态所带来的独特体验。独特的体验丰富了既有的审美意识，而新的审美意识又影响到主体对对象的感悟方式和选择接受。审美意识正是在这种对象与心灵双向交流中获得推动而不断变迁的。每当既有的审美意识濒于僵死，走进死胡同时，清新的感性形态的刺激则可以改良它，使其重获生机。因此，翕作为感性物态包括外来文化和体现在文化中的时代精神等，作为审美意识发展的动力在能动地推动着审美意识的变迁。

审美意识的变迁体现着渐进与突变这两个环节的有机统一。中国古代对于事物变迁的思想，首先表现在《周易》之中。张载在《横渠易说·乾》中说：“变，言其著；化，言其渐。”[②] 《张子正蒙·神化篇》中也说：“变，言其著；化，言其渐。”朱熹也有相关的论述：“化是渐化，变是顿变。”[③] 审美意识的发展首先是渐进的。这种渐进是以已有的传统为依托的。这个传统在总体趋势上，

---

① （魏）王弼注，（唐）孔颖达正义：《周易正义》，《十三经注疏》，（清）阮元校刻，第 82 页。

② （宋）张载著，章锡琛点校：《张载集》，第 70 页。

③ （宋）朱熹撰：《朱子语类》三，朱杰人等主编：《朱子全书》第十六册，第 2385 页。

是一个延续的历程。而突变又是通过渐进来实现的。一场轰轰烈烈的变革之后，我们会发现，我们比传统并没有进步多少。但这种进步有时又必须通过突变不可。虽然这种变革的进步是微小的，却又是很重要的。它常常影响着未来的发展方向。因此，突变是渐进的结果，而且也是变革所必需的。我们通常从微观上强调创新与进步，目的在于推动传统的发展。事实上，传统的惰性使得每一步创新常常需要花费莫大的气力，以激烈的反传统的姿态，甚至矫枉过正。而在历史的长河中，经历了如此大的气力所推动的发展，其业绩又显得相对渺小。

审美意识体现了感性与具有理性的文化的统一。审美意识一方面始终不脱离感性形象，凭借意象的感性形态而发挥作用。另一方面，在审美意识的深层包孕着升华了的广泛的思想。这些思想空灵迹化，超越了认知的层面和狭隘的功利观念。寻常我们为着学术研究的需要，惯于将真、善、美区分开来，其实它们相互之间有着一定的联系。对象的形式规律，主体的生理节律，都是可以由感知而进入到科学的研究领域，作为科学知识去成为审美意识的基础的。而钟情于万物的怜悯恻隐之心，顾惜之心，正是道德意识对审美意识的影响。因此，对规律性体认和道德意识的深化，势必影响着审美意识，整个文化的发展影响着审美意识的发展。

审美意识既是既往审美经验的成果，又是未来审美实践的前提。作为既往的成果，审美意识有其相对稳定的传统。它潜移默化地影响着群体。作为未来实践的前提，它在实践中必然会受到挑战，获得改良和发展的推动力。古往今来，无论是打着复古的旗号，还是提倡激进的变革，抑或倡导平和的改良，只是表现的形式不同，处于发展的阶段不同以及位置不同而已。

但审美意识的变迁又是有着自身的规律的，这个规律在很大程度上体现在传统之中。传统在审美意识的变迁中起着重要作用。传统中常常包孕着未来的发展趋势和端倪。当社会变革冲击审美意识时，传统可以作为参照坐标和调整偏颇的力量。审美意识始终沿着自身的传统接受来自时代和外来的相关意识的冲击和影响，而作出适当的调整，以此不断衍生和变迁。因此，审美意识在其发展中，有其不变性的一面，也有其延续性的一面。这种不变性和延续性正蕴涵在传统之中。在初唐文学中，陈子昂及王勃、杨炯等人，虽然激烈地抨击齐梁形式主义文风缺乏气骨，但他们自己的作品也深受其影响，汲取乃至传承其有价值的一面。我们常常重视保护优秀的人类文化艺术遗产，这不仅是因为在现实的审美价值等，更重要的是它具有传统的意义，影响着人们审美意识的发展方向。

总之，审美意识是审美心态中的自觉部分，通过审美感官发挥作用，感官的体验在情感的交流中获得升华，是审美活动中自觉性和非自觉性的统一。当今的审美意识形态乃是由传统、时代精神、外来影响和天才的创造等多种力量拧成合力的结果。具有社会性特征的审美意识永远是通过个体来体现的，具体的审美实践，只是个体对主体长期以来所形成的审美意识的运用。抽象的审美意识总是在不同个体、不同时代和不同民族的审美实践中体现出来，它们会因个体、时代、民族的不同而展示出色彩斑斓的差异，但这种差异又不是绝对的，差异中包含着共性和普遍性。不管是普遍的审美意识还是独具个性的审美意识，都是人类的精神财产。

第六章

审美意象论

审美意象是审美理论研究的核心。审美意象中包含了主体审美活动的成果，主体与对象的审美关系最终凝结为审美意象。审美意象就是我们通常所说的美。从这个意义上说，美不是单纯的对象的物象，而是主体在审美活动中融汇了与之契合的主体情意的结果，从中体现了主体的创造精神。审美对象的特征，在于它既能在主体的心目中具有普遍有效性，又能触发个体的独特体验。而个体与对象所结成的审美意象则既有普遍性，又有独特性。我们不能仅仅根据审美意象的普遍性的一面，而强调它的绝对性，以为对象的美就在于对象本身，不管我们是否体验到或如何体验，它的属性都是纯然自在的。同时，我们也不能仅仅根据审美意象独特性的一面而强调它的无规律性，甚至得出“各美其美”的结论，这样，审美本身就无规律可言了。

中国的意象思想起源于《周易》，而作为审美范畴使用的意象，则从刘勰的“独照之匠，窥意象而运斤”① 开始。在刘勰的影响下，明代中叶之后，“意象”这一概念的使用越来越广泛，理论上的探讨也不断深化发展，时至今日，意象已经完全融入审美活动的范畴之中，成为审美意象的代称。

第一节　审美意象的基本内涵

审美意象就是审美活动中所产生的“意中之象”，是主体在审美活动中，通过物我交融所创构的无迹可感的感性形态。其中的“意”，是主观的情意，也不同程度地融汇着主体的理解；其中的“象”，是情意体验到的物象，和主观借助于想象力所创构的虚象交

① （梁）刘勰著，范文澜注：《文心雕龙注》，第493页。

融为一。意与象合，便生成了审美活动的成果——情景交融、虚实相生的意象，包含意、象和象外之象三个方面的内容。

一、意

在古汉语中，“意”是一个义域很广的范畴，主要指心灵活动的内容或精神。《说文》释为“志也，察言而知意也”。段注释为“心所识”、测度和记，如意（臆）度，忆（憶），均为想法或看法。最初指想法，如意向、意念、意态等，后来扩及到情感，如意中人、意味、意气等，并扩及到预料、想象和愿望等心理活动状态，如意料、意外、意度、意造、志得意满，有时还特指主体的艺术构思，如意在笔先、意匠等。

在审美的意义上，意主要指主体的情意，以情感及其趣味为根本特征，但又不只是限于情感，还包括情感的趋向，在情感中作为内聚力的理。董仲舒《春秋繁露·循天之道》云：“心之所之谓意。”[①] 朱熹则在此基础上专门阐述了意的心理特征，“情是发出恁地，意是主张要恁地。如爱那物是情，所以去爱那物是意”[②]、“情如舟车，意如人去使那舟车一般”[③]、“情是动处，意则有主向”[④]、

---

① （清）苏舆撰，钟哲点校：《春秋繁露义证》，第452页。

② （宋）朱熹撰：《朱子语类》一，朱杰人等主编：《朱子全书》第十四册，第231页。

③ （宋）朱熹撰：《朱子语类》一，朱杰人等主编：《朱子全书》第十四册，第231页。

④ （宋）朱熹撰：《朱子语类》一，朱杰人等主编：《朱子全书》第十四册，第232页。

“如好恶是情，‘好好色，恶恶臭’，便是意”①。意中体现了情理交融，使情有所向。其中情感不但是意的核心内容，而且是审美活动的动力，它使得虚实相生的象浸染着、饱含着情感色彩。审美意象作为审美活动创构的成果，其意包含了主体对对象在感受过程中的领悟和对社会功利的不自觉的意识。

不同的情感欲求决定着不同的审美需要，反过来也影响着所能驱使并发生作用的“意”的广度和深度。审美意象始终体现着审美主体头脑中主客观的协调，在创建主体和接受主体的体验中它的意味是不同的。尽管有一定理性思维的参与，但作为主体心理性、观念性、意向性的产物，情感总是优于逻辑从而在审美意象的形成中保持着平衡的张力。

“意”的这种综合心理功能特征反映在中国古代对于文学艺术基本功能的讨论中。过去有人将中国的诗学传统分成“言志”和“缘情”两派。其实，情与志是并不矛盾的。孔颖达《〈左传·昭公二十五年〉正义》中明确说：“在己为情，情动为志，情志一也。”② 又《〈诗大序〉正义》：“感物而动，乃呼为志，志之所适，外物感焉。”③ 直到汤显祖《董解元西厢题辞》还说：“志也者，情也。”④

---

① （宋）朱熹撰：《朱子语类》一，朱杰人等主编：《朱子全书》第十四册，第232页。

② （晋）杜预注，（唐）孔颖达等正义：《春秋左传正义》，《十三经注疏》，（清）阮元校刻，第2108页。

③ （汉）毛亨传，（汉）郑玄笺，（唐）孔颖达等正义：《毛诗正义》，《十三经注疏》，（清）阮元校刻，第270页。

④ （明）汤显祖撰，徐朔方笺校：《汤显祖诗文集》下册，上海古籍出版社1982年版，第1502页。

志与情是相近的，意是包含着情、志的。《国语·鲁语下》言师亥云“诗所以合意”①，当与“诗言志”是同一个意思，《说文》也释意为志。其意志不仅包括情感，同时还包括怀抱、愿望等。郑玄在《尚书·尧典》注中将志意并提，说：“诗言人之志意。”② 其志、意当为同义，作强调用。因此，缘情与言志两者，只是“缘情”在强调情感，与言志是并不矛盾的。主体通过情意去悟，而知性融于其中。

审美活动中的意，包含着具体的历史内容，包含着文化背景或文化意味，构成了相对的意象模式，并且形成传统。如中国古代诗文中以“碧血”为意象模式，源于东周因正义而于九旬蒙冤的苌弘碧血丹心的传说，象征着赤胆忠心；以“鸿雁”为意象模式，源于苏武传书的传说，寄寓人们对故乡的思念；斑竹源于娥皇、女英追念舜帝、泪洒湘竹，象征着挚诚的爱情，这些都以自然的感性物态的某些特征为前提，以世间人情相通之处为契机，借助于想象力拓展其寓意。如悲秋的传统，便以自然界秋天的荣枯代序，感慨人生之多磨难。这种情意中的社会历史因素，是通过即兴感发而达成实现的。

在审美活动中，主体受外物感发而导致情感的抒发。但抒情时，实际上是在达意，而不仅仅限于情。屈原《九章·惜诵》“发愤以抒情”③，其所抒发的情中，当然也包含着作者的理想与抱负，而不仅仅限于“情”自身。在先秦时代，文学艺术观念尚未完全独

---

① 徐元诰撰，王树民、沈长云点校：《国语集解》，第200页。

② （汉）孔安国传，（唐）孔颖达等正义：《尚书正义》，《十三经注疏》，（清）阮元校刻，第131页。

③ （宋）洪兴祖撰，白化文等点校：《楚辞补注》，中华书局1983年版，第121页。

立开来，对文学艺术的道德教化功能给予了足够的重视。但艺术的教化毕竟不同于说教。志意之中无疑突出了情感的感发。有人将文学艺术的审美功能与其他功能对立起来，也是错误的。艺术在具有审美功能的基础上，具有相当的认识功能和教化功能，是完全可以的，也是非常必要的。这些认识功能和教化功能不仅不会削弱其审美功能，反而会强化其审美功能。

因此，在审美过程中所创构的意象中（包括处于审美活动中和物化在艺术作品中的），意，既以情感为核心，又包含着其他心理内容，尤其是理（包括天理和人理）。这些其他心理内容，既与主体单纯的知觉和意志等迥然不同，同时，主体的知觉和意志与审美又不是绝然对立的。在意象里的象与情意关系中，情意是意象的核心，是意象的灵魂。有了情意，那引发情意涌动的物象方能具有审美价值。情意流贯其中，物象方有生气和主宰。

二、象

意象中的“意”是寄寓在“象”中的。无象则意便如冤魂野鬼，无所凭依。象不仅包括外在的物象，而且还包括主体的拟象。《周易·系辞上》：“圣人有以见天下之赜，而拟诸其形容，象其物宜，是故谓之象。”[①] 对此，孔颖达在《周易正义》中对之作了疏解，“‘而拟诸其形容’者，以此深赜之理，拟度诸物形容也”[②]；“‘象其物宜’

① （魏）王弼注，（唐）孔颖达正义：《周易正义》，《十三经注疏》，（清）阮元校刻，第79页。

② （魏）王弼注，（唐）孔颖达正义：《周易正义》，《十三经注疏》，（清）阮元校刻，第79页。

者，圣人又法象其物之所宜”①；又说：“义，宜也。”②。象是通过比拟和象征的“表意之象”，这种“意象”，人们当然也应通过联想、想象等心理才能认识得到。叶燮在论述诗的本质和创作过程时说“诗是心声”③，是“遇于目，感于心，传之于手而为象”④。

象的生成，包含着对外物的体悟和抽象，从卦象开始。早在远古时期，圣人取法天地万物，从而创造出了八卦图式。《易传·系辞下》中说：“古者包牺氏之王天下也，仰则观象于天，俯则观法于地，观鸟兽之文，与地之宜，近取诸身，远取诸物，于是始作八卦，以通神明之德，以类万物之情。”⑤ 说明象很早就不是天命神意的指归，而是对自然界观察体悟的结果。

远古的人们通过实用工具的使用和加工积累了造型能力，其中包括主体的记忆力和合目的性的改造整合力。观象制器正是意象创造功能的一种体现。从粗糙的工具逐渐走向精细，器形也日益丰富，从中体现了强烈的节奏感和韵律感，不仅满足了使用的功能，而且还满足了精神的愉悦。这种精神的愉悦，逐渐走向审美，从而使实用功利得以升华。

对于审美活动来说，象必须具有强烈的感染力。天地万物形态

---

① （魏）王弼注，（唐）孔颖达正义：《周易正义》，《十三经注疏》，（清）阮元校刻，第79页。

② （魏）王弼注，（唐）孔颖达正义：《周易正义》，《十三经注疏》，（清）阮元校刻，第86页。

③ （清）叶燮著，霍松林校注：《原诗》，人民文学出版社1979年版，第52页。

④ （清）叶燮撰：《已畦集》，上海古籍出版社编：《清代诗文集汇编》第一〇四册，上海古籍出版社2010年版，第400页。

⑤ （魏）王弼注，（唐）孔颖达正义：《周易正义》，《十三经注疏》，（清）阮元校刻，第86页。

各异，而进入审美领域、激发人们强烈共鸣的象，经历了主体的审美选择，具有丰富的内涵，带给人们心灵的震撼和回味。《诗经·王风·黍离》："彼黍离离，彼稷之苗。行迈靡靡，中心摇摇。知我者谓我心忧，不知我者谓我何求。悠悠苍天，此何人哉！"① 这位东周的大夫路过故都镐京，看到原来的宫室殿堂之地，都变成了禾黍之地。面对故国的衰败，黍稷下面埋藏着对故国的怀恋和深沉的悲怆。主体抑制不住感情的迸发，以至于如痴如醉，忧心忡忡，呼天抢地。作为象的黍离无疑具有强烈的感染力，之后在感叹故国衰亡的作品中屡屡出现。

主体对于"象"的领悟，还充分体现了主体"意"的主导作用，这种主导作用，长期以来形成了一个文化传统。这种传统与自然环境的世代熏陶和人文因素的中介密切相关，如"杨柳依依"，乃是特定环境与主体情意之间的一种感发和影响。久而久之，主体在审美的思维方式中，便把对象视为情意的对象。对象与情意之间，便能达成一种默契，使意与象相互契合，乃至感时伤世，发出物犹如此、人何以堪的感慨来。审美意象的生成正是在这种感先触随的状态中进行的。廖燕《意园图序》"意在而形因之"，"万物在天地中，天地在我意中，即以意为造物，收烟云丘壑楼台人物于一卷之内，皆以一意为之而有余"②。正是在说意的主导作用。

主体以意会象，正如庖丁解牛"以神遇而不以目视，官知止而神欲行"③。实际上是透过对象的感性物象和主体的感官，而以

---

① （汉）毛亨传，（汉）郑玄笺，（唐）孔颖达等正义：《毛诗正义》，《十三经注疏》，（清）阮元校刻，第 330 页。

② （清）廖燕著：《二十七松堂文集》，上海远东出版社 1999 年版，第 90 页。

③ （清）郭庆藩撰，王孝鱼点校：《庄子集释》上，第 127 页。

主体的情意与对象的内在生意相合。主体心有灵犀一点通，凭借想象力的弥合，使内在的情意与对象的感性物象及其内在的风神贯通起来。苏轼《书晁补之所藏与可画竹》："其身与竹化，无穷出清新。"① 这种身与竹化的状态，正是主体情意与竹的感性物象和内在风神的沟通，使竹有无穷的清新与无尽的意趣。庄周梦蝶，不知何者为周，何者为蝶，描述的正是这种以意会象的特征，而不是主体的感性生命形态与对象感性物象的契合。钱锺书曾说："要须流连光景，即物见我，如我寓物，体异性通。物我之相未泯，而物我之情已契。相未泯，故物仍在我身外，可对而赏观；情已契，故物如同我衷怀，可与之融会。"② 也在说明物我交融，乃其主体以意会象，而不见以身合象，身与物象正有着一定的距离，而主体的情意却与物象及其内在生机相契相合，浑然为一。

无论是在审美活动中还是在艺术创造中，物象通过心灵的体验在与情意的融合中成为心象。心象等量外化，作为内在精神的需要，突破有限的物象本身，溢出物象的内在生命精神。心象超量外化，为了主体情意与物象相互交融，达到浑然为一，对有限的物象通过想象力进行扩展和弥补，使得物象所蕴涵的生机获得更充分的表现，也使得情意与物象之间的关系变得更为理想，更为贴切。

中国文化的尚象精神体现了审美的思维方式。象不仅反映了感性物态的体悟，而且还有拟象、类比、象征等义，这就超越了固有的物象本身。主体通过拟人化的方式使物象与人的内在生命相感通。

---

① （清）王文诰辑注，孔凡礼点校：《苏轼诗集》第三册，第 1522 页。
② 钱锺书：《谈艺录》，第 53 页。

三、象外之象

在主体情意与物象相互交融、浑然为一的过程中，主体情意的多样性和丰富性常常又是物象所不能完全对应的。尤其是一个个特定的个体，更是有着自身的独特特征。这就要求主体在物象的基础上，凭借自身的想象力，通过象外之象，对有限的物象进行拓展和弥补，使得物象所蕴含的生机获得更充分的表现，也使得主体的情意与物象之间的对应关系变得更理想，更贴切。同时，审美意象在本质上是自由的象征。其象外之象，便进一步使得审美意象获得无限的显现和生生不穷的时空。皎然《诗评》说“采奇于象外”①，正是说艺术当意溢于象外，故不能拘泥于象内，审美意象的创构也正是如此。

象外之象作为一种意想之象，需要主体的积极参与。想象力是象外之象协助情意与物象交融的关键。王弼《周易略例·明象》认为象不尽意，故需“得意忘象”②，也当以象外之象助其得意。刘勰在《文心雕龙·神思》中，着重提出“神与物游”③，即主体的情意凭借想象力自由地与对象的感性物象之间的相互交融。他主要是从艺术构思的角度谈的，也同样适用于审美意象的创构。在这个过程中，想象力使得主体的情意能随心所欲地交融为一。黄侃

---

① （唐）皎然著，李壮鹰校注：《诗式校注》，人民文学出版社2003年版，第376页。

② （魏）王弼著，楼宇烈校释：《王弼集校释》，中华书局1980年版，第609页。

③ （梁）刘勰著，范文澜注：《文心雕龙注》，第493页。

《文心雕龙札记》认为神与物游，“此言内心与外境相接也。内心与外境，非能一往相符会，当其窒塞，则耳目之近，神有不周；及其怡怿，则八极之外，理无不浃。然则以心求境，境足以役心；取境赴心，心难于照镜。必令心境相得，见相交融，斯则成连所以移情，庖丁所以满志也。”① 即主体通过想象力，使内心与外境相符合。

联想在象外之象的创构中起着重要作用。通过眼前相关、类似或对比的情形，引发主体的特定联想。如李清照《武陵春》：“物是人非事事休，欲语泪先流”，由眼前景物而触发悲切、凄苦之情，今非昔比，国破家亡，正与昔日美满而和谐的生活形成强烈的反差。崔护《题都城南庄》：“去年今日此门中，人面桃花相映红。人面不知何处去，桃花依旧笑春风。”由桃花而联想到昔日在此所见的人面。人面桃花，两者之间的类似触发了联想。作者依恋去年那令人心旌神漾的邂逅，于是触景生情，变得惆怅、凄婉起来。刘禹锡《乌衣巷》云：“旧时王谢堂前燕，飞入寻常百姓家。”以燕子作为连贯古今的物象，由乌衣巷的今天，暗含着对其往昔的想象，抒发作者对风物依旧、人事已非的感慨。牛希济的《生查子》：“记得绿罗裙，处处怜芳草。”因心中时时怀想惦记着穿着绿罗裙的伊人，便处处怜惜芳草，由芳草之绿，联想到心上人的绿罗裙。这是由色彩的相似而引发的联想。陈子昂《登幽州台歌》：“前不见古人，后不见来者。念天地之悠悠，独怆然而涕下。”从面前的黄金台联想到古代求才若渴的明君，想到后代君臣遇合的困难，天地的寥廓激发了诗人的时空感慨，仿佛人生天地间是如此的寂寥，一种悲凉壮

---

① 黄侃撰：《文心雕龙札记》，上海古籍出版社 2000 年版，第 93 页。

阔之情油然而生。流行歌曲《假如》说：“凝望着流云，想起了你！”由眼前的景致触发联想，想起了恋人，想起那往昔与恋人度过的难忘岁月。刘勰《文心雕龙·物色》说：“是以诗人感物，联类不穷。流连万象之际，沉吟视听之区。”① 正是说诗人调动联想、创构审美意象的过程。

象外之象在意象中首先是神似的需要。主体要想使情意与物象的整体契合，必须突破有限的物象本身，把握其内在的生命精神。而生命精神的表现，常常会溢出物象，所谓“离形得似”，即超越形似，得其神似。《二十四诗品》也有“超以象外，得其环中”② 之说。故裴楷画像时，要在画颊上画上三根毛，以传其神，即通过象外之象把物象所包孕的内在生命精神充分体现出来。明代高濂《燕闲清赏笺》有：“求神似于形似之外，取生意于形似之中。”③ 谢赫《古画品录》有：“若拘以体物，则未见精粹；若取之（象）外，方厌膏腴，可谓微妙也。”④ 正是取其内在的无限生机，并将其神采表现出来。清代赵翼《瓯北集·论诗》也有“意取象外神”⑤ 之说。

象外之象还是表达主体情意的个性风采的需要。主体在物我同一的基础上创构的审美意象，其情意之中还体现出主体的独特风

---

① （梁）刘勰著，范文澜注：《文心雕龙注》，第693页。

② （唐）司空图著，祖保泉、陶礼天校笺：《司空表圣诗文集笺校》，第163页。

③ （明）高濂著：《燕闲清赏笺》，《遵生八笺之五》，巴蜀书社1985年版，第63页。

④ （南齐）谢赫著：《古画品录》，谢赫、姚最撰：《古画品录 续画品录》，人民美术出版社1959年版，第8页。

⑤ （清）赵翼著，李学颖、曹光甫校点：《瓯北集》下，上海古籍出版社1997年版，第1173页。

采。这种独特风采，常常是固有的物象所难以表现或难以充分表现的。王夫之曾说："'天际识归舟，云间辨江树'，隐然一含情凝眺之人，呼之欲出。"① 天边的船只，云间的树木，后面是抒情主人公含情凝视的身影，栩栩如生地显示了羁旅情思。

象外之象还是审美意象生生不穷的需要。主体通过想象力在意象中体现了创造功能，这种创造功能使得主体的意与客体的象的统一获得无穷的生命力和博大的形态特征，使意象在独特性的基础上具有广泛的适应性和永久常新的魅力。王夫之提到："尝记庚午除夜，侍先妣拜影堂后，独行步廊下，悲吟'长安一片月'之诗，宛转欷歔，流涕被面。夫之幼而愚，不知所谓，及后思之，孺慕之情同于思妇，当其必发，有不自知者存也。"② 李白写的是长安思妇对丈夫的思念，这种深挚真诚的感情带有普遍性，具有宽泛的意蕴。王夫之的哥哥用来表达对母亲的孺慕之思，使意象有了更为丰富的内涵。

审美活动中的物象与作为象外之象的虚象是相辅相成的，象外之象与物象的高度融合和统一，所形成的非有非无、虚实相生的表象，乃是意象的感性基础，它们共同与主观情意融合为一。因此，意象是物象和象外之象虚实结合，在心灵中与情意结合的结果，其中象外之象尤其使得意象的创构凭借想象力超以象外而得其环中。而意与象的水乳交融，以象为形，意则灌注于其中。丰富的意蕴与虚实相生的象有机融为一体，凝结成高蹈、空灵的审美意象，成为气脉朗畅的活生生的整体。

---

① （清）王夫之撰：《古诗评选》，《船山全书》第十四册，第769页。

② （清）王夫之撰：《姜斋文集》，《船山全书》第十五册，第101页。

第二节　审美意象的创构过程

意象创构理论的渊源最早可追溯到《周易》，其中所包含的“观物取象”，“拟诸其形容，象其物宜”①，“立象以尽意”② 等命题对后世的影响十分深远。刘勰在论述艺术想象和艺术构思的问题时提及“神用象通，情变所孕”③，“独照之匠，窥意象而运斤”④。这里的“意象”指艺术构思中形成的主观心象，已接近于我们今天所说的审美意象。后王昌龄的“久用精思，未契意象”⑤，司空图的“意象欲出，造化已奇”⑥，说的都是审美意象的创构问题。

一、物我贯通

意象是审美活动中物我双向交流的产物，在物我的感应激荡中反映出主体对心灵外物的亲和与认同。由物我在生命节律上的共通，到由主体的妙悟而在忘我中达到神合，使得身与物化，在瞬间

① （魏）王弼注，（唐）孔颖达正义：《周易正义》，《十三经注疏》，（清）阮元校刻，第79页。

② （魏）王弼注，（唐）孔颖达正义：《周易正义》，《十三经注疏》，（清）阮元校刻，第82页。

③ （梁）刘勰著，范文澜注：《文心雕龙注》，第493页。

④ （梁）刘勰著，范文澜注：《文心雕龙注》，第493页。

⑤ （唐）王昌龄：《诗格》，张伯伟撰：《全唐五代诗格汇考》，江苏古籍出版社2002年版，第173页。

⑥ （唐）司空图著，祖保泉、陶礼天校笺：《司空表圣诗文集笺校》，第166页。

获得一种永恒的感受。柳宗元《始得西山宴游记》中的“心凝神释，与万化冥合”① 正勾勒出这种主客体交融的超然忘我的奇妙境界。审美意象的创构首先奠基于主体与对象在自然生命基础上的贯通。这种贯通同时上升到心理的层面，受社会历史因素的影响，并因比兴等思维方式而获得更为普遍的意义，使得审美意义上的物我同一体现了主体独特的生命意识。审美意象也因此具有普遍意义并充满生机。

意象的创构以主体的审美经验为基础。主体进入审美活动中作意象的创构，需要主体在外在环境的刺激下逐步积累起形式感，有通过想象活动作虚拟构象的能力，并且具有一定的自我意识。人们首先“观物取象”，对客观事物进行直接的观察和感受，进而从自然和自身逐渐领悟到节奏和韵律，由自发到自觉，调动起人们节奏、韵律意识的觉醒。

审美意象的创构作为“天人合一”意识的一种具体形态，反映了个体的生命节奏与对象的感性生命的贯通。从中见出主体对体现对象生命精神的感性形象的自觉意识。汉字的“生”字，即是对对象感性形态生机的描摹。《说文解字》：“生，进也，像草木生出土上。”② 感性物象与感性主体所表现出来的生命精神与主体对物我生命的自觉意识，由神合进入物我同一，是人与天地自然共通的基础，体现了天地之大德。审美者在创构审美意象时，即从对象的感性形态中体悟到盎然的生意。这种盎然生意是物我共同具有的。唐志契《绘事微言》：“岂独山水，虽一草一木亦莫不有性情，若含蕊

① （唐）柳宗元著，吴文治等点校：《柳宗元集》，第 763 页。
② （汉）许慎撰，（宋）徐铉校定：《说文解字》，第 127 页。

舒叶，若披枝行干，虽一花而或含笑，或大放或背面，或将谢或未谢，俱有生化之意。”① 这些山水草木，常常体现了自然的生命精神。它们与人的个体的生命节律是生命之道一本之下的万殊的关系，其中由表及里地体现了物我生命的贯通与对应。

同时，这种贯通也不仅体现在鱼跃鸢飞、花开花落的自然生机中，还体现在枯藤老树的落寞情调间，而且同一对象的感性形态可与主体的不同情态相对应。如同样是猿声，在李白眼里可随主体心境的变化而感觉到其哀鸣或欢叫。物象在心中所创构的意象无疑是迥然不同的。特定对象的感性形态也会因社会历史因素的影响，而形成一个与主体心灵相对固定关系的传统，如山水比德，流水与光阴的象意对应关系，望夫石的联想等。这种意象对应关系千百年来成了中国传统文化的一种感受模式，并且通过既有的文化遗存熏陶、影响着后人的感受方式，从中反映了主体由物我在长期交流的关系中形成的一种对对象生命情调的体味和推己及物的思维方式。

通过这种思维方式，主体体味到外间的一切感性物态都与主体内在的情趣有着纷繁丰富的对应关系，与主体特定的心境相契合。在这种心态中，一切对象不管它自身有无生命，都变得通人情、知人性，充满拟人化的情调。顾恺之所谓“悟对通神”正是说明通过特定的思维方式，会使主体心灵与对象的内在精神相贯通。因此，无论是反射太阳光芒的明月，还是巫峡的奇石，在人的眼中，都会变成生机勃发的良伴。其中的神趣超越了自然对象本身。孙绰《庐山诸道人游石门诗序》：“乃悟幽人之玄览，达恒物之大情，其为神

① （明）唐志契著：《绘事微言》，人民美术出版社2003年版，第12页。

趣，岂山水而已哉！”[1] 从对象的感性形态中悠然会心，“知万物之情”[2]，觉“山水有灵”[3]。

在审美的思维方式中，这些感性形态本身与主体心灵一样，都是有情有信的。孙过庭《书谱》有“阳舒阴惨，本乎天地之心。”[4]董仲舒曾对天作过情感上的描述，认为“天亦有喜怒之气、哀乐之心，与人相副。以类合之，天人一也”[5]，以四时荣凋之景与人的喜怒哀乐之情相对应，在认识论上是荒谬的，而在审美的意义上恰恰道出了审美意象创构中的主体感受状态。陆机《文赋》所谓“悲落叶于劲秋，喜柔条于芳春”[6]，正说出主体从生理到心理对对象的这种对应体验。直到郭熙《林泉高致》中“春山烟云连绵人欣欣，夏山嘉木繁阴人坦坦，秋山明净摇落人肃肃，冬山昏霾翳塞人寂寂”[7]，还在谈及四季景致与人的心态的对应关系。审美意象的创构，正是这种灵妙的对应使得物我浑然为一的结果，从而以具体感性的象表现出幽深的意。

在审美意象的创构过程中，象与意的贯通乃是对象的感性形态在长期的物我沟通中对主体内在心灵的造就。就特定的每次感发来

---

① （晋）慧远：《庐山诸道人游石门诗并序》，逯钦立辑校：《先秦汉魏南北朝诗》，第1086页。

② （唐）房玄龄等撰：《晋书》第七册，第2094页。

③ （北魏）郦道元著，陈桥驿校证：《水经注校证》，中华书局2007年版，第793页。

④ （唐）孙过庭：《书谱》，上海书画出版社、华东师范大学古籍整理研究室选编点校：《历代书法论文选》，第129页。

⑤ （清）苏舆撰，钟哲点校：《春秋繁露义证》，第341页。

⑥ （晋）陆机著，杨明校笺：《陆机集校笺》上，第5页。

⑦ （宋）郭思编，杨伯编著：《林泉高致》，第39页。

说，对象对主体心灵是一种刺激、反应。但就人的历史来说，无数次的感发造就了主体的心灵。这不仅是指自然景致，还包括社会因素。久而久之，主体在物我关系中便形成了相对成形的心理模式。自然之象与主体的心灵所形成的那种相契相合的知己关系，正是多少年来物我沟通的结果。陆机《文赋》所谓“遵四时以叹逝，瞻万物而思纷”①；刘勰《文心雕龙·物色》：“写气图貌，既随物以宛转；属采附声，亦与心而徘徊。”② 说的正是主体的审美情怀，即由对象的感性物象对主体内在情怀的造就，遂有物我交融的审美意象的创构。钟嵘则把这种自然物象与主体心灵的情感对应拓展到人事。乃至嘉会、离群、外戍、守寡等状态的情怀，都是感性生活风貌对心灵的感发。由于这些对象的长期的感发，主体对对象的感性风貌便有渴求的愿望与需要，并对对象的感性风貌产生一种故园感。这正是自然环境和社会环境对主体心理长期造就的结果。刘勰所谓“岁有其物，物有其容；情以物迁，辞以情发”③，也在强调心随感性物象的变迁而变迁。而屈原这样的文学家能洞察审美的情意，正是江山之助的结果。近代学者刘师培、梁启超曾强调地域对文学和文化的影响，同样适用于地域对审美心灵的影响。同时，审美心灵的造就不限于自然环境的影响，而更应该包括社会环境。

二、情景合一

审美意象作为物我为一的产物，其核心乃在于情景合一，从中

---

① （晋）陆机著，杨明校笺：《陆机集校笺》上，第5页。

② （梁）刘勰著，范文澜注：《文心雕龙注》，第693页。

③ （梁）刘勰著，范文澜注：《文心雕龙注》，第693页。

反映出物我由感性到内在精神的统一。这种情景交融、物我同一的现象，从先秦时代的天人合一思想开始，千百年来许多学者对此现象作了各种各样的描绘，直到清代，方熏还在说“云霞荡胸襟，花竹怡情性，物本无心，何与人事？其所以相感者，必大有妙理”[1]。可见他们虽然从天人合一等角度对情景合一作审美的描述，但其中的必然规律即所谓妙理，却并未得到解释。

这种情景统一所创构的审美意象，乃是主体在审美活动中消除了物我的界限，使得主体情中生景，景中含情，两者浑然为一的结果。庄生梦蝶，不知何者为我，何者为蝶，正是由物我为一所创构出来的审美意象的最高境界。苏轼所说的“身与竹化”[2]，也同样如此。它主要指心灵受对象的感性形态的感发，从而心潮澎湃，使情感与之对应。同时也指特定的心境忽逢与之契合的对象，故遇故知，物我遂浑然为一。《文心雕龙·物色》所谓“情往似赠，兴来如答”[3]，王微《叙画》所谓“望秋云，神飞扬；临春风，思浩荡”[4]，以及《世说新语·言语》载简文帝入华林园曰“会心处，不必在远。翳然林水，便自有壕、濮间想也，觉鸟兽禽鱼，自来亲人”[5]，这些都在说明这种感发与移情的关系。

有些哲学家则从思辩的角度阐释了这种心与象的相互依存的关系，说明心、象浑然不分，而象不仅仅是反映或表现心理的工具。《张子正蒙·大心》有：“由象识心，徇（殉）象丧心。知象者心，

---

① （清）方熏：《山静居画论》，中华书局1985年版，第13页。
② （清）王文诰辑注，孔凡礼点校：《苏轼诗集》第三册，第1522页。
③ （梁）刘勰著，范文澜注：《文心雕龙注》，第695页。
④ （南朝宋）王微撰：《叙画》，宗炳、王微：《画山水序 叙画》，第7页。
⑤ 余嘉锡撰：《世说新语笺疏》，第121页。

存象之心，亦象而已，谓之心可乎?”[①] 物象体现着物之生命精神，与主体内在的生命精神相契合。故主体可以以心体象，以象印心。象亡则心丧。惟心能知象，而存象之心，也可视为象，即意象。所谓情景合一，更贴切地说乃是心象合一。心即象，象即心。心象合一，故称为意象。

为了实现感性对象与主体心灵的契合无间，主体独特的眼光与想象力的作用显得颇为重要。感性对象与主体心灵直接的契合无间是审美意象的理想境界。事实上，主体的情感常常有其往来动止、缥缈有无的自由性，与随时随地的景致和社会场景不可能完全契合。这就需要有灵气的主体借助于独特的眼光，比兴的思维方式，以及想象力，使得主体通过自己的创造力把有限的、相对固定的感性对象变成与主体情怀相对应的感性形态。

所谓“情人眼里出西施”，正是情人对自己所钟情的人的感性形象作了艺术的加工，体现了个体的独特创造。这种意象中由于具体个体对象感受时的侧重点和创造性加工超出了常人之外，故不具有普遍性。但是，在基本形态获得普遍认可的情意下，适当的创造性加工是必要的。意象如果让人们普遍感到既在情理之中，又在意料之外，则是一种理想的创构。

除了特定心境导致主体感受对象时的侧重点有所差异外，主体比兴的思维方式，是心物交融、情景合一的重要中介。当主体内在情意不便于直接表现以便返观或供他人观照时，便需要比，以物拟心，使情意借助于类似的特征的感性物象加以表现。同时，这种比

---

① （宋）张载著，章锡琛点校：《张载集》，第24页。

又不限于李仲蒙所谓的“索物以托情”①，还包括朱熹的“以彼物比此物也”。② 当对象的感性形象的内在情态不够鲜明时，则可通过与内在情态相通或相似的对象相比，以便与主体的情意进一步契合。而兴则是由具体对象对情意的感发，并使主体产生联想，或由感时伤世而触发情感。孔颖达《毛诗正义》：“兴者，起也，取譬引类，起发己心。”③，袁黄《诗赋》“感事触情，缘情生境……斯谓之兴”④，例如以“关关雎鸠”来感发君子对淑女的情谊；以“孔雀东南飞，五里一徘徊”感发刘兰芝与焦仲卿缠绵悱恻的情怀的抒发。这种比兴的方法，在审美的意义上，可以使心物的距离得以消弭，同时实现了自然和人事的贯通，促成了审美意象的创构并使审美意象更加丰富多彩、绚丽灿烂。

比兴活动本身必须借助于想象力，才能使得审美意象更加自由地创构。想象力可以调动和创构不在目前的形象，以协助既有物象契合于丰富复杂、变化多端的情思。顾恺之主张要“迁想妙得”⑤、萧子显主张要“感召无象，变化不穷”⑥，说的正是这种想象力的积极作用。而个体的独特心境和独特颖悟也需要想象力使主体的情感获得自由的家园。尤其是在艺术创造中，为了传达出主体的内在

---

① （宋）胡寅撰，容肇祖点校：《崇正辩 斐然集》，第 386 页。

② （宋）朱熹撰：《诗集传》，朱杰人等主编：《朱子全书》第一册，第 406 页。

③ （汉）毛亨传，（汉）郑玄笺，（唐）孔颖达等正义：《毛诗正义》，《十三经注疏》，（清）阮元校刻，第 271 页。

④ （明）袁黄著：《诗赋》，（清）陈梦雷编纂，蒋廷锡校订：《古今图书集成》第六四册，中华书局、齐鲁书社 1985 年版，第 77754 页。

⑤ （唐）张彦远著，俞剑华注释：《历代名画记》，第 102 页。

⑥ （梁）萧子显撰：《南齐书》第二册，第 1000 页。

情调，使物象与情调契合为一，想象力的作用更是不可或缺的。范晞文《对床夜语》卷二引周弼语有“不以虚为虚，而以实为虚，化景物为情思”①。艺术亦以既有的感性对象为基础，又通过想象传神，从而达到似与不似的有机统一。因此，审美意象的理想境界，乃是不同程度地体现了想象力的作用。因此，意象的创构，乃是在天人合一的思维方式下，在情景交融中通过想象力的作用而实现的。

为了使审美意象自身具有生机和活力，并富有包孕性，审美意象必须虚实相生。人的审美能力和感受能力总是有着共同性的。这种共同性是以特定的感性形态作基础的。同时，审美意象又必须有空灵的一面，才能使主体从中获得创造的空间，并使之与丰富的意味相对应。这在艺术中得到了充分的表现。在艺术中，由于表现力的有限性，常常需要依赖于虚，通过虚空处给读者留下发挥想象的空间，并使实处获得生命力。笪重光《画筌》：“虚实相生，无画处皆成妙境。”② 这种妙境正可通过想象力与主体心灵的契合无间获得。故主体在审美活动中感受感性对象时，若要体物得神，就要不滞于自身而超出象外。

三、神合体道

在意象的创构过程中，主体经历了由耳闻目视到神遇，“触于目，入于耳，会于心”③，使主体之神与对象之神交相沟通，最终

---

① （宋）范晞文：《对床夜语》卷二，丁福保辑：《历代诗话续编》上，第421页。

② （清）笪重光撰：《画筌》，人民美术出版社1987年版，第7页。

③ （清）叶燮撰：《已畦集》，上海古籍出版社编：《清代诗文集汇编》第一〇四册，第400页。

实现了人生理想与宇宙之道的贯通。

首先，主体在体物的过程中不仅是感官的接触，心神的灌注才是关键。《庄子·人间世》说“无听之以耳而听之以心，无听之以心而听之以气！耳止于听，心止于符”①，乃说主体在听感性声响时，不限于以耳听物，而是通过耳的感受再进入专心致志的心中，并最终以气合气。所谓听，仅仅只限于耳的感受，用心感受则超越了耳的感受之上，而用心感受，也只是限于心物相契。主体以气合气，方可进入物我合一的化境，从而“以天合天”，即“以我之自然，合其物之自然”②。《庄子·田子方》中所谓“目击而道存”③则以视觉角度概括主体由感官体道的过程。《庄子·养生主》中庖丁解牛的寓言，谈及庖丁由目见全牛到超越目见而进入以神会物，并“依乎天理”，符合生命的节律。④ 其中以神会物乃是主体创构意象的核心。

其次，主体以心体物，达到物我两融，把握到对象的真谛所在。有“既随物以宛转”，“亦与心而徘徊”，⑤ 以及“神与物游”⑥之说，均曾谈及对象与主体内在之神相遇和融合；石涛《画语录》有“山川与予神遇而迹化”⑦。这正是审美意象创构时的主体心态。主体倘想与对象之神相交，必先体物得神，移情于物。“盖身即山

---

① （清）郭庆藩撰，王孝鱼点校：《庄子集释》上，第154页。

② （宋）林希逸著，周启成校注：《庄子鬳斋口义校注》，中华书局1997年版，第296页。

③ （清）郭庆藩撰，王孝鱼点校：《庄子集释》下，第708页。

④ （清）郭庆藩撰，王孝鱼点校：《庄子集释》上，第127页。

⑤ （梁）刘勰著，范文澜注：《文心雕龙注》，第693页。

⑥ （梁）刘勰著，范文澜注：《文心雕龙注》，第493页。

⑦ （清）道济著，俞剑华标点注译：《石涛画语录》，第42页。

川而取之，则山水之意度见矣。”[①] 日本学者遍照金刚谈及诗歌的构思时，也有类似看法。“夫置意作诗，即须凝心，目击其物，便以心击之，深穿其境。如登高山绝顶，下临万象，如在掌中。以此见象，心中了见。”[②] 这是一种自然的触发。心物相契，意象遂从对象的物质形式中空灵而迹化，便如“水中之月，镜中之影”[③]。以虚为实，以虚实相生的感性形态体现出生机，最终契合于生命之道。

在审美活动的整个过程中，主体对于道的体悟始终伴随着象的参与。《老子》曾认为对象的象、物、精、真、信都是道的体现。“道之为物，惟恍惟惚。惚兮恍兮，其中有象”[④]，审美意象体现着宇宙大化的生命规律，故同样是道的体现。同时，道也只有通过感性之象才能获得把握。《庄子·天地》中有一个寓言，说黄帝游昆仑山后，把“玄珠”（道）遗在那里，先后派“知”（理智）、“离朱”（视觉最好者）、“吃诟”（辩者）去找，均未找到。最后由“象罔”去找，终于找到。[⑤] 宗白华在《中国艺术意境之诞生》中解释说：“‘象’是境相，‘罔’是虚幻，艺术家创造虚幻的境相以象征宇宙人生的真际。真理闪耀于艺术形相里，玄珠的皪于象罔里。”[⑥] 说明“道”不能通过知性、感官和逻辑推理而获得，而是要通过虚

---

① （宋）郭思编，杨伯编著：《林泉高致》，第 35 页。

② ［日］遍照金刚著：《文镜秘府论》，人民文学出版社 1975 年版，第 129—130 页。

③ （明）王廷相著，王孝鱼点校：《王廷相集》第二册，第 502 页。

④ （明）薛蕙撰：《老子集解》，第 13 页。

⑤ （清）郭庆藩撰，王孝鱼点校：《庄子集释》上，第 422 页。

⑥ 宗白华：《宗白华全集》第二卷，第 371 页。

实相生，不即不离的审美的感性意象获得。吕惠卿对“象罔”的解释是“象则非无，罔则非有，非有非无，不皦不昧，此玄珠之所以得也”①。郭庆藩《庄子集释》引郭嵩焘注对“象罔”的解释：“象罔者，若有形，若无形，故曰眸而得之。即形求之不得，去形求之亦不得也。”②

在艺术理论中，中国古代学者总是在强调审美意象对道的体现。宗炳的《画山水序》有“圣人含道暎物，贤者澄怀味象”。两者互文，即含道暎物与澄怀味象的统一，乃是审美意象的心态。宗炳还说“山水以形媚道”③，即认为山水本身乃以感性形态显现道，故能媚道，并悦人。刘勰《文心雕龙·原道》把象视为道之文彩，如日月之景，山川之象，龙凤虎豹之彩等。而人体天道，由四时之景感荡心灵，遂有意象在心中达成。这种在心中达成的意象同样体现了宇宙之道，使玄妙的境界超溢于意之外，意象中的神采变迁合乎天机自然。孙过庭《书谱》中有“同自然之妙有，非力运之能成”④。张怀瓘有“同自然之功”，“得造化之理”⑤。正可以说明艺术家心中所达成的意象对自然之道的体现。明代王廷相则把意象看成艺术传达的需要：“言征实则寡余味也，情直致而难动物也，故示以意象。”⑥

---

① （宋）吕惠卿撰，汤君集校：《庄子义集校》，中华书局 2009 年版，第 234 页。

② （清）郭庆藩撰，王孝鱼点校：《庄子集释》上，第 423 页。

③ （南朝宋）宗炳撰：《画山水序》，宗炳、王微：《画山水序 叙画》，第 1 页。

④ （唐）孙过庭撰：《书谱》，上海书画出版社、华东师范大学古籍整理研究室选编校点：《历代书法论文选》，第 125 页。

⑤ （唐）张彦远辑，洪丕谟点校：《法书要录》，上海书画出版社 1986 年版，第 124 页。

⑥ （明）王廷相著，王孝鱼点校：《王廷相集》第二册，第 503 页。

总之，这种意与象的统一，心与物的统一所创构而成的审美意象正构成了一个体现生命之道的有机整体，其中意与象是契合为一的。意始终不脱离感性对象而存在，象存则意可依托，象变则意变，象亡则意无所依附。王弼所谓“得意而忘象”[①] 的象为筌蹄、工具的说法，与审美意义上的意象观是截然不同的。在审美的意义上，意象是由意与象相互依存，共同创构而成的。明代王履《重为华山图序》有：“意在形，舍形何所求意？故得其形者，意溢乎形，失其形者形乎哉！”[②] 意象的创构和存在形态，正反映了审美活动的始终不脱离感性形态的特征。

第三节　审美意象的基本特征

审美意象是在主体的能动作用下，以情感为动力，通过对想象力的激发，外在的感性物象与主体内在情意融合为一的状态，反映了审美活动的成果。“意”与“象”的浑融为一体现在任何审美活动的过程之中。其中物象的相对稳定性，人的生理机制的普遍特性乃是审美意象的共同性的基础。个体想象力的差异、个体在成长过程中的人生经历、具体环境的熏陶，乃至特定情境中的心态，使得审美意象在共同性的基础上又有着一定的差异。物象赋予主体的情意以生动的感性形态，而情意则借助于想象力赋予感性物态以全新的生命和灵魂。

---

① （魏）王弼著，楼宇烈校释：《王弼集校释》，第 609 页。

② （明）王履绘，天津人民美术出版社编：《王履〈华山图〉画集》，天津人民美术出版社 2010 年版，第 65 页。

一、意与象合

意象是意与象的水乳交融。从语词本义及构造方式来看，它都是主体的情意同物象与虚象合成的。其中物象与作为象外之象的虚象，乃至无形的主体情意，在具体的审美活动中缺一不可。在艺术作品中，意象通过有限的形式审美地传达着无限的意蕴，如水中之月、镜中之影。这便是意象的虚实相生。它主要表现在以下几个方面：

首先，意象以物象为基础又超越了有形的物象。意象所追求的是物象与“象外之象”的统一，是从无到有、从有限到无限的生生不尽的象征之象。其中想象力对于意象的创构尤其重要。正如刘熙载《艺概·赋概》中所说：“赋以象物，按实肖象易，凭虚构象难。能构象，象乃生生不穷矣。”① 审美意象有不确定性也即模糊性的一面，它的内涵随着观照程度的不同而表现出层递性，从“以我观物”到“以物观物”，到物象与象外之象融合，各组成部分既矛盾又统一，既不是主体对客体的机械再现，也不是脱离客体的纯主观的意想。它的创构是建立在以原物象为起点又不断超越的基础上的，其中越是个性化的超越，就越能带来深邃而富有意味的意象境界。

其次，意象具有不可穷尽的思想意蕴。意象是“含蓄无垠”②，“弘大而辟，深闳而肆”③ 的，具有巨大的思想容量；意象所包孕

---

① （清）刘熙载著：《艺概》，第99页。

② （清）叶燮著，霍松林校注：《原诗》，第30页。

③ （清）郭庆藩撰，王孝鱼点校：《庄子集释》下，第1101页。

的内在精神意蕴有一定的时空穿越性和后续影响力，它主要通过意象模式的积累发生潜在作用，其生成并产生作用的机制是社会与历史、生理及心理体验的多层综合。

第三，意象可把人的情感和思维引向极致。意象形成的过程，就是情感和想象不断丰富和积聚的过程。它可使审美主体“言语道断，思维路绝”，从而进入“绝议论而穷思维”① 的审美境界，这是审美创造和审美欣赏的最佳的审美心理状态。审美活动中始终夹杂着情与意的交融，审美之前对美已经有了一定个性化的理性抽象，在主体发挥能动作用的过程中，情感是主要动力，同时，意作为指引激发想象力并最终影响个体审美趋向和审美目标的达成，情与意之间亲密无间。

第四，意象中“意在言外”，表现的是“不可言之理，不可述之事”②，为具体的语言形式所难以企及。《周易·系辞上》记述孔子所说“书不尽言，言不尽意”的话，紧接着又提出“圣人立象以尽意”的方法来加以补救，引出了“象”在“言”“意”之间的位置和作用的问题。③ 王弼《周易略例·明象》云：“夫象者，出意者也。言者，明象者也。尽意莫若象，尽象莫若言。”④发展了《周易》的思想，把“象”放在“言”与“意”中间，从根本上阐释了言与意的关系问题。

艺术中的审美意象是超越于语言形式之外的，但意象并非完全

---

① （清）叶燮著，霍松林校注：《原诗》，第32、30页。

② （清）叶燮著，霍松林校注：《原诗》，第30页。

③ （魏）王弼注，（唐）孔颖达正义：《周易正义》，《十三经注疏》，（清）阮元校刻，第82页。

④ （魏）王弼著，楼宇烈校释：《王弼集校释》，第609页。

不可以言传，关键是采用什么方法或途径。物我贯通、情景合一的审美境界，无需凭借语言来体悟就可达到“无声胜有声”的契合状态，可谓“此中有真意，欲辨已忘言”（陶渊明《饮酒诗二十首其五》）。具体的审美体验中会不断出现新意、新象的更迭与交替，因此，言所不能尽的往往是通过新“象”颠覆原“意”后生出的新“意”，也即“象外之象”或“言外之意”。“言”与“意”的关系通过“象”发生，无论处于何种体悟状态，“立象”始终是实现尽意最有效的方式。

二、意广象圆

意象的理想境界，体现了情的深刻性与景的丰富性。谢榛《四溟诗话》卷四：“情融乎内而深且长，景耀乎外而远且大。”① 说的是优秀诗歌中的意象表现。整个审美意象的深刻性与丰富性，不妨用“意广象圆”来概括。其中“意广”乃指包孕在意象之中的主体情意的深刻性。象圆则指既有的物象经由想象力的加工和独特视角的帮助，显得丰满圆润。从中表现出意象的模糊性，以适应特定时空中的情思的多变性。李东阳《麓堂诗话》中评价温庭筠“鸡声茅店月，人迹板桥霜”时，称其为“意象具足，始为难得”②。意象具足即意广象圆。意与象充分而到位，且契合无间，故能成为意象的理想境界。意与象合是通过“感而契之”③，在心中对物象由感发而融合的，出色的意象是独到颖悟的产物。

---

① （明）谢榛著，宛平校点：《四溟诗话》，第 118 页。

② （明）李东阳：《麓堂诗话》，丁福保辑：《历代诗话续编》下，第 1372 页。

③ （明）王廷相著，王孝鱼点校：《王廷相集》第二册，第 503 页。

明人陆时雍《诗镜总论》曾论《诗经》云："三百篇赋物陈情，皆其然而不必然之词，所以意广象圆，机灵而感捷也。"[1] 在诗歌意象的构思中，择词立象不但要能凸显主体情意的深刻性，而且所营造的意象空间不能只是瞬时性的，构思中预留足够的想象空间，才能在创作者和欣赏者的心中引发更为广阔的想象世界，从而使诗歌的意象得以升华，"墨气所射，四表无穷，无字处皆其意也"[2]。引发出有着更为丰富内涵的"象外之意"。

艺术作品中，塑造成功的意象与客观原型物象的关系，是"不黏不脱""不即不离"的关系[3]。意象的含蕴总是多层次的，表层之象在审美主体的心神感悟下逐渐生出象外之象，升华为深层之象，意蕴层中原有的隐意象或潜意象也不断被激活，从而，表层意象与深层意象始终互相渗透、影响，新意象以行进的姿态无限拓展，在有限的形式中表现了无穷的思想意蕴。王夫之《庄子解》曰："天无定体……人即天也……物即天也。得之乎环之中，则天皆可师，人皆可传。"[4] 所谓"环中"即万物圆融浑通之"无道"也。

陆时雍的《诗镜总论》论诗曰："古人善于言情，转意象于虚圆之中，故觉其味之长而言之美也"[5]，"实际内欲其意象玲珑，虚涵中欲其神色毕著"[6]。审美意象的创构中，存在的表象是非有非

---

① （明）陆时雍撰，李子广评注：《诗镜总论》，第209页。

② （清）王夫之撰：《姜斋诗话》卷二，《船山全书》第十五册，第838页。

③ 严云受：《诗词意象的魅力》，安徽教育出版社2003年版，第25页。

④ （清）王夫之撰：《庄子解》卷二十五，《船山全书》第十三册，第394—395页。

⑤ （明）陆时雍撰，李子广评注：《诗镜总论》，第13页。

⑥ （明）陆时雍撰，李子广评注：《诗镜总论》，第213页。

无，虚实相生的。将有限的实意转注于无限的虚像中，“寻象以观意”，“得意忘象”但又不绝弃“象”，由此形成艺术创作中意象融合、形神互济的表现方式，追求意的深邃、神的远邈，这即是所谓“其然而不必然”之意广象圆的境界所在。

不仅诗歌艺术如此，绘画造型艺术也有着类似的审美追求。中国画重神轻形，重意轻象；重意境的营造，轻物象的写真；讲究“外师造化，中得心源”①；要求“神形兼备”“意广象圆”“情景交融”；追求笔有尽而意无穷，象有限而意无边。总之，这些都是意象特性丰富内涵的体现。

第四节　审美意象的基本类型

中国意象创构的源头，可追溯到中国的神话意象。郭璞《山海经叙录》中说“世之览山海经者，皆以其闳诞迂夸，多奇怪俶傥之言，莫不疑焉”②，“游魂灵怪，触象而构”③，“圣皇原化以极变，象物以应怪，鉴无滞赜，曲尽幽情”④，表明了中国神话意象的泛灵论、泛生论原则。作为一种认识与感知世界的独特表达方式，神话具有鲜明的主观色彩。离奇古怪的物象背后潜藏着初民对未知神灵世界的探求，情感意志的激发又为神话意象的构建提供了强大的言语动力。这些意象在很大程度上只代表着民众最初的情绪体验，而非理智冷静的观察分析和逻辑思考，所以，荒诞夸张、“奇怪俶

① （唐）张彦远著，俞剑华注释：《历代名画记》，第201页。

② 袁珂校注：《山海经校注》附录，上海古籍出版社1980年版，第478页。

③ 袁珂校注：《山海经校注》附录，第479页。

④ 袁珂校注：《山海经校注》附录，第479页。

侻”的语言正适合于传达神话意象的情感基质。

有一种看法以为意象只存在于艺术作品中，离开了艺术作品便无意象。这种看法是不准确的。艺术作品中确实也以心物交融的审美意象为核心，但意象乃是每个审美者在审美活动中所创构而成的。艺术作品中的意象只是审美活动中主体所创构的意象的物化形态，不能说明“意象”只存在于艺术作品之中。刘勰《文心雕龙·神思》中所谓“窥意象而运斤”①，说的是艺术家在意象创构成熟之后再行传达。因此，意象及其特征应该被放在整个审美活动中进行讨论，而不只是局限于艺术中。从其对象的三个领域，即自然、人生、艺术三个方面，审美意象可以划分为三种基本类型。它们既体现了审美的共同原则，又因其对象的差异而显示出不同的风貌，反映出主体在审美过程中对不同对象的感受，两者相互影响，共同推进了审美意识的不断深化。

一、自然意象

自然意象主要是主体受对象感发，以主体情意与对象浑融为一的结果，从中反映出主体在审美活动中所体现出来的生命意识。在历史的发展过程中，主体心灵与对象的对应关系逐步形成了一种相对固定的传统，并且不断丰富了主体通过想象力所进行的拟人化的思维方式。在此基础上，主体对对象的审美体验还有着个体审美的独特性和随机性的特征，从而把对自然的审美不断推向深入，并且影响到对人生和艺术的审美。

人与自然在审美的思维方式中是一气相贯的。宋代张栻说：

---

① （梁）刘勰著，范文澜注：《文心雕龙注》，第493页。

“夫人与天地万物同体，其气本相与流通而无间。”① 明代王夫之也说：“天人之蕴，一气而已。”② 他们认为气是生命之本，自然之气贯穿着对象与主体。如自然界春气勃发时，人也欣欣然得以舒展，故万物生机与主体身心一拍即合，其情感也受到对象的感发。钟嵘《诗品序》：“气之动物，物之感人，故摇荡性情，形诸舞咏。”③ 主体心理乃是在生理基础上发展起来的，故心物相感有着共同的生命基础。

自然意象创构中的所谓悲秋意识等，都有其生命意识的基础。物我生命的对应关系，正是物我贯通的基础。见芳草柔条而喜，察劲秋落叶而悲，都是这种物我相互感发和交流的表现。清代廖燕《李谦三十九秋诗题词》曾说：“万物在秋之中，而吾人又在万物之中，其殆将与秋俱变者欤？……借彼物理，抒我心胸，即秋而物在，即物而我之性情俱在，然则物非物也，一我之性情变幻而成者也。”④ 主体作为万物的有机部分，同在秋中，故物我有同感，而主体则通过自然之物的情态，把具有社会性特征的主体性情充分表现出来。这种自然意象，是相对客观化的，是主体受自然环境和氛围感染的结果。《诗经·豳风·七月》：“春日迟迟，采蘩祁祁。女心伤悲，殆及公子同归。”⑤ 以伤春女子的情感色彩表现春天。《毛

---

① （宋）张栻撰：《南轩先生孟子说》卷第二，张栻著，杨世文点校：《张栻集》二，中华书局 2015 年版，第 361 页。

② （清）王夫之撰：《读四书大全说》卷十，《船山全书》第六册，第 1052 页。

③ （梁）钟嵘著，陈延杰注：《诗品注》，第 1 页。

④ （清）廖燕著：《二十七松堂文集》，第 119 页。

⑤ （汉）毛亨传，（汉）郑玄笺，（唐）孔颖达等正义：《毛诗正义》，《十三经注疏》，（清）阮元校刻，第 389 页。

传》谓“春女悲，秋士悲，感其物化也”[1]。《郑笺》谓“春女感阳气而思男，秋士感阴气而思女，是其物化所以悲也”[2]。在这种自然审美的过程中，万物和人因季节的变化而变化是其基础，影响到主体社会化的情感在感发过程中的对应，自然意象遂从中生成。

人与自然的这种情感与物象的对应关系，在历史的长河中逐渐形成了一些意象模式。如见杨柳而伤离别，见桃花而想美人，见流水而生思念。由于社会环境潜移默化地对儿童的影响，由于作为物化形态的艺术作品的不断感染，代代相传，便形成了一个传统，并因社会生活的不断发展而深化。于是，在现实生活中，主体对特定景致的自然会产生特定的感慨，而且即使特定景致不在眼前时，也能通过想象而激发特定的情怀。过去有人以荣格原型理论来解释自然审美中的意象模式传统，其实是缺乏说服力的。物我的生命在节奏、韵律方面的对应上，确实是共同体现自然之道的。主体在不断适应自然的过程中也确实把这种对应性特征遗传了下来，但这仅仅限于生理因素。而其心理因素特别是其中的社会性内容，则是通过后天的文化形态一代代造就的。它们可能是无意识的，习惯成自然的，却不能通过遗传传给后代。

然而，自然意象的创构不仅仅限于对眼前物象的体悟，主体还常常通过拟人化或拟物化的眼光去看待眼前物象，使之获得更为丰

---

① （汉）毛亨传，（汉）郑玄笺，（唐）孔颖达等正义：《毛诗正义》，《十三经注疏》，（清）阮元校刻，第389页。

② （汉）毛亨传，（汉）郑玄笺，（唐）孔颖达等正义：《毛诗正义》，《十三经注疏》，（清）阮元校刻，第389页。

富的物象，也更进一步拓展和深化了对自然对象的情趣。韩愈有“江作青罗带，山如碧玉篸”①，以腰带和头簪这些当时习见之物把自然物象用社会性物象表现出来，既丰富了物象，又深化了情调。苏轼把西湖比成西施：“水光潋滟晴方好，山色空蒙雨亦奇。若把西湖比西子，淡妆浓抹总相宜。”明代袁中道把太和山比作一位俊美伟岸的男子，“太和山，一美丈夫也”②，也同样可作如是观。有时，人们因自然对象与人情世态的某些相似之处，把自然对象转而视为人情世态的表现，乃至借助于神话赋予对象盎然的意趣。张先《天仙子》有“云破月来花弄影”，一“破”一“弄”，不仅主体对对象的感觉尽在其中，并且把云、花都人情化、人性化了。再如巫山神女峰，或被想象为望夫石，或被想象为为民导航的瑶姬，都使寻常的石头形象获得了盎然的生趣。这样，自然意象便不只具有既有的物象，而且兼具社会场景的物象，一虚一实，浑然为一，充分地契合于主体的心境，使每个鉴赏者的想象力得到了淋漓尽致的发挥。

同时，自然物象还因其多面性的特性，感发不同的主体与之创构出迥然不同，乃至截然相反的审美意象来。中国南宋以来流传于江苏一带的民歌有：“月儿弯弯照九州，几家欢乐几家愁。”同是明月，却可与欢乐、忧愁具有可对应的一面。金人瑞（圣叹）《杜诗解》评杜甫描写燕子的《绝句漫兴九首其三》云：“夫同是燕子也，有时郁金堂上，玳瑁梁间，呢喃得爱；有时衔泥污物，接虫打人，频来得骂。夫燕子何异之有？此皆人异其心，因而物异其致。先生满肚恼

① （清）方世举著，郝润华、丁俊丽整理：《韩昌黎诗集编年笺注》下，中华书局 2012 年版，第 653 页。

② （明）袁中道著：《珂雪斋集》，上海古籍出版社 1989 年版，第 678 页。

春，遂并恼燕子。”[1] 燕子的行为体态有其多样性特征，主体则可以喜怒等不同心态特征与之对应。同是流水，在不同人的眼里，可有伤感、豪迈等多种情态，因而创构出不同特征的意象来。孔子《论语·子罕》：“逝者如斯夫！不舍昼夜。”[2] 这是在慨叹时光的流逝。把流水与主体对时光的感叹融为一体。陆机的《叹逝赋》：“悲夫，川阅水以成川，水滔滔而日度，世阅人而为世，人冉冉而行暮。”[3] 由水川而伤感人世。苏轼《念奴娇·赤壁怀古》：“大江东去，浪淘尽，千古风流人物。”则以积极的人生态度去体验历史的步伐。因此，流水可与主体的多种心境契合，反映了心物交融的随机性。这种随机性与特定个体的人生态度，人生经历乃至个性气质密切相关。

自然意象的创构是人类最初的审美体验，对主体审美心灵的形成起着无可取代的作用。作为审美意象物态化和自觉意识体现的艺术中的意象，正是以自然意象为基础的。在一定程度上，我们可以说是自然造就了我们审美的心灵。随着社会的发展，随着主体以自然与人生通过审美的思维方式加以贯通，自然意象在整个审美意象中的基础地位便显得越来越重要。研究人生意象和艺术中的意象，都不能脱离自然意象。

二、人生意象

人生境界中的审美意象，是主体通过自然与人生贯通的思维方

---

① （清）金圣叹著，钟来因整理：《杜诗解》，上海古籍出版社1984年版，第98页。
② （魏）何晏注，（宋）邢昺疏：《论语注疏》，《十三经注疏》，（清）阮元校刻，第2491页。
③ （晋）陆机著，杨明校笺：《陆机集校笺》上，第134页。

式，以生命意识对人格进行评判的结果，从汉代到魏晋时代对人物的品藻，就包含了对人的智慧、伦理和审美的评判。它们源于民间的相术思想。这种相术思想在认识论的意义上是荒谬的，但在审美的意义上，仍不失其情调，使得人的自然特征与社会特征获得了贯通。中国古代气本体的思想把自然元气与集义所生的道德理想联系起来，同样具有审美的价值。由此所创构的人生意象，在思维方式和情调上都具有普遍的价值。孟子曾主张要养浩然之气，至大至刚，充实于天地之间，并且“配义与道”①，人生的内在生命遂得以充实，“充实之谓美”②。这种把自然生命与社会性生命相沟通的养生观念正体现了审美的领悟，由此而表现出来的人生意象正实现了人与自然的浑融为一。

一般说来，人生意象须表现为形与神的统一，即人生的感性风貌与内在精神的浑然为一。孔子曾强调“文质彬彬，然后君子”③，乃在于强调人的感性形态与内在精神的统一。在生命的意义上，人的外在形体与内在生机是统一的。面色红润，目光发亮等都是内在精神的表现。形与神是互不可分的。形是人的感性风貌，神则是人的内在生命意蕴，形是神所赖以生存的躯体，神是形的灵魂。《管子·内业》把人的生成放到气化宇宙观的思想体系中理解：“凡人之生也，天出其精，地出其形，合此以为人。”④ 认为人是形神二气统一的结果。这种形神统一的理想在中国有一个传统。后人常常

---

① （清）焦循撰，沈文倬点校：《孟子正义》，第 200 页。

② （清）焦循撰，沈文倬点校：《孟子正义》，第 994 页。

③ （魏）何晏注，（宋）邢昺疏：《论语注疏》，《十三经注疏》，（清）阮元校刻，第 2479 页。

④ 黎翔凤撰，梁运华整理：《管子校注》中，第 945 页。

把对象的感性形态看作主体内在本质的表现。《庄子·在宥》曾说："抱神以静，形将自正。"① "神将守形，形乃长生。"② 强调神对形的主导作用。《荀子·天论》："形具而神生。"③ 则在谈形是神的基础。司马谈《论六家要旨》："凡人所生者神也，所托者形也。……神者生之本也，形者生之具也。"④《淮南子·诠言训》也说："神制则形从，形胜则神穷。"⑤ 强调形神是一种互相依赖的关系。

这种形神统一与自然境界不同的是，人的神不但是自然生命的特征，更是社会生命的特征，即神不仅指主体内在的自然生命力，更指在社会环境中成长起来的精神。扬雄《法言·问神》："或问'神'。曰：'心。'"⑥ 其神，既有玄妙的意思，也有人的内在精神的意思。嵇康《养生论》"君子知形恃神以立，神须形以存，悟生理之易失，知一过之害生，故修性以保神，安心以全身，爱憎不栖于情，忧喜不留于意，泊然无感，而体气和平"⑦，强调不仅靠服食养生，而且需要对内在心态进行调整，在心平气和、情感淡泊中保持身心的健康。故其神中包含着社会性的情感内容。《世说新语·雅量》记载王羲之在郗公觅婿时，床上袒腹，率性任真，自然旷达，把其人生的态度通过神情气韵和行为状态表现了出来，毫无矜持做作的痕迹。⑧

---

① （清）郭庆藩撰，王孝鱼点校：《庄子集释》上，第393页。

② （清）郭庆藩撰，王孝鱼点校：《庄子集释》上，第393页。

③ （清）王先谦撰，沈啸寰、王星贤点校：《荀子集解》，第309页。

④ （汉）司马迁撰：《史记》第十册，第3292页。

⑤ 何宁撰：《淮南子集释》下，第1042页。

⑥ 汪荣宝撰，陈仲夫点校：《法言义疏》，第137页。

⑦ （三国）嵇康撰，戴明扬校注：《嵇康集校注》，第146页。

⑧ 余嘉锡撰：《世说新语笺疏》，第362页。

也正是由于强调主体社会性的内在精神，在人生意象中，神可以超溢于形而获得审美的价值。《庄子》虽然把人的理想意象藐姑射山神人，描绘成“肌肤若冰雪，绰约若处子”[①]，但他同时还写了一大批形残神全的人，讴歌了人的精神境界，充分体现了人道主义思想。《庄子·德充符》谈及断足者王骀，人虽残疾，却能无形地感染和感化别人。死生、天覆地坠等外物的迁化都不能影响到他。他能“游心乎德之和”[②]，把丧足视为没有了灰尘，从而进入了一种无所待的境界。卫国有个相貌丑陋的人，叫哀骀它。他无权无势，不能救济别人，却“无功而亲”[③]。与人相处，不卑不亢，却能魅力无穷。宁为他的妾而不为别人妻的女人，不止十数人。她们“非爱其形也，爱使其形者也”[④]。使其形者即神。“故德有所长而形有所忘。”[⑤] 一般认为庄子追求自然，但在人生境界上庄子却更强调主体的精神。庄子的超然物外，乃是超乎束缚人的礼义，而不超乎道德。这种形陋而神超的审美意象，其实正是从自然与社会贯通并且更强调人的社会性的角度去进行评判和创构的。

魏晋对人的品藻，更注重神的品评。刘劭《人物志·九征》：“征神见貌则情发于目。”[⑥] 认为精神从外貌上体现，情感从眼神上流露出来。顾恺之也曾把人的眼睛比作神的关键之处。《世说新语·巧艺》：“顾长康画人，或数年不点目精。人问其故？顾曰：

---

① （清）郭庆藩撰，王孝鱼点校：《庄子集释》上，第31页。
② （清）郭庆藩撰，王孝鱼点校：《庄子集释》上，第198页。
③ （清）郭庆藩撰，王孝鱼点校：《庄子集释》上，第217页。
④ （清）郭庆藩撰，王孝鱼点校：《庄子集释》上，第217页。
⑤ （清）郭庆藩撰，王孝鱼点校：《庄子集释》上，第224页。
⑥ 梁满仓译注：《人物志》，第17页。

‘四体妍蚩，本无关于妙处；传神写照，正在阿堵中。’”[①] 阿堵是俗话“这里”“这个”的意思，在此指代眼睛。

同时，为了进一步传达主体之神，中国古代还注重通过自然物象的形容和比况，把人格外化为山川草木，使人的情调充满生意，以进一步传神。先秦以降的山水比德，既拓展了自然，也拓展了主体。曹植《洛神赋》有：“其形也，翩若惊鸿，婉若游龙。”[②] 以惊飞的鸿雁形容洛神体态的轻盈，以游动的飞龙形容姿势的婀娜，准确而生动地传达出洛神的内在风采。类似情形在《世说新语》中屡见不鲜。《世说新语·赏誉》：“王公目太尉：‘岩岩清峙，壁立千仞。’”[③]“王戎云：‘太尉神姿高彻，如瑶林琼树，自然是风尘外物。’”[④]《世说新语·容止》：“时人目王右军：‘飘如游云，矫若惊龙。’”[⑤]《世说新语·容止》：“嵇康身长七尺八寸，风姿特秀。见者叹曰：‘萧萧肃肃，爽朗清举。’或云：‘肃肃如松下风，高而徐引。’山公曰：‘嵇叔夜之为人也，岩岩若孤松之独立；其醉也，傀俄若玉山之将崩。’”[⑥] 这些都在用自然物象比况人的风神，使个体的感性生命得到了拓展，人生意象得到了丰富，从而超越于既有形象以传神。

人生意象的创构在中国逐渐形成了一个传统。刘劭《人物志》曾提出从“九征”对人进行评品，即从神、精、筋、骨、气、色、

① 余嘉锡撰：《世说新语笺疏》，第722页。
② （梁）萧统编，（唐）李善注：《文选》上，第270页。
③ 余嘉锡撰：《世说新语笺疏》，第442页。
④ 余嘉锡撰：《世说新语笺疏》，第428页。
⑤ 余嘉锡撰：《世说新语笺疏》，第623页。
⑥ 余嘉锡撰：《世说新语笺疏》，第609页。

仪、容、言九个方面评味人生形象的风神与气韵，从中体现了主体的生命意识，并且对后世的艺术意象的评品产生了广泛的影响。

三、艺术意象

艺术作品中的意象反映了主体对审美意象的自觉意识。它既通过物化形态表现出自然意象和人生意象，又体现了主体审美的最高理想。艺术家通过宣泄自己的情感唤起欣赏者去体验艺术家曾经体验过的情感；并且通过源自生命情感的感性方式和艺术符号，创造性地把物我交融的意象传达出来。与自然意象和人生意象所不同的是，艺术意象中反映了艺术家们独特的审美体验，体现了时代和特定社会的审美趣尚，为人们的审美提供了一定的借鉴乃至产生导向性的影响。让人们不但体验到艺术中所表现的自然意象、人生意象以及艺术家自身的人生意象，而且观照到艺术家的审美趣味和创造意识。

艺术意象的创造，是艺术家观物取象、立象尽意的产物。夏商之际的“铸鼎象物”，就是一种艺术化的立象尽意。《易经》的卦爻与《诗经》中的“以象喻意”，有诸多相通之处。

在艺术意象所表现的感性物态中，主体通过动情的领悟，显现了对象的感性生机。主体在感受对象的基础上，对对象的感性形态经过“炼金存液、弃滓存精”式的取舍、陶钧和消化，突破了对象的物质本身所固有的束缚，不凝滞于物，由主体的兴会自然而感神，再“心存目想”，从物我契合的境界中突破主体自身和个体观照的局限，并突破特定感性时空的约束，使得所表现的对象在主体的生命情调中被升华了，空灵迹化了。因此，艺术意象中的感性形象便如镜中之形，水中之影，仿佛既在目前，却又居于物外。

在审美意象的生成过程中，自然对象的生命灵性与主体特定的精神状态经由审美的体悟而浑然为一。刘勰《文心雕龙·物色》："写气图貌，既随物以宛转；属采附声，亦与心而徘徊。"① 正是在说明意象生成过程中，心灵物态化、物态心灵化的过程。遍照金刚所谓"目睹其物，即入于心，心通其物，物通即言"②，就是描述了艺术意象中创造的过程。在历史的长河中，外物对主体的不断感荡，主体情感及其形式对对象的长期感应，便促成了物我在审美过程中的相互建构和造就。同时，主体的具体心态和外在对象的物态又是与各自的生命整体紧密相联的。一片翠叶，一朵红花，都是其整体生命的外在表现。一悲一喜的情感形式也与整个心灵息息相通。因此，物我在特定情景中的交流，正意味着物我整体生命间的贯通。

艺术意象通过象还体现着作品的内在生命精神。艺术意象的外在之象和内在之神是相互依存、缺一不可的。神如意象的灵魂。没有神，象便缺乏生机和活力。神使意象有了勃勃生机和感染力。而艺术意象之神又是物我之神的统一。其中既包含着客观对象生气淋漓的风神，又反映了艺术家的主观情意。艺术家在创构意象的过程中，先要"体物得神"，通过与对象的神合，实现对象的内在生命与主体精神的贯通。布颜图《画学心法问答》曰："古人有读石之法，峰峦林麓，必当熟读于胸中。盖山川之存于外者形也，熟于心者神也。"③ 艺术家通过对对象的了然于心，而把握到对象的内在

① （梁）刘勰著，范文澜注：《文心雕龙注》，第693页。

② ［日］遍照金刚著：《文镜秘府论》，第138页。

③ （清）布颜图：《画学心法问答》，上海书店编纂：《丛书集成续编》第八十六册，上海书店出版社1994年版，第644页。

精神，从而使主体心灵之神与对象的感性风神相统一，创构成体现生命精神的艺术意象之神。

同时，艺术意象的神乃是艺术家以象写神和离象得神的辩证统一。其中，以象写神是艺术意象的基础，艺术意象的内在生机正是以象为本，与象共生的。艺术家在感悟对象时，也是以象为基础，又透过象，把握到对象的内在精神，达到物我的神合境界的。创作时，艺术家又返观心境，了然于心，由神合而充分体悟感性之象，于是得心应手，以神传神。同时，为了更准确地传达出象的内在之神，艺术家们还常常“离象得神”[①]。谢赫《古画品录·张墨荀勗》：“若拘以体物，则未见精粹；若取之（象）外，方厌膏腴，可谓微妙也。”[②] 也是要求艺术意象的创构须不拘于感性形态本身，从象外取神，获求内在旺盛的生命力，以巧得其微。《二十四诗品·雄浑》所谓“超以象外，得其环中”[③]，范玑《过云庐画论·山水论》所谓“离象取神，妙在规矩之外”[④]，也都是说主体超越于感性之象，可以把握到内在之神。这就说明艺术意象为了更准确地传神，不能局限于感性物态，要从“象外摹神”[⑤]，以便获得“迁想妙得”的效果。

艺术情调的表达，需要依象成言。艺术意象与审美意象的区别，是艺术意象通过艺术语言把心中创构的审美意象，创造性地物

---

① （明）陆时雍撰，李子广评注：《诗镜总论》，第122页。

② （南齐）谢赫著：《古画品录》，谢赫、姚最撰：《古画品录 续画品录》，第8页。

③ （唐）司空图著，祖保泉、陶礼天校笺：《司空表圣诗文集笺校》，第166页。

④ （清）范玑：《过云庐画论》，于安澜编：《画论丛刊》，人民美术出版社1989年版，第481页。

⑤ （明）文征明著：《跋赵子固四香图卷》，周道振辑校：《文征明集》下，上海古籍出版社1987年版，第1338页。

态化了。艺术语言本身体现了主体的体悟方式，语言的传达使艺术家的心象产生奇异的效果。汉字的“象”本身，作为一个象形字，就是对大象的体悟、摹拟与表现。审美意象依托于特定的艺术语言，成为人们观赏的对象，使千载之下、万里之外的人们能够“思而咀之，感而契之”，实现其审美价值。

在艺术意象中，艺术语言如绘画中的线条彩墨、音乐中的声音、文学中的字句等，不只是作为一种工具，反映作者所要表达的内容，而且语言自身已经交融于艺术本体之中，具有本体论的意义。它不仅参与了艺术家体验和构思的整个过程，具有载体的功能，而且它本身就是艺术作品血肉之躯的有机部分，从而使艺术意象的整体感性地呈现在人们面前。艺术语言本身作为感性世界生机的领悟与抽象，包含着造化的生命精神。在艺术意象的创构过程中，艺术家通过情感的作用，唤起了艺术语言中所固有的感性活力和内在生机，把它们融汇在艺术意象的构思和传达之中。在艺术意象的传达过程中，艺术语言及其所表现的内在意象参与了对语言所指称的物质对象的消化，使之空灵迹化地显现在意象之中，同时又显得不着痕迹。

艺术的欣赏，是对艺术家所创造的意象进行玩味和体验，是意象的一种再创造。欣赏者根据自己的审美经验和当下体验，使得艺术家表现在作品中的意象在欣赏者的心中得以复活并且融入了欣赏者自己的趣味和审美理想，从而使欣赏者的情感和趣味得以升华。

艺术意象与自然意象和人生意象之间的同，在于艺术意象是取自自然意象和人生意象，自然意象和人生意象是艺术取之不尽的宝库。只有对自然和人生进行深刻的体悟，加以创造，才会形成独特的艺术意象，给欣赏者以深刻的启迪和思考。

艺术意象与自然意象和人生意象最基本的区别，则在于自然意象和人生意象都是主体在审美活动中成就的，而艺术意象在鉴赏者鉴赏活动之前，就已由艺术家创构而成，并通过物化形态表现出来。艺术家在对感性对象体验时的取舍，由对象所感发的情怀和思绪，以及艺术家独特的人生体验和联想等，为鉴赏者提供了意象创构的典范。让鉴赏者在感同身受中获得乐趣，并从对艺术意象鉴赏的再体验中充分发挥自己的想象力和个人的独特情调。创作者与鉴赏者在身、心节律上的共同性，社会历史因素的共同性或可理解性，是他们通过艺术意象进行交流、产生共鸣的基础。而每个鉴赏者又因先天气质与后天成长的文化背景差异，而对艺术意象的感受有其能动性。王夫之《诗绎》云："作者用一致之思，读者各以其情而自得。"① 谭献《复堂词录序》："作者之用心未必然，而读者之用心何必不然。"② 说明鉴赏者对艺术意象的鉴赏，既要"入乎其内"，以艺术家提供的母本为基础，又可"出乎其外"，产生自己的独特兴会。比较而言，对艺术意象体验的自由度没有自然意象和人生意象大，而其深刻性和普遍性却超过了后两者。

审美意象在艺术中占有着重要的地位。意象的创构是艺术家自我表达和与世界交流的一种途径和方式。这不仅表现在表现艺术中，而且表现在再现艺术中。对于中国艺术来说，我们甚至可以说，艺术创造的核心就是意象的创造，艺术欣赏的核心就是意象的欣赏。

---

① （清）王夫之撰：《姜斋诗话》卷一，《船山全书》第十五册，第808页。
② （清）谭献纂，罗仲鼎、俞浣萍整理：《复堂词录》，浙江古籍出版社2016年版，第2页。

第七章

审美风格

过去中国国内不少论著称审美风格为“范畴”，而范畴乃是一个大的学术概念，指的是知识体系中具有普遍意义的基本概念。在中国传统文化中，范是模式，畴是指疆域、类型，其中的“范畴”也是一种分类的概念。而用范畴称这些审美风格，就使得它们与审美理论中的其他概念一样，都作为一般范畴，这个“范畴”便没有对风格的特指意义。有些著作也看出“范畴”称谓的不妥，改称“美的形态”或“类型”，但“形态”或“类型”也同样是似是而非的概念，而且是偏重于对象的外在形态的，并不能让人明确地感到它在指独特的审美风格。所以这里借用文艺学里的“风格”概念，称其为“审美风格”，指审美对象中充分体现着体貌、风采的独特类型，同时反映着审美欣赏者和艺术创作者的趣尚和气质。其特定趣尚受着时代和地域因素的影响，以及欣赏者和艺术创作者的个性气质和独特趣味的影响。审美风格的自觉和不断丰富，体现了审美意识发展的历史进程脉络。

第一节　壮美与优美

壮美和优美是审美风格的两大基本类型。两者之间既迥然对立，又互补共存。从中既反映了外物感性形态的生命性征，也反映了主体审美欣赏时的内在要求，体现了审美活动中主体的生命意识。

一、壮美

壮美又叫阳刚之美，是审美对象以其粗犷、博大的感性形态，劲健的物质力量和精神力量，雄伟的气势，给人以心灵的震撼，使人惊心动魄、心潮澎湃，进而受到强烈的鼓舞和激越，引起人们产生敬仰和赞叹的情怀，从而提升和扩大了人的精神境界。汉武帝刘彻曾经以“高矣、极矣、大矣、特矣、壮矣、赫矣、骇矣、惑矣”① 形容泰山。清代姚鼐《复鲁絜非书》对壮美的文章与人曾有如下一段描述：“其得于阳与刚之美者，则其文如霆，如电，如长风之出谷，如崇山峻崖，如决大川，如奔骐骥；其光也，如杲日，如火，如金镠铁；其于人也，如凭高视远，如君而朝万众，如鼓万勇士而战之。”② 把壮美的阳刚气势淋漓尽致地表达了出来。蔡元培在《以美育代宗教说》中，曾经将壮美称为“崇宏之美”，并具体将其分为两种：“崇宏之美，有至大至刚两种。至大者，如吾人在大海中，惟见天水相连，茫无涯涘。又如夜中仰数恒星，知一星为一世界，而不能得其止境，顿觉吾身小虽微尘不足以喻，而不知何者为所有。其至刚者，如疾风震霆，覆舟倾屋，洪水横流，火山喷薄，虽拔山盖世之气力，亦无所施，而不知何者为好胜。夫所谓大也、刚也，皆对待之名也。”③ 这里道出了壮美形态的两个方面，即至大——一望无际的大；至刚——强劲挺拔而有力。

具体说来，壮美主要有以下三个特点：

首先，壮美的对象常常具有博大的体态，但博大本身并不都能构成壮美。大海是壮美的，这不仅是因为它形态的大，更主要的是因为它那磅礴的气势体现了无限，体现了不竭的生命力，并以其吞吐日月、包孕群星的气魄令我们敬仰。“日月之行，若出其中。星

---

① 泰山石刻铭文，参见国家文物事业管理局主编：《中国名胜辞典》，上海辞书出版社 1981 年版，第 618 页。

② （清）姚鼐著：《惜抱轩全集》，第 71 页。

③ 蔡元培撰，高平叔编：《蔡元培全集》第三卷，中华书局 1984 年版，第 34 页。

汉灿烂，若出其里。”（曹操《步出夏门行·观沧海》）这种博大的境界和辉煌的气象无疑是无限生命力的象征。中国先秦时代以大为美。吴公子季札观乐，赞颂秦乐：“此之谓夏声。夫能夏则大，大之至也，其周之旧乎！”[1] 赞颂魏乐：“美哉，沨沨乎！大而婉，险而易行。”[2] 这些都是赞颂大的。中国古人有以大为美的趣尚，“大”中有许多是表示壮美的。如《论语·泰伯》中孔子以大颂扬尧，说：“大哉尧之为君也！巍巍乎！唯天为大，唯尧则之。”[3] 认为尧能效法天道的刚健精神以自强不息，故称为大。这里的大正相当于壮美的风格。大至感化，泽及他人的人格，乃为圣人。超越于圣人的不知其然而知其所以然的玄妙境界，乃是孟子所谓的神境，显示出人间的特征。

其次，壮美的对象体现了强劲挺拔的特点。大虽然可以构成壮美，但绵弱无力的大，是缺乏生机、谈不上壮美的。《诗经·卫风·硕人》：“硕人其颀，衣锦褧衣。”[4] 硕即大。庄姜这个大美人高大柔美，相当于我们今日高挑苗条的女模特。这与壮美是不一样的，因为它既不是气势磅礴，也没有体现出劲健的力量。因此，壮美的对象关键要体现出刚劲雄健，具有旺盛的生命力，乃至将人从有限导向无限。刘勰在《文心雕龙·风骨》篇中举例说，鹰隼虽然

---

① （晋）杜预注，（唐）孔颖达等正义：《春秋左传正义》，《十三经注疏》，（清）阮元校刻，第 2007 页。

② （晋）杜预注，（唐）孔颖达等正义：《春秋左传正义》，《十三经注疏》，（清）阮元校刻，第 2007 页。

③ （魏）何晏注，（宋）邢昺疏：《论语注疏》，《十三经注疏》，（清）阮元校刻，第 2487 页。

④ （汉）毛亨传，（汉）郑玄笺，（唐）孔颖达等正义：《毛诗正义》，《十三经注疏》，（清）阮元校刻，第 322 页。

没有文采，却能高飞冲天，正是骨力强劲、气势猛厉的结果。[1] 因此，壮美的对象正因其强劲有力，才能具有一往无前的气势。中国古代评品人、诗、画、书，历来注重评价其骨力，乃体现了中国传统的尚健精神。

第三，壮美的对象在浩瀚宏伟的形态中，还表现在其具有强烈的感染力的风采。孟子曾在作为道的原则的善与信的基础上讨论美与大。《孟子·尽心下》："可欲之谓善，有诸己之谓信，充实之谓美，充实而有光辉之谓大。"[2] 他认为美是奠定在伦理道德要求的基础上的。充实是指一种全面意识上的适宜和恰到好处，体现了和谐的原则。孟子认为充实便是美。形式与内容协调统一便是充实，鲜花盛开，生命力旺盛，符合了生机的质的规定性，便是充实。书法的笔墨很饱满，既不干瘪，又不外溢，也是充实。人的内在生命精神与外在生意相统一，也是充实。这种奠定在功利和道德基础上的充实便是美。而大则是在寻常美的基础上，进一步需要有光辉，能够光彩照人，具有强烈的感染力。这里的大就是壮美，强调了其中照人的光彩和强烈的感染力。《庄子·天道》所说的"夫天地者，古之所大也，而黄帝尧舜之所共美也"[3]，"美则美矣，而未大也"[4]，也是与孟子在同一层意义上使用美与大的。而《周易·大畜》云："刚健笃实，辉光日新其德"[5]，是在明确强调光辉与刚健的关系，

---

① （梁）刘勰著，范文澜注：《文心雕龙注》，第514页。

② （清）焦循撰，沈文倬点校：《孟子正义》，第994页。

③ （清）郭庆藩撰，王孝鱼点校：《庄子集释》上，第483页。

④ （清）郭庆藩撰，王孝鱼点校：《庄子集释》上，第482页。

⑤ （清）王弼注，（唐）孔颖达正义：《周易正义》，《十三经注疏》，（清）阮元校刻，第40页。

认为壮美的对象峻健、踏实，并在此基础上发出新新不住的光彩来，以此强烈地感染读者。《文心雕龙·体性》云："壮丽者，高论宏裁，卓烁异采者也。"① 乃阐述作品壮丽风格的体态特征，说明其议论博大卓越，并且放出不同寻常的光彩，与轻靡相对。

自然对象的壮美，主要体现了宇宙文化的刚健精神与主体在天地间作为万物之灵的豪迈气魄。在审美的思维方式中，对象本身的博大气象，正源自造化的刚健精神。"天地有正气，杂然赋流形：下则为河岳，上则为日星，于人曰'浩然'，沛乎塞苍冥。"② 山河日月星辰乃至人自身的壮丽浩然之气，都是源于自然。男子汉的魁伟的身躯，正是造化赋予男性的雄壮的魅力。同时，这种自然精神中更体现了精神性地征服自然的豪迈气概与自信心。李白《蜀道难》："噫吁嚱，危乎高哉！蜀道之难难于上青天。"在这难这险中更表现出开国通路的壮烈，壮行笑傲的浪漫，显示了人在鉴赏崇高的心态中气贯长虹的情怀。《望庐山瀑布》中"飞流直下三千尺"的"瀑布挂前川"，简直就是造化的神奇杰作，礼赞了大自然的雄壮奇妙。而"疑是银河落九天"则表现了主体夸张浪漫的想象力和受瀑布所激越澎湃的情怀对壮丽的自然景观的独特体验与创构。

而人生境界的壮美，则在秉承"天行健"的基础上更加突出了主体旷达的襟怀与雄伟的气势，让人身心受到感染和震撼，产生回肠荡气的效果。王安石《祭欧阳文忠公文》云："形于文章，见于议论，豪健俊伟，怪巧瑰琦。其积于中者，浩如江河之停蓄；其发于外者，烂如日星之光辉。其清音幽韵，凄如飘风急雨之骤至；其

---

① （梁）刘勰著，范文澜注：《文心雕龙注》，第505页。

② （宋）文天祥撰：《正气歌》，（宋）文天祥著，熊飞等校点：《文天祥全集》，第601页。

雄辞闳辩，快如轻车骏马之奔驰。”[1] 其人其文，秉承宇宙精神，集自然万物壮丽之大成。真可谓意气骏爽，壮志凌云。同时，这种秉承自然阳刚之气的人，还要有相应的社会性特征协调一致。《孟子·公孙丑上》讲到养浩然之气“配义与道”[2]，故能勇往直前。屈原曾在《离骚》中将自己人格的美追溯到高贵的血统，并从小立下“秉德无私，参天地”[3] 的志向。他那“路漫漫其修远兮，吾将上下而求索”的名句，写出了他不懈求索的执着精神。他那不与世俗合污、感民生疾苦的节操，叹国家之危难的忧患，体现了他的博大胸襟。司马迁称他：“推此志也，虽与日月争光可也。”[4] 他的言行节操源源不断地影响了千百年来的民族精神，赢得了人们广泛的敬仰，不知不觉地成了我们整个民族追求壮美的人生的重要参照系。五代后蜀的花蕊夫人在《述国亡诗》说：“君王城上竖降旗，妾在深宫那得知。十四万人齐解甲，更无一个是男儿。”[5] 孔武有力的将士没有气节，不战而降，毫无壮美可言。而岳飞、文天祥等忠诚爱国的将士们，从他们收复国土、宁死不屈的英雄行为中，体现了他们建国立业的雄心壮志和英雄顽强的崇高精神。因此，坚强的性格，高贵的品质乃是体现了人生境界壮美的社会性内容。

艺术作品的壮美，则既体现了主体对壮美的创化、表现能力，

---

① （宋）欧阳修撰，李逸安点校：《欧阳修全集》第六册，中华书局 2001 年版，第 2685 页。

② （清）焦循撰，沈文倬点校：《孟子正义》，第 200 页。

③ （宋）洪兴祖撰，白化文等点校：《楚辞补注》，第 155 页。

④ （汉）司马迁撰：《史记》第八册，第 2482 页。

⑤ （清）彭定求等编，中华书局编辑部点校：《全唐诗》第十二册，中华书局 1999 年版，第 9075 页。

又反映了主体自身内在的精神气质。一般说来，只有具有博大情怀的人，才能驾驭和表现壮美的内容，才能创造出气象雄浑的作品来。北朝游牧民族民歌《敕勒歌》：“敕勒川，阴山下。天似穹庐，笼盖四野。天苍苍，野茫茫，风吹草低见牛羊。”① 将北国辽阔苍茫的草原景色淋漓尽致地表现了出来，从中透露出牧民的生活风貌和精神状态，对一望无垠的草原的激荡、欣悦之情溢于言表，而牧民豪迈粗犷的气魄则寓于字里行间。这就是刘勰所说的“情深而文明，气盛而化神”②。

壮美的审美特征在主体的鉴赏心灵中最终成就。主体将自己作为万物之灵，长期地生存在外在环境中，与自然朝夕相伴、心声相应，于是在心灵中滋生了一种永恒的爱，一种超越我们感性生命乃至我们想象力的神圣的爱。当我们感受大自然的惊心动魄之处时，我们同宇宙间的那些雄伟壮丽的景致如海洋大河、日月星辰同命运、共呼吸，从中领略到自然的壮阔和我们自身心灵的伟大。正是在这种震撼人心的自然的熏陶中，我们领略到了生命的价值和意义。我们生活在伟大人物或高尚人物的周围，在激烈的生活场景中，在日益变迁的社会发展中感受到他们的气概和豪迈，于是受到这种寓于平凡之中的伟大风采的感发。屈原的不朽，正是长期以来民众对他的崇拜而在心中不断成就的。而艺术中的壮美景象和作品的气势，更是在鉴赏者的共鸣中由情怀的激荡、惊赞而唤起想象力的再创造，从而在鉴赏者的感发中获得崭新的魅力。

---

① （宋）郭茂倩著：《乐府诗集》第三册，中华书局 1979 年版，第 1213 页。
② （梁）沈约撰：《宋书》第一册，第 206 页。

二、优美

优美又叫阴柔之美。优美的审美对象常常以其细小、光滑和柔和的特征，让人在安闲中得到一种适水顺情的感觉。姚鼐《复鲁絜非书》："其得于阴与柔之美者，则其文如升初日，如清风，如云，如霞，如烟，如幽林曲涧，如沦，如漾，如珠玉之辉，如鸿鹄之鸣而入寥廓；其于人也，漻乎其如叹，邈乎其如有思，暖乎其如喜，愀乎其如悲。观其文，讽其音，则为文者之性情形状举以殊焉。"①清风明月，炊烟袅袅，小溪小涧，春光明媚等优美的对象，让人在欢欣雀跃、哀愁幽怨的体验中获得欣悦和陶冶。

优美的对象包括明亮和幽雅等多种形态，以不同情调感染主体。有的侧重于恬淡、幽雅的情调。如王维《山居秋暝》："明月松间照，清泉石上流。"描写当空皓月将白光洒向松枝，清凉的泉水在山石上轻轻流淌。这种雨后秋月笼盖下的林中景色，真让人安谧流连。有的侧重于哀怨凄苦的情调。如马致远《天净沙·秋思》："枯藤老树昏鸦，小桥流水人家，古道西风瘦马，夕阳西下，断肠人在天涯。"秋日黄昏古道的惨淡景致，让羁旅天涯的游子触景生情，落寞惆怅，在渺远忧伤的背景中楚楚动人。有的侧重于含思婉转、在欢快背景中显得情深谊长。刘禹锡《竹枝词》二首之一："杨柳青青江水平，闻郎江上唱歌声。东边日出西边雨，道是无晴却有晴。"怀春少女听到自己钟情少年的歌声，忧喜参半，猜不透少年对自己是否有意，在"晴""情"的谐音双关中，表现出率真

---

① （清）姚鼐著：《惜抱轩全集》，第71页。

少女的迷茫与眷恋，以及忐忑不安的心情，全篇以清新的格调让人兴味盎然。

优美的对象体现了柔和的特点。优美的对象通常是细小的、隽秀的，在舒适、轻柔中让人赏心悦目。它与强劲、坚硬背道而驰。有些对象在形态上虽然较大，如风和日丽，但本身却是柔和、平静的。高挑的少女虽然硕大，而其身材中柔美的曲线，既不显得强壮有力，又不导向无限，故以其柔和、匀称和康乐而显得优美。刘熙载《艺概·文概》云："文之隽者每不雄，雄者每不隽。"[①] 柳永的"杨柳岸，晓风残月"以其柔和、恬淡沁人心脾。而十七八岁女孩儿执红牙拍板轻快地歌唱则与所唱的内容相协调，也是优美的。杜甫《水槛遣心二首（其一）》："细雨鱼儿出，微风燕子斜。"鱼儿在毛毛小雨中游上水面，燕子在微风中倾斜着滑翔。细雨与河鱼，轻风与燕子，一切都显得闲适、轻松。这便是柔和。

优美的对象还体现了舒缓的特点。与壮美给人以强烈的印象相比，优美乃是平静地、不知不觉地感染、滋润人的心田。如春风化雨。杜甫《春夜喜雨》云："随风潜入夜，润物细无声。"既写出了春雨自身纤细绵密、化育万物的优美，又可以看成是优美的对象沁人心脾的贴切写照。它不是以刚劲和粗重给人以强烈的印象，而是缓慢地、默默地使人的心灵宁静下来，与阴沉深重的狂风暴雨所给人的强烈印象迥然不同。同时，优美的对象常常蕴藉，余味深长，给人幽远、深婉的深邃感。

自然对象的优美，主要反映出对象的阴柔之气，让人以恬谈、温柔的情调把握到它。故以曲线的形态，显得娇柔妩媚；以悠长深

---

① （清）刘熙载著：《艺概》，第5页。

远的景致，显得幽雅恬淡；以明快柔和的色调，显得轻松愉快。而人体更是以波浪形或蛇形线，在舒缓动感中显得圆润而富于生气。人生的优美则以文静、优雅、言行举止协调，让人感到贯穿在动作举止中的似水柔情。艺术作品中的优美主要体现了作者以阴柔为主导的内在气质。曹丕《典论·论文》："文以气为主，气之清浊有体，不可力强而致。譬诸音乐，曲度虽均，节奏同检，至于引气不齐，巧拙有素，虽在父兄，不能以移子弟。"① 刘勰也有"才有庸俊，气有刚柔"② 之说。在一般意义上，文如其人，优美风格的作品来自具有阴柔气质的作家，并且表现出优美的景致和情调。或清新典雅，或悲楚惆怅。有时，在总体风格优美的前提下，同是优美基调的作品，在不同背景下会打上特定生活背景和情感色彩的烙印。如同是闺怨词，李清照早期的《如梦令》(昨夜雨疏风骤)，在抒发自己惜春的心情时，虽辞意凄惋，却充满惜春少女的纯洁柔情，其总体情调是天真活泼、富于生趣的。而《声声慢》(寻寻觅觅)则有着浓厚的感伤情调，写出一个国破家亡的受难者内心深处的深愁和痛楚。

优美和壮美在总体上是相辅相成的。少女那流畅、富有乐感的甜甜的音调是一种优美，而项羽那种叱咤风云、声如雷霆的嗓音则是一种壮美。主体的心理既需要强烈的震撼，又需要缓缓的陶养。人们并不都千篇一律地欣赏优美或壮美。一张一弛、刚柔相济是人的身心应有的节奏。人们既需要雄壮的大型交响乐，也需要柔和的抒情小夜曲。两者可以偏好，却不能偏废。艺术家在创作作品时，

---

① (三国)魏文帝撰，孙冯翼辑：《典论》，中华书局1985年版，第1页。

② (梁)刘勰著，范文澜注：《文心雕龙注》，第505页。

正是能动地适应了这种要求，创造出壮美和优美两种风格的作品。而且在风格一致性的基础上，艺术家的创作还有着多样性的特征。写“飞流直下三千尺”的李白，也写“床前明月光”；写“大江东去”的苏轼，也写“相顾无言，惟有泪千行”；写“凄凄惨惨戚戚”的李清照，也写“生当作人杰，死亦为鬼雄”。乃至在同一作品中，也体现了刚柔相济的原则。司马迁的《史记·项羽本纪》中，既写了项羽的叱咤风云，也写出了项羽别姬时的儿女柔情。优美和壮美相辅相成，既是对象的存在方式，也是不同气质的主体的内在心理需要。

第二节　自然与雕饰

审美对象从对象与人的关系上看，有两种风格：一是自然的，独立自在的；一是雕饰的，经过人的精心加工的，或看上去像是经过加工的。自然是外在对象的本来面目，反映了主体对这种本来面目的情感体验与认同。艺术则是主体的能动创造，反映了主体的审美理想。人们对于自然对象，总是希望它们符合于主体的创造理想；有些奇妙的景致，虽然是自然而然的，却如同出自人工的精心构思与安排。而对于艺术作品，人们又总是希望它们符合于自然界独立自在的形态，显得天衣无缝，没有人工做作的痕迹，而其中起主导作用的，乃是主体审美的思维方式。

洪迈《容斋随笔》云：“江山登临之美，泉石赏玩之胜，世间佳境也，观者必曰，如画。”“至于丹青之妙，好事君子嗟叹之不足者，则又以逼真目之。”① 杨万里《诚斋诗话》云：“杜（甫）《蜀

① （宋）洪迈著：《容斋随笔》，上海古籍出版社1978年版，第214页。

山水图》云：‘沱水流中座，岷山赴北堂。白波吹粉壁，青嶂插雕梁。’此以画为真也。曾吉父云：‘断崖韦偃树，小雨郭熙山。’此以真为画也。”① 杨慎《画品》云：“会心山水真如画，巧手丹青画似真。”② 清人王鉴《染香庵跋画》也说：“人见佳山水，辄曰如画；见善丹青，辄曰逼真。”③ 秀丽的山水正在于其琳琅满目的各种景致，虽出于自然，却如同造化有灵心妙运，像人一样巧妙地构思布局的，类似于画家的巧妙构思，故称作“如画”，又有“天然图画”之说；绝妙的图画，却如同出自自然大化，看不出人工的痕迹，故称作“逼真”。这当然是一种泛论。具体说来，无论是自然对象还是艺术作品，都有其自然倾向与雕饰倾向。而人生，正是在由自然的人向社会的人的生成过程中反映了自然与雕饰的统一，并从中体现出自然倾向与雕饰倾向。因此，我们将审美对象的风格从对象与人的关系上分为自然风格与雕饰风格，以此贯穿在自然、人生和艺术诸对象领域。

一、自然

自然作为审美风格，是指自然而然，给人以率真、本性流露的感觉，相对于雕饰和矫揉做作。在自然风格中，对象以其独立自在的形式让鉴赏者领悟到其中浑然天成的风采，如行云流水，如花开花落，是审美者眼中的对象本色，契合于主体的心理期待。

中国传统主张“自然”的一派，以道家思想为宗。《老子》二

① （宋）杨万里著：《诚斋诗话》，丁福保辑：《历代诗话续编》上，第148页。
② （明）杨慎撰：《画品》，中华书局1985年版，第1页。
③ 俞丰译注：《王鉴画论译注》，荣宝斋出版社2012年版，第8页。

十五章说“人法地，地法天，天法道，道法自然”[①]，认为道以自然为法。王安石将自然解释为“不假乎人之力而万物以生也”[②]，即化生万物的功能。老子还将这种顺任自然的主张推广到社会历史领域，认为人的最高标准就是自然，而矫揉做作是社会的文明所带来的消极影响。因此，人要回归自然，如婴儿，如赤子。当然，人不能回归到一般的动物阶段，不能真的从成人回到婴孩。但人可在更高的阶段向人性复归，以超越尘世的纷扰，使真性情得以自然流露。人由于受文明所带来的虚伪和贪婪的戕害，失却了淳朴的本性，因此要返璞归真，体现自然。这就是人生的自然表现。从中体现了“有无相生，难易相成，长短相形，高下相倾，音声相和，前后相随”[③] 的自然之道。故境界高远的人应当顺应自然、功成不居。

这种对自然的倡导到了庄子便更为具体和充分。庄子继承了老子“功成不居”的自然观，强调道的自然性：“齑万物而不为义，泽及万世而不为仁，长于上古而不为老，覆载天地刻雕众形而不为巧。”[④] 主张一切顺任自然。他还将自然与人为对立起来：“牛马四足，是谓天；落马首，穿牛鼻，是谓人。”[⑤] 人生要体现纯朴、天真的本性，倡导性情的真挚、精诚。由发自自然的真情感人，故能深入人心。他强调以自然界的“天籁”为美。郭象注“天籁”：“天

---

① （明）薛蕙撰：《老子集解》，第16页。

② （宋）王安石著，唐武标校：《王文公文集》上，上海人民出版社1974年版，第310页。

③ （明）薛蕙撰：《老子集解》，第2页。

④ （清）郭庆藩撰，王孝鱼点校：《庄子集释》上，第289页。

⑤ （清）郭庆藩撰，王孝鱼点校：《庄子集释》下，第592页。

然耳，非为也”[1]，而反对以人灭天。如西施病颦，其一言一行，皆顺情适性，由乎自然，故举止娴雅；相反，东施效颦，无病呻吟，举止做作，故不美。《庄子·天运篇》以此寓言说明东施只知西施皱眉捧腹为美，不知皱眉捧腹何以能美，应该是真性情的自然流露。庄子的这种自然观讲的实际上是文明的人的自然表现问题，故后世对艺术的自然风格的倡导多受庄子的启发。

对自然对象虽然在本质上体现了自然而然的领略，不假人为，但在审美的眼光里依然可以分为侧重于自然的风格和侧重于雕饰的风格。正如艺术作品虽在本质上是人工的、雕饰的，从审美的角度却依然可以分为雕饰的风格与自然的风格一样。这种对山水的自然风格的自觉意识，在中国是从魏晋开始的。魏晋人从山林中发现了会心处，故能寄情山水，与天合一。与先秦儒家将自然与人的社会道德贯通起来领悟的人文方式不同，魏晋人将自然风情与人的自然性情、个性气质的自由追求相联系。自然形式自身的感性特征，其自然妙有的生命精神与主体的感性生命在贯通合一中使主体实现精神的自由。孙绰《游天台山赋》所谓“浑万象以冥观，兀同体于自然”[2]，正是说明主体在体悟自然中跃身大化，从与自然同体中领略到对象的自然风采。

自然对象在现实中的本然状态，是自然风格的基础。“凫胫虽短，续之则忧；鹤胫虽长，断之则悲。”[3] 自然对象的自然风格，乃在于主体从对象的本然状态中感受到天趣。《文心雕龙·原道》

---

① （清）郭庆藩撰，王孝鱼点校：《庄子集释》上，第56页。
② （梁）萧统编，（唐）李善注：《文选》上，第166页。
③ （清）郭庆藩撰，王孝鱼点校：《庄子集释》上，第326页。

云："龙凤以藻绘呈瑞，虎豹以炳蔚凝姿；云霞雕色，有逾画工之妙；草木贲华，无待锦匠之奇；夫岂外饰，盖自然耳。"① 自然对象有造化赋予的本来面目，这种本来面目从天然状态中充分体现了其夺目的光彩，体现了大化的阴阳生命精神。这就是造化天覆地载的功能在主体审美心态中的自然性表现。张彦远《历代名画记·论画体工用拓写》："夫阴阳陶蒸，万象错布，玄化亡言，神工独运。草木敷荣，不待丹碌之采，云雪飘扬，不待铅粉而白；山不待空青而翠；凤不待五色而綷。"② 进一步阐述了造化的自然生命精神如风行水上，自然成文。

自然对象的基本特征，则在于其未假雕饰的本色与内在精神充分和谐的统一。郭象《庄子·刻意注》将其归纳为不亏不杂："苟以不亏为纯，则虽百行同举，万变参备，乃至纯也。苟以不杂为素，则虽龙章凤姿，倩乎有非常之观，乃至素也。若不能保其自然之质而杂乎外饰，则虽犬羊之鞹，庸得谓之纯素哉!"③ 不亏，即本来面目的充分显现。正因显现了本来面目，故虽千姿百态，仍是纯真自然的。不杂，即在其自然之质中，不夹其他色调，或让人联想到人为巧饰痕迹的色调。这样，即使龙纹虎斑，也是至素不杂的。这种本然状态的纯真充分的表现，便是自然。因此：这里所谓自然，不是朴素，更不是单调，而是对象的本然状态。这种充分体现了本然状态的美便是自然风格的美。

人生境界的自然性乃在于主体在心态上的不矫情，不屈从，所

---

① （梁）刘勰著，范文澜注：《文心雕龙注》，第1页。

② （唐）张彦远著，俞剑华注释：《历代名画记》，第37页。

③ （晋）郭象注，（唐）成玄英疏，曹础基、黄兰发点校：《庄子注疏》，中华书局2011年版，第296页。

做所为能心手相应，显得舒展豁达。郭象《庄子·大宗师注》有“内放其身而外冥于物”①，主要体现了道家的自然观。不受外物所役，不为名利所拘，故显得天地宽广，与自然相契相合。自然人格的基本特征是真诚、直露、坦率。本真是精诚的最高表现。体现本色和天真，便具有充分的感染力。这就是人生境界的自然风采。在道家眼里，世俗礼仪是外在的、强制的，束缚人的精神自由的。追求自由，就要超越礼俗，使个性得以率真表现。

魏晋人力倡通脱，便是道家眼里的人格自由。《世说新语·雅量》载郗鉴派门生到王家求婿，诸郎皆矜持做作，唯东床王羲之“坦腹卧，如不闻”。自然率真，受到郗公激赏：“正此好！”②《世说新语·任诞》载王子猷夜访戴安道，乘兴而来，兴尽而返。③阮籍为人热爱生命，追求自由，“外坦荡而内淳至”。在叔嫂不通问的当时，却与归省的嫂子道别。“兵家女有才色，未嫁而死”，阮籍便“径往哭之，尽哀而还”④。这些都在讲阮籍不受礼法拘束，追求道家自然、通达的人生。

为了传达自然人格的内在风貌，魏晋名士们常常以自然景观比况人格神采。《世说新语·赏誉》：“世目李元礼：‘谡谡如劲松下风。’”⑤“王公目太尉：‘岩岩清峙，壁立千仞。’”⑥《世说新语·容止》：“有人语王戎曰：‘嵇延祖卓卓如野鹤之在鸡群。’”⑦

---

① （晋）郭象注，（唐）成玄英疏，曹础基、黄兰发点校：《庄子注疏》，第124页。
② 余嘉锡撰：《世说新语笺疏》，第362页。
③ 余嘉锡撰：《世说新语笺疏》，第760页。
④ 余嘉锡撰：《世说新语笺疏》，第731页。
⑤ 余嘉锡撰：《世说新语笺疏》，第415页。
⑥ 余嘉锡撰：《世说新语笺疏》，第442页。
⑦ 余嘉锡撰：《世说新语笺疏》，第612页。

“时人目王右军：‘飘如游云，矫若惊龙。’”[①] “有人叹王恭形茂者，云：‘濯濯如春月柳。’”[②] 通过自然景象的风采传达人物内在性情之神，使得对象自然的神韵和情趣得以贴切地表述。正是在这种人格与自然生机的贯通中让人们领悟到自然人格内在的丰富蕴涵。

自然风格的最高理想体现在艺术之中。艺术作品在本质上是人工的产品，体现了主体的创造精神。但艺术史上人们又常常以艺术妙肖自然、充满生机为崇高的艺术追求，推崇艺术作品在师法造化的基础上有笔补造化之功。虽出于人工，却又宛若天成。元代陆行直（陆辅之）《词旨》上：“词不用雕刻，刻则伤气，务在自然。”[③] 沈祥龙论词时对词的自然风格解释说：“自然者，不雕琢、不假借、不著色相、不落言诠也。”[④] 这是说表达的是本来面目。这种自然，毕竟反映了艺术家精湛的艺术技巧，只是看上去无雕饰痕迹。因为艺术在本质上就是人工雕饰的结果，所谓艺术的心态、艺术的眼光，都是人文因素在其中起作用，但能让人在感觉上显得是自然的，返璞归真的。

艺术的自然风格乃是主体以对待自然生命的眼光看待艺术的结果。在中国古人的心目中，自然是造化及其生机的具体表现。在审美的角度上，师法造化之自然，是每一种风格的艺术品所遵循的重要原则。体现自然风格的艺术作品，其师法造化的表现，让人感到作品是再造的自然，如同自然万物一样，像是天然的，天生而就

---

① 余嘉锡撰：《世说新语笺疏》，第 623 页。

② 余嘉锡撰：《世说新语笺疏》，第 626 页。

③ （元）陆辅之：《词旨》，唐圭璋编：《词话丛编》，中华书局 1986 年版，第 301 页。

④ （清）沈祥龙：《论词随笔》，唐圭璋编：《词话丛编》，第 4054 页。

的，给人以清新的感觉。明代赵士哲《石室谈诗》：“《十九首》以及建安皆清空一气，而高下抑扬自然合拍。”① 说明《古诗十九首》和建安文学作品大都清新自然，符合了自然节奏。严羽《沧浪诗话·诗法》的“本色”、“当行”②、王士禛的“神韵天然，不可凑泊”③ 都在强调艺术作品符合主体所体悟到的自然造化之机。清代李调元《雨村诗话》：“故诗者，天地自然之乐也。有人焉为之节奏，则相合而成焉。”④ 将天地、自然的生命节奏视为诗歌应遵循的天然法则。张戒则将这种自然风格具体表达为情真、味长、气胜：“咏物之工，卓然天成，不可复及。其情真，其味长，其气胜。”⑤ 气盛乃说自然的作品必合一气运化，神完而气足。味长则说明其内在生命力表现在外在风神中，情真乃出乎主体心灵的自然流露。这样，艺术中的自然可以理解为师法造化的自然，性情流露的自然，艺术构思的自然和艺术表现的自然。

主体发自然之情性，是艺术中自然之风格产生的重要因素。《文心雕龙·明诗》：“人禀七情，应物斯感，感物吟志，莫非自然。”⑥ 依照天人合一的观点，主体自身体现造化的创造规律，发

---

① （明）赵士哲：《石室谈诗》，周维德集校：《全明诗话》，齐鲁书社 2005 年版，第 5144 页。
② （宋）严羽著，郭绍虞校释：《沧浪诗话校释》，人民文学出版社 1961 年版，第 12 页。
③ （清）王士禛著，张宗柟纂集，夏闳校点：《带经堂诗话》，人民文学出版社 1963 年版，第 71 页。
④ （清）李调元：《雨村诗话》，郭绍虞编选，富寿荪校点：《清诗话续编》三，第 1517 页。
⑤ （宋）张戒：《岁寒堂诗话》，丁福保辑：《历代诗话续编》上，第 450 页。
⑥ （梁）刘勰著，范文澜注：《文心雕龙注》，第 65 页。

乎情，则其情乃从心灵中自然流露。这是主体感物动情，与自然生机共鸣的结果，是对外物情感的率真表现。《朱子语类》称陶渊明的诗："渊明所以为高，正在其超然自得、不费安排处。"① 冯梦龙《太霞曲语》："三百篇可以兴人者，唯其发于中情，自然而然故也。"② 谢榛《四溟诗话》："情景适会，与造物同其妙。"③ 这是主体与契合心境的对象不期而遇，随物触发，故妙机天得。各类不同的性情只要是自然流露，都是天然性情的表现。关键出于自得，即由自我觉悟、领会而导致真情流露。嵇康《赠秀才入军》："俯仰自得，游心太玄。"④ 即性情的自然表现。一经自得，则各种气质和性格的人等，情感均体现自然特征。故李贽曾说："性格清彻者音调自然宣畅，性格舒徐者音调自然疏缓，旷达者自然浩荡，雄迈者自然壮烈，沉郁者自然悲酸，古怪者自然奇绝。有是格，便有是调，皆情性自然之谓也。"⑤

这种自然境界的创构在创作心态中常常表现为不期然而然。徐增《而庵诗话》："诗贵自然。云因行而生变，水因动而生文，有不期然而然之妙。"⑥ 朱庭珍《筱园诗话》卷一："盖自然者，自然而然，本不期然而适然得之，非有心求其必然也。"⑦ 这些不期然而

① （宋）朱熹：《答谢成之书》，朱杰人等主编：《朱子全书》第二十三册，第2755页。
② （明）冯梦龙撰：《太霞新奏序》，魏同贤主编：《冯梦龙全集》第10卷，凤凰出版社2007年版，第1页。
③ （明）谢榛著，宛平校点：《四溟诗话》，第56页。
④ （三国）嵇康撰，戴明扬校注：《嵇康集校注》，第16页。
⑤ （明）李贽著：《焚书 续焚书》，第132、133页。
⑥ （明）徐增：《而庵诗话》，丁福保编：《清诗话》上册，第432页。
⑦ （清）朱庭珍著：《筱园诗话》卷一，郭绍虞编选，富寿荪校点：《清诗话续编》四，第2341页。

然之妙，说的正是灵感激活状态下水到渠成，于是显得自然的情况。实际上，这种状态常常是长期思索偶然得之的结果。那种浑然天成的境界，正包含了艺术家对造化生命之道的神奇领悟与敬赞，形成审美理想后，由苦心积虑，将思绪浑然织成一个有机整体。其“元气浑沦，天然入妙，似非可以人力及者”①，但它们却又是人力在长期酝酿过程中豁然贯通，下笔如神的结果。

艺术的自然风格，常常是作者精巧的构思与自然大化同其妙的结果。李贺《高轩过》所谓“笔补造化天无功”②，乃说作品本出自心裁，而又顺自然之性，从中显出天趣之妙。许多人常从效果上，认为自然绝妙常常不假绳削而能自合。元代陆辅之《词旨》上云：“词不用雕刻，刻则伤气，务在自然。”③ 叶梦得《石林诗话》解释谢灵运“池塘生春草，园柳变鸣禽”云：“此语之工，正在无所用意，猝然与景相遇，借以成章，不假绳削，故非常情所能到。”④ 诸如江淹《别赋》：“春草碧色，春水绿波，送君南浦，伤如之何?”看起来“一气呵成，有天骥下峻阪之势”⑤，似乎取诸目前，不假雕琢而自工，有天然妙得之趣。实际上，这种不假绳削，这种猝然顿悟，正是长期思索、创构的结果。《二十四诗品·精神》

---

① （清）朱庭珍著：《筱园诗话》卷一，郭绍虞编选，富寿荪校点：《清诗话续编》四，第2340页。

② （唐）李贺著，（清）王琦等注：《李贺诗歌集注》卷四，上海古籍出版社1978年版，第291页。

③ （元）陆辅之：《词旨》，唐圭璋编：《词话丛编》，第301页。

④ （宋）叶梦得：《石林诗话》卷中，（清）何文焕辑：《历代诗话》下，第426页。

⑤ （清）许梿评选，黎经诰笺注：《六朝文絜笺注》，中华书局1962年版，第22页。

所谓“妙造自然”[1]，重在一个“造”字。沈德潜《古诗源》卷十评谢灵运诗：“经营惨淡，钩深素隐，而一归自然。”“谢诗追琢而返于自然。”[2] 强调追琢和惨淡构思的一面。清代彭孙遹《金粟词话》：“词以自然为宗，但自然不从追琢中来，便率易无味。如所云绚烂之极，乃造平澹耳。”[3] 王圻《稗史》说陶诗“不是无绳削，但绳削到自然处，故见其淡之妙，不见其削之迹”[4]。明代王世贞《艺苑卮言》认为建安文学“似非琢磨可到，要在专习凝领之久，神与境会，忽然而来，浑然而就，无岐级可寻，无色声可指”[5]，正阐释了由雕琢进入自然境界的过程。况周颐《惠风词话》以曾鸥江《点绛唇》为例，言“自然从追琢中出也”[6]。

艺术中的自然风格，在表现上具有不着痕迹、当然如此的效果。《文心雕龙·隐秀》论秀句主“自然会妙”[7]。刘禹锡《翰林白二十二学士见寄诗一百篇因以答贶》：“郢人斤斫无痕迹，仙人衣裳弃刀尺。世人方内欲相寻，行尽四维无处觅。”[8] 宋代曾巩曾赞颂

---

① （唐）司空图著，祖保泉、陶礼天校笺：《司空表圣诗文集笺校》，第166页。

② （清）沈德潜选：《古诗源》，中华书局1963年版，第232页。

③ （清）彭孙遹：《金粟词话》，唐圭璋编：《词话丛编》，第721页。

④ 北京大学、北京师范大学中文系等编：《陶渊明资料汇编》上册，中华书局1982年版，第168页。

⑤ （明）王世贞：《艺苑卮言》卷一，丁福保辑：《历代诗话续编》下，第960页。

⑥ （清）况周颐著：《惠风词话》，况周颐、王国维著：《蕙风词话 人间词话》，人民文学出版社1960年版，第79页。

⑦ （梁）刘勰著，范文澜注：《文心雕龙注》，第633页。

⑧ （唐）刘禹锡撰：《刘禹锡集》，第417页。

欧阳修的文章“绝去刀尺，浑然天质”[①]。陆游《九月一日夜读诗稿有感走笔作歌》：“天机云锦用在我，剪裁妙处非刀尺。”[②] 言诗如天衣无缝，主要是从艺术表现的效果上看的。苏轼主张诗文要如“行云流水”：“但常行于所当行，常止于所不可不止。文理自然，姿态横生。”[③] 另释惠洪的《冷斋夜话》载苏轼称陶渊明的诗：“似大匠运斤，不见斧凿之痕。”[④]《文心雕龙·丽辞》论对偶句主“自然成对”[⑤]，这些都是在讲表现。自然风格是读者的印象，而构思过程，遣词造句过程，虽“不著色相，不落言诠”[⑥]，却通过精心安排，或平日熟谙表现技巧，能够举重若轻，如行云流水。这就是《庄子·骈拇》中的常然状态：“天下有常然。常然者，曲者不以钩，直者不以绳，圆者不以规，方者不以矩，附离不以胶漆，约束不以纆索。”[⑦] 这种顺势的表现，是表现的常态。“不宜过于设色，亦不宜过于白描。设色则无骨，白描则无采。”[⑧] 这就把自然的内在意蕴恰如其分地、顺理成章地传达了出来。

在中国古代，艺术的自然风格常常被视为理想的境界。据《南史》记载，鲍照在比较谢灵运与颜延之诗时，认为谢诗如“初发芙蓉，自然可爱”，而颜诗则如“铺锦列绣，亦雕缋满眼”[⑨]，明显在

---

① （宋）曾巩：《祭欧阳少师文》，陈杏珍、晁继周点校：《曾巩集》下，第526页。
② （宋）陆游著，钱仲联校注：《剑南诗稿校注》四，第1803页。
③ 孔凡礼点校：《苏轼文集》第三册，第1418页。
④ （宋）释惠洪撰：《冷斋夜话》，中华书局1985年版，第3、4页。
⑤ （梁）刘勰著，范文澜注：《文心雕龙注》，第588页。
⑥ （清）沈祥龙：《论词随笔》，唐圭璋编：《词话丛编》，第4054页。
⑦ （清）郭庆藩撰，王孝鱼点校：《庄子集释》上，第330页。
⑧ （清）沈祥龙：《论词随笔》，唐圭璋编：《词话丛编》，第4054页。
⑨ （唐）李延寿撰：《南史》第三册，第881页。

扬自然风格，抑雕饰风格。钟嵘《诗品·中》：“汤惠休曰：‘谢诗如芙蓉出水，颜诗如错彩镂金’。颜终身病之。”① 梁武帝评书法，也将“芙蓉出水”置于“文彩缕金”之前。② 唐李嗣真推崇王羲之书法：“同夫披云睹日，芙蓉出水。”③ 李白也提倡：“清水出芙蓉，天然去雕饰。”司空图《二十四诗品》之“自然”谓：“俯拾即是，不取诸邻。俱道适往，著手成春。如逢花开，如瞻岁新。真与不夺，强得易贫。幽人空山，过雨采苹。薄言情悟，悠悠天钧。”张彦远《历代名画记·论画体工用榻写》论画也竭力推崇自然风格：“自然者为上品之上，神者为上品之中，妙者为上品之下，精者为中品之上，谨而细者为中品之中。”④ 这些说法，都在强调自然风格的天然体道境界，为品评艺术的最高标准。欧阳修《唐元结阳华岩铭》云：“君子之欲著于不朽者，有诸其内而见于外者，必得于自然。”⑤ 乃至苏轼《书鄢陵王主簿所画折枝二首》：“诗画本一律，天工与清新。”⑥ 王国维《宋元戏曲史》：“古今之大文学，无不以自然胜。”⑦ 凡此种种，都在推崇自然风格。而那些实践和主张雕饰风格的人，则基本不贬斥自然风格。自然风格与雕饰风格是艺术风格的两个方面。艺术作品由雕饰进入到表现自然，颇不易。故不少人推崇自然风格可以理解，但不可偏废。

---

① （梁）钟嵘著，陈延杰注：《诗品注》，第 43 页。

② （梁）萧衍撰：《古今书人优劣评》，上海书画出版社、华东师范大学古籍整理研究室选编点校：《历代书法论文选》，第 81 页。

③ （唐）李嗣真：《书品后》，（唐）张彦远辑，洪丕谟点校：《法书要录》，第 81 页。

④ （唐）张彦远著，俞剑华注释：《历代名画记》，第 38 页。

⑤ （宋）欧阳修撰，李逸安点校：《欧阳修全集》第五册，第 2239 页。

⑥ （清）王文诰辑注，孔凡礼点校：《苏轼诗集》第三册，第 1525、1526 页。

⑦ 王国维著，谢维扬、房鑫亮主编：《王国维全集》第三卷，第 113 页。

二、雕饰

雕饰风格是指对象在原质的基础上经过了人为的精心构思与修饰，或让欣赏者感到对象虽是自然存在的，却如同有人作了精巧安排一般，给人以华美和绚丽多彩的印象，使人的耳目为之一新。少女的精心梳妆，园林的构思与修葺等，都是雕饰的结果。中国传统主张雕饰的一派，以儒家思想为宗，体现了主体的人文精神。

自然对象虽在本质上体现了自然风格，但在审美者的眼里，却依然有许多如同有人精心构思的自然景致，让人想到一幅幅天然的图画。例如天上的霞光映照在云彩之上，仿佛有人精心设计，使色彩斑斓，灿烂夺目。

自然对象的瑰丽多姿是其基础，如鬼斧神工。从自然对象中，我们见出雕饰的风格，主要是主体把对象拟人化，将自然景观看成是自然现象自身（或造化）有意雕饰的结果。李白的《望天门山》："天门中断楚江开，碧水东流至此回。两岸青山相对出，孤帆一片日边来。"天门山山断江开，青山相对而出，呈现在舟中人们的眼帘，正与红日、孤帆相映照。李白《望九华赠青阳韦仲堪》："天河挂绿水，秀出九芙蓉。"觉得瀑布像是有意挂出的长幕，且以绿水为幕，九座山峰也犹如少女闺中绣出的九朵莲花。刘禹锡《望洞庭》："湖光秋月两相和，潭面无风镜未磨。遥望洞庭山水色，白银盘里一青螺。"在诗人眼里，造化和月亮仿佛都是善解人意的大艺术家，有意在天地间雕饰出洞庭湖这样的杰作来。在秋月的映照下，白水青山，如同银盘里放着一只青螺。让人们读来感觉到偌大的洞庭湖只是书斋里的一个盆景。这些都是在讲造化的雕饰。

有时候，人们还将具体的自然景致和现象看成是其他景致的点缀。王安石《泊船瓜洲》："春风又绿江南岸。"清代赵翼《野步》："最是秋风管闲事，红他枫叶白人头。"把春风和秋风拟人化，说它装点了河山。春风吹绿了江南大地，秋风则吹红了枫叶，吹白了老人的头发。清代李秉礼《望夫山》："雨洗云鬟湿，烟横眉黛青。"将烟雨拟人化，似乎是望夫山的化妆师，梳洗鬓发，描饰眉毛。那作为望夫山的少妇形象，正被缭绕的烟雨雕饰得妖娆多姿。

神话传说对自然景致的附丽，使得主体通过想象力对山水自然的雕饰变得相对固定，并以相对固定的方式使得这种雕饰获得共鸣和交流。这是主体心灵对自然对象进行雕饰的特殊表现。巫山神女峰、雁荡山金鸡报晓峰等，乃是人们根据山峰类于美女、金鸡神情的形态，凭借想象力加工修饰而成的，仿佛也是造化精心雕饰的产物，加之有人以基本的形象为基础，附以神话传说，便使得造化不经意偶然形成或被风雨剥落的山峰仿佛是造化有意为之，甚至精心安排的一样。这种主体心灵艺术化的加工本身就是一种雕饰了。山水比德也是借助于联想对自然进行加工的一种雕饰。至于人工的修葺和人文景观的装点，更能明显体现出雕饰的痕迹，使既有的自然对象锦上添花了。

儒家的雕饰观，更多地体现在人生观上。孔子以自然的人为基础，将礼乐看成是雕饰人生的基本方式。当礼的规范成为人的内在要求时，当乐的浸染使人生艺术化时，自然的人便由雕饰而变成了社会的人。由文化所造就的人的行为和风采，常常给人以精美的艺术品的感觉。荀子的"化性起伪"思想，正具体而系统地阐释了自然的人变成雕饰的人的过程。《荀子·礼论》:“性者,本始材朴也;伪者,文理隆盛也。无性则伪之无所加,无伪则性不能自美。”[1]人的本性是天然的生理机制,是自然的。而社会的人的成就,乃是通过后天文化,礼义道德,即“文理隆盛”而达到的。这便是文化对人的造就与雕饰,即伪。伪是非自然的,由人为加工装饰的东西,由后天习得的,即“可学而能、可事而成”[2] 的。因此,我们通常所见到的人,是文化的人,已经雕饰的人。

人的感性形象的雕饰以自然对象的雕饰为基础。对于人体来说,天生丽质固然富有感染力,但恰到好处、出人意料的雕饰,常常不仅可以弥补人体固有的缺陷,而且可以使原有的长处增加无穷的魅力。若雕饰不当,或画蛇添足,反而适得其反。《淮南子·修务训》:“今夫毛嫱、西施,天下之美人,若使之衔腐鼠,蒙猬皮,衣豹裘,带死蛇,则布衣韦带之人过者,莫不左右睥睨而掩鼻。尝试使之施芳泽,正蛾眉,设笄珥,衣阿锡,曳齐纨,粉白黛黑,佩玉环揄步,杂芝若,笼蒙目视,冶由笑,目流眺,口曾挠,奇牙出,靥酺摇,则虽王公大人,有严志颉颃之行者,无不惮悇痒心而悦其色矣。”[3] 这段话有偏激之处。雕饰毕竟是奠定在基本素质的基础之上的,但其基本精神却有一定的道理。常言“三分长相,七分装扮”“人靠衣服马靠鞍”,就是这个道理。

人体的雕饰是奠定在先天素质和特征基础上、因人制宜的。梳妆打扮,服饰发型,要以内在的自然生命力为基础。在中国汉民族

---

① (清)王先谦撰,沈啸寰、王星贤点校:《荀子集解》,第 366 页。

② (清)王先谦撰,沈啸寰、王星贤点校:《荀子集解》,第 436 页。

③ 何宁撰:《淮南子集释》下,第 1363—1366 页。

的心目中，乌黑的头发，红润的面庞，鲜艳的嘴唇，乃是内在生命力的体现。后天的妆饰，乃使自然形体和面庞的不足之处得以弥补和完善，而闪光之处更加灿烂，使雕饰契合于自然之道。《刘子·言苑》："红黛饰容，欲以为艳，而动目者稀"，原因正在于"质不美"，"质不美者，虽崇饰而不华"①。与此相联系的是，人体的雕饰还要把个体独特的精神气质充分表现出来。性情开朗者，其雕饰往往色调敞亮，以大块面和整体感给人以愉快。性情恬静者，其雕饰往往细腻素朴，让人细细体味。主体在雕饰中所体现的创造精神和开风气之先的启蒙意识，往往也是奠定在先天素质的基础上的。至于反映时代风尚的妆饰，更应该结合具体素质，才能生色添彩。否则，便如东施效颦而不能恰如其分。

人生的雕饰，则主要通过言谈举止达成的。人体的装饰虽与人生的雕饰有一定的联系，如佩珠戴玉，乃以珠玉比德，让人联想到纯洁的心灵；穿金镶银，则试图给人以雍容华贵的印象，等等。但从根本上说，人生的雕饰，乃是通过文化的造就表现在言谈举止之中的。孔子以"成人"来界定人的自我成就，即雕饰。《论语·宪问》："若臧武仲之知，公绰之不欲，卞庄子之勇，冉求之艺，文之以礼乐，亦可以为成人矣。"② 认为成就完备的人格须具备知、戒、勇、艺的素质，再以礼乐陶养修饰。荀子的"化性起伪"，正是指文化对人的造就和雕饰。当人生境界雕饰到作为艺术品以供审美评判时，人生便被艺术化地成就了。

---

① （北齐）刘昼著，傅亚庶校释：《刘子校释》，中华书局 1998 年版，第 510 页。

② （魏）何晏注，（宋）邢昺疏：《论语注疏》，《十三经注疏》，（清）阮元校刻，第 2511 页。

人在本质上是由文化造就的，是人自我雕饰的作品。孔子说："性相近也，习相远也。"① 在后天的习得中，人逐步地雕饰了自己。这充分地体现在具体行为之中。性情的自然流露是人生的一种表现，而雕饰则是人生的另一种表现。这种雕饰是以整个文化包括宗教、道德和认知等为基础的。中国人历来讲究做人。所谓会做人，从审美的角度看，便是雕饰得很漂亮，具有欣赏价值。喜庆吉日，其言语行为均需慎重推敲，以妆饰自己。一些不吉利的言论，虽然很实在，却不甚恰切。这是以宗教礼仪为雕饰的文化背景。而精巧的言行时常使善良意志锦上添花，也就是说，人生的雕饰时常要以善良意志为出发点。心灵肮脏，行为虚假，笑里藏刀，或言行不一，口是心非，是很难让人获得赏心悦目的感受的。奠定在善良意志基础上的雕饰言行，其灵活性、丰富性和多样性才能内外合一，具有感染力。孟子以"性本善"为基础，认为行为要尽心知性，然后才能得心应手，应付自如。荀子则以性本恶为基础，重视后天的教化作用。《荀子·礼论》："性者，本始材朴也；伪者，文理隆盛也。无性则伪之无所加，无伪则性不能自美。"② 这里的伪即雕饰。同时，相当的知识修养是人生雕饰的另一前提。缺乏适当的知识修养，虽有善良意志，其言行常常朴实无华。善则善，却谈不上雕饰，而灿烂的言行则往往以相当的智能为基础。相反，不擅言辞、木讷是无雕饰可言的。《国语·晋语五》宁嬴氏评价阳子曰："吾见其貌而欲之，闻其言而恶之。夫貌，情之华也；言，貌之机也。身为情，成于中。言，身之文也。言文而发之，合而后行，离

① （魏）何晏注，（宋）邢昺疏：《论语注疏》，《十三经注疏》，（清）阮元校刻，第 2524 页。

② （清）王先谦撰，沈啸寰、王星贤点校：《荀子集解》，第 366 页。

则有衅。”① 将言语视为自我的表现和修饰。《论语·泰伯》赞扬尧：“巍巍乎其成功也，焕乎其有文章。”② 把尧的业绩和礼仪制度看成是他自己的文饰。

艺术作品作为人类的创造物在本质上是雕饰的产品。孔子强调作品的文饰，说“言之无文，行而不远”③。《庄子·天道》说“辩雕万物”，谓藻饰；《韩非子·外储说左上》：“艳采辩说。”刘勰认为庄、韩的这些言论都是在讲辩说的修辞性。④ 古代的诗赋也是特别讲究雕饰的。汉代艺术力倡铺陈（如大赋），注重华美的雕饰，与《淮南子》倡导雕饰的思想是一致的，一时蔚为风气。曹丕《典论·论文》云：“诗赋欲丽。”⑤《文心雕龙·序志》亦云：“古来文章，以雕缛成体，岂取驺奭之群言雕龙也。”⑥ 认为自古以来文章都是靠修饰和文采精心雕饰而成的，这就如同古代齐国著名的修辞演说家驺奭像雕刻龙纹一样地修饰语言。一部《文心雕龙》，主要讲两个方面，一是作文的用心，一是言辞的雕饰。而言辞的雕饰，刘勰认为是作家用心琢磨文字，写在纸上便可以光彩照人。《文心雕龙·情采》云：“若乃综述性灵，敷写器象，镂心鸟迹之中，织辞鱼网之上，其为彪炳，缛采名矣。”⑦ 他还进一步将构成文采雕

---

① 徐元诰撰，王树民、沈长云点校：《国语集解》，第376页。

② （魏）何晏注，（宋）邢昺疏：《论语注疏》，《十三经注疏》，（清）阮元校刻，第2487页。

③ （晋）杜预注，（唐）孔颖达等正义：《春秋左传正义》，《十三经注疏》，（清）阮元校刻，第2007页。

④ （梁）刘勰著，范文澜注：《文心雕龙注》，第537页。

⑤ （三国）魏文帝撰，孙冯翼辑：《典论》，第1页。

⑥ （梁）刘勰著，范文澜注：《文心雕龙注》，第725页。

⑦ （梁）刘勰著，范文澜注：《文心雕龙注》，第537页。

饰的方法分为三种，一是形文，由青黄赤白黑五色构成，主要是礼服中的花纹，当然也包括图画。二是声文，主要是宫商角徵羽五音，构成美妙的乐曲。三是情文，由本性出发感物而生成七情，是美妙的艺术作品的内涵。实际上，到魏晋，文学上则以情文为基础，体现出形文、声文和情文的统一。诗文讲究声律，乃在情文的基础上体现乐感，讲究词藻华美，则是在追求华美的观感。

审美对象的雕饰反映了文与质的统一。孔子说“绘事后素”①在白底之上绘出各种绚丽的花纹。《易》贲卦，即在无色（或白色）基础上作纹饰，还进一步强调了内容与外在形式的辩证统一关系。《论语·雍也》云：“质胜文则野，文胜质则史。文质彬彬，然后君子。”② 过于朴实，则未免粗野；文采胜质，又过于虚浮，雕饰与内质相统一，才是理想的人格。刘勰提出要文附质，质待文：“夫水性虚而沦漪结，木体实而花萼振，文附质也。虎豹无文，则鞟同犬羊；犀兕有皮，而色资丹漆，质待文也。”③ 在人生言行中，真情实感，乃是辞藻的内质，没有真情实感，无病呻吟，文辞就显得浮华。处在庙堂之上的人，空泛地高唱江湖隐居，其文采无论多么华美，也缺乏真实可信的土壤。《文心雕龙·情采》：“夫铅黛所以饰容，而盼倩生于淑姿；文采所以饰言，而辩丽本于情性。”④ 华

---

① （魏）何晏注，（宋）邢昺疏：《论语注疏》，《十三经注疏》，（清）阮元校刻，第2466页。

② （魏）何晏注，（宋）邢昺疏：《论语注疏》，《十三经注疏》，（清）阮元校刻，第2479页。

③ （梁）刘勰著，范文澜注：《文心雕龙注》，第537页。

④ （梁）刘勰著，范文澜注：《文心雕龙注》，第538页。

美的铅黛虽然可以把容貌修饰得光彩照人，但必须依乎天生的淑姿；文采虽然可以修饰素朴的言语，而其言语的艳丽却必须依于情性之本。至于文辞的修辞如夸张等，也要恰如其分，而“不以文害辞，不以辞害志”①。

第三节　悲剧性与喜剧性

比起优美与壮美、自然与雕饰这两组风格来，悲剧性与喜剧性更侧重于主体的情感体验，而且在艺术作品中占有着更大的比重。但作为一对审美风格，它们同样是以对象的感性形态为基础，同样不局限于艺术的领域。透过审美的眼光，我们可以从现实生活中、甚至在自然中不同程度地见出悲剧性的特征。而喜剧性则更普遍地出现在现实生活中，自然中的感性形态也常常让我们由联想而产生幽默感。正因如此，我们将悲剧性和喜剧性视为一对具有普遍意义的审美风格，而非局限在艺术领域。而且这两种风格既是对立的，又是互补的，有时甚至是相互交融的，共同满足了主体心灵的需要。

一、悲剧性

悲剧最初是指产生在古希腊的一种戏剧样式，后来被作为一种审美意识或美学范畴，进入了更广阔的领域。在中国古代美学思想中，“悲剧”有两方面的涵义，一是作为戏曲中的一种重要内涵，

① （清）焦循撰，沈文倬点校：《孟子正义》，第18页。

二是作为一种审美意识和美学范畴。美学上的“悲剧”，乃指“悲剧性”和“悲剧意识”，包括各类艺术中的悲剧意识，和通过审美的思维方式所感受到的自然与人生中的悲剧精神。透过审美的眼光，我们可以从自然、现实生活和文学艺术作品中不同程度地见出悲剧意识的存在和特征。由于社会生活、文化背景和审美意识发展历程的差异，中国美学的悲剧意识有着自身的趣味特点，体现了独特的审美特征。

（一）

自然界的悲剧性特征，是审美主体通过比拟手法，以己度物地感受自然的结果，是物态人情化、人情物态化的产物。如果我们用审美的同情眼光看待自然，在遵守“适者生存”法则的自然界里，到处充满了悲剧，众多的动植物每天都在上演一部部各式各样的悲剧，它们让人们在笑声与泪水交织中，充分领略悲剧的巨大感染力。在自然界中，动物往往在最辉煌壮丽的时候，生命就戛然而止；植物也常常是在最美丽灿烂的时候，就会枯萎凋谢，或为了下一代而牺牲自己，如鲜花。

人们通过诗意的眼光看待自然，认为其间有生离死别的悲剧。生离，如蒲公英常常借助清风送走子女，将种子慢慢飘落到遥远的地方，等待它的将是长久的思念与孤独，但为了让下一代有更广阔的生存空间，即使有万般不舍，也心甘情愿。这正是人们以己度物，把它理解为淡淡的离愁别绪。而猿猴类动物在人们的体验中更是如此。南朝宋刘义庆《世说新语·黜免第二十八》载：“桓公入蜀，至三峡中，部伍中有得猿子者，其母缘岸哀号，乃至肝肠寸断，行百余里不去，遂跳上船，至便即绝。破视其腹中，肠皆寸寸断。公闻之怒，命黜其人。”[①] 可见母猿失子、悲啼哀鸣的程度之深。同样，人们更从自然中看到死别的悲剧。当父母、子女或同类死去时，不少动物同样会显示出如人类一般悲痛的情感。大猩猩守候在同类身边，直到尸骨腐烂，它们都不会将其遗弃；狮子对同类的尸骨会反复地嗅、舔。尤其是大象，靠近同伴尸骨时表现得很不安，而且从太阳穴上还会流下一些分泌物，以表示他们的哀悼。大雕都是一对对的，从一而终，当其中的一只不幸去世时，另外一只必然会极其悲痛，仰天长啸，为之殉情，而决不苟活。鸳鸯也是雌雄形影不离，如失去一只，另一只必然痛不欲生。

自然界有些生物的生命历程本身，在人们的心目中就是一个悲剧。在主体审美的眼光里，飞蛾扑火，春蚕吐丝，注定是悲剧的，为理想而献身的，让人从心里感到悲悯、感动与欣赏。飞蛾为了得到光明、温暖和幸福，不顾一切，哪怕受到了伤害，即使是死亡，都无怨无悔，义无反顾，投身火海，在火中跳着生命最后的舞蹈，动人心魄，让人震撼不已。春蚕终生专注勤劳，不息地啃食桑叶，将自己体内的营养，通过漫长的、无悔的、不停歇的奉献，直到把所吸收的养分转化为一腔无尽的蚕丝。而丝尽，也就是自己的死亡之时。这是一个极其感人的历程！

自然界弱肉强食、适者生存的规律本身，就反映出悲剧性的特征。为了生存，为了下一代，没有谦让，没有忍受，有的只是尽一切努力去获取食物，即使赴汤蹈火，粉身碎骨也在所不惜。虎食羊，羊食草；大鱼吃小鱼，小鱼吃虾，虾吃海藻，一条条完整的食物链，处于下一级的生物都必须面临生存挑战、生命危险的悲剧。

---

① 余嘉锡撰：《世说新语笺疏》，第 864 页。

如黔驴技穷，开始“驴一鸣，虎大骇”，但终究被虎“断其喉，尽其肉”，摆脱不了充当食物的悲剧命运。为了逃避敌人的伤害，自然界最弱小的生物想尽办法，如双翅目大蚊科昆虫等，常常要断其肢体而挽救性命。为了完成下一代的繁殖，雄螳螂常常会牺牲自己的头及前肢，让雌螳螂吃掉，而雌螳螂则会很好地保护它所产下的卵茧，遇有外来干扰时，马上作出本能的反抗，包括与人抗争。

中国古诗文中有很多伤春悲秋之作，如李煜《浪淘沙》：“帘外雨潺潺，春意将阑。罗衾不暖五更寒”①，是在春天里说国恨家愁。而秋风、秋雨、秋叶、秋雁、秋蝉、秋声等，令诗人心潮起伏，思绪难平；尤其是身在异乡多遭磨难、命途多舛的迁客骚人，更容易触景伤怀。杜甫《登高》云：“风急天高猿啸哀，渚清沙白鸟飞回。无边落木萧萧下，不尽长江滚滚来。”② 杜甫困居山城，感时伤世，寄托了自己的悲秋与客愁。自然会引起伤感，或触景伤怀，或睹物思人，落花飘零，秋草枯死，让人感到时间生命易逝，青春年华不再；鸿雁南飞，寒蝉低叫，勾起游子思乡怀亲之情和羁旅劳顿行愁：望月则怀远；叶落则悲秋；见流水则思年华易逝；梧桐细雨则凄楚悲凉。其他对自然的体验如“感时花溅泪，恨别鸟惊心”③、“废池乔木，犹厌言兵……念桥边红药，年年知为谁生”④、“雁过

---

① （南唐）李璟、李煜撰，王仲闻校订：《南唐二主词校订》，中华书局 2007 年版，第 65 页。

② （唐）杜甫著，（清）仇兆鳌注：《杜诗详注》，第 1766 页。

③ （唐）杜甫：《春望》，（唐）杜甫著，（清）仇兆鳌注：《杜诗详注》，第 320 页。

④ （宋）姜夔：《扬州慢》，夏承焘笺校：《姜白石词编年笺校》，上海古籍出版社 1981 年版，第 1 页。

也，正伤心，却是旧时相识”[①] 等，都是悲剧感的体验。凡此种种，事物本身并无喜怒哀乐，而是审美主体通过情景来表达自己内心的悲怆情怀。在认知的意义上，树木不会反对战争，红药也不会考虑为谁而生，花不会感到伤心流泪，鸟也不会知道人之恨意，大雁也不会懂得人之离别，但在人们审美的眼光里，这些正是伤感的悲剧情怀。

（二）

从审美的角度看，人生常常被视为一场悲剧。人一来到这个世界就开始哭泣，由此带来了一系列的痛苦和不幸。人生注定有多种磨难，充满了悲剧性。幸福只是短暂的，人生的悲剧大于喜剧。然而正是悲剧，彰显了人生的价值和意义，乃至用牺牲铸造灵魂，使生命放射出灿烂的光芒。中国古代的有识之士曾经坚持真理，追求理想，至死不渝，其间所表现出来的抗争、批判和叛逆性格，突破了传统文化中庸精神的樊笼，冲击了封建专制的基础。两千多年来，悲剧精神一直伸展着不屈的灵魂，后代在专制中的文人无不从中汲取精神的营养。

人是一种悲剧性的动物。动物的悲哀在于不会思想；而人的悲哀，往往却是因为会思想。他们虽有思想、有思维，却不能完全主宰自己的命运，便只能徘徊苦闷。人们在寻找精神支柱时十分矛盾、痛苦，或者麻痹自己，沉溺于幻想的天堂中；或者成为苦行僧，强制束缚自己的天性。人的生活过程也无时无刻不见悲剧的影

---

① （宋）李清照：《声声慢》，徐培均笺注：《李清照集笺注》，上海古籍出版社2002年版，第161页。

子。童年，青年，中年，老年，构成了人的生死连环。青年羡慕童年的无忧单纯；中年羡慕着青年的活力朝气；老年羡慕着中年的有所作为；少儿则羡慕着老年的空闲。每一个年代都被别人羡慕着，而每一个年代又为自己的年代悲哀，是无法预见未来人生的痛苦。痛苦和幸福是两种最基本的情感，人们都希望幸福，也总是相互祝愿幸福。但是幸福造就不了一个真正的人；反而是痛苦使人敏感，使人对生活强烈地渴望和追求，使人获得灵魂，最终成就了人的伟大。人生的悲剧不但包含着对现实人生的痛苦体验和深深的哀痛这一浅层动因，更包含对不幸无休止的问询并不屈地挣扎、反抗的深层心理层次。只有经历痛苦，人才能真正地理解生活，才能超越自我。正因如此，悲剧远比喜剧更动人。

在中国古代，文人的悲剧意识、英雄的悲剧意识和女性的悲剧意识各有自己的特点。文人的悲剧意识是中国传统文化影响和发展的结果，是中国文人对国家前途和自身命运的一种忧虑、一种关爱和希望。翻开历史长卷，从屈原开始，到苏东坡、李清照、陆游、曹雪芹等人身上无不弥漫着这种伤感和愤懑的情感。追求理想不能实现的失落，欲有所为而不得的失望感伤，造就了苏东坡“人生如梦”的思想。而曹雪芹在伤千情悲万艳的巨大心灵感受下，演绎了异乎传统的鲜活个体人格在对立的悲剧冲突中走向毁灭的图景。在儒家伦理道德的熏陶下，文人对社会倾注巨大的热情，却因国事无望，身世无奈，英雄无用武之地，由此而情怀压抑，造成更大的愤慨和失望，悲凉空漠之感触绪而来。文人往往处于社会的边缘化状态，无法与人交流，自己的才学无人喝彩。错综于文人心中的是怅惘、感伤、寂寞和失落的情思，于是他们逃避现实，弹琴咏诗，寄情于山水。那诗歌和琴声之中，其实是痛苦心灵的呻吟，是沉沦文人的酸楚之泪。

中国古代的文人一向被视为依“皮”之“毛”，以人格代价换取政治地位的事在历代屡屡可见。要想在党派争斗中坚持立场，就必然要付出沉重的代价，善良正直的个性被排斥，美好纯洁的情感遭破坏。屈原忠君爱国，不寻二主，最后自投汨罗，显示了他的忠心。从屈原身上，我们能看到一个高傲的灵魂在徒劳地抗争，为了实现自己的人生目标和政治理想而不屈不挠，却始终不能得到君主的信任。尽管被打击，屈原还是能保持一种百折不挠的精神，纵使一个人也要拼搏到底。宁可葬身滚滚江水，也不愿随波逐流。司马迁仗义执言，主动承担起家族、君国，乃至人类的责任，选择了一个悲剧英雄所选择的宏阔的文化理想和非凡的人生道路。渗入灵魂的痛苦，不仅是刑罚的酷烈，更是道德和理性的折磨。志向的高远和现实的卑微形成强烈的反差，构成了司马迁的悲剧人格。他以超越生命的发愤精神，用著述为自己在强权和命运面前争回了做人的尊严。以嵇康、阮籍为代表的“竹林名士”，逍遥不羁，寄情于山水琴声，以迥异于世俗的姿态显示其高洁的人格。但他们并不能见容于统治者，于是就在笼络、威逼的寒光下度过酸楚短暂的一生。“《广陵散》于今绝矣”①，嵇康在这一临终之叹里，蕴含着慷慨豪情和深重悲哀，对社会的悲愤，对命运的感伤，还有对文人不幸生存方式的悲凉关怀与绝望。《古诗十九首·西北有高楼》：“一弹再三叹，慷慨有余哀。不惜歌者苦，但伤知音稀。”② 这正是社会弃人的孤哀无告的悲曲，作为文人纷繁心绪的自诉，作为文人心声的

---

① 余嘉锡撰：《世说新语笺疏》，第344页。

② （梁）萧统编，（唐）李善注：《文选》中，第412页。

私语，更多地充满了悲凄哀苦，包涵着悲悯世界与人生之心。李商隐一生地位卑微，屡遭贬抑诋毁，毫无还手之力，终身沉沦为下僚。其情感阴郁而沉重，处处呈现出“迟暮之痛”，充满苍茫无望之悲。

英雄的悲剧意识在中国有着独特的特征。悲剧性人物大多是正义却缺乏抗争精神的历史英雄。悲剧英雄身上凝聚着人性的庄严、信念、智慧和力量，在强烈的磨难和痛苦中，为了自身的尊严而义无反顾地抗争，把慷慨的牺牲视为一种光荣。这是对生命意义和人生价值的终极肯定。他们身上体现了中华民族所特有的反对阶级压迫，追求理想和自由的精神境界。受儒家“哀而不伤”的诗教和伦理道德规范的束缚，其审美趋向于“中和”，很多悲剧英雄屈服于伦理，当人生被邪恶的势力压倒时，只能走向悲苦无奈，很少再有夸父、精卫式的悲壮了。荆轲为了保住燕国，不顾危险孤身刺秦王，充分显示了义。诸葛亮的鞠躬尽瘁展现了英雄悲剧精神的最高境界。他为了实现刘备恢复汉室的政治理想，明知西蜀弹丸之地，自非曹氏集团对手，但还是六出祁山，讨伐曹魏，几十年戎马倥偬，未曾在丞相府过过养尊处优的生活，最后死于军营。他这种鞠躬尽瘁、死而后已的精神曾使后人肃然起敬。面对死亡或耻辱，他们考虑的不是生死问题，而是生命在世的意义问题。爱国将领岳飞胸怀大志，精忠报国，一颗赤胆忠心，却因“莫须有”的罪名而死于非命。这些历史英雄大多是正义的化身，是忠、义、孝的象征，是伦理道德的杰出代表，充满了伦理力量。

爱情婚姻在古代女性生命中至关重要，甚至是女性获得社会对其认可的唯一途径。在家做贤妻良母，扶助丈夫成就功名，就是自己价值的体现，除此以外，一无所有。人格遭损，哀苦无告，悲剧氛围以各种不同形式笼罩和压迫着无辜的女性。如果说，悲剧英雄是阳刚之气和正义精神的体现，那么悲剧女性则展示了柔能克刚，弱能胜强的阴柔之美。女性悲剧的悲伤柔韧，是弱者奋力呼喊正义的告白，是指天骂地的强烈呼叫，是突破黑暗现实的斗争。文学作品中的刘兰芝、窦娥、赵五娘和李香君等女性的悲剧，正是现实中女性悲剧的真实写照。

总之，中国古代的悲剧意识，无论是文人悲剧意识、英雄悲剧意识抑或女性悲剧意识，留给我们的常常都是强烈的悲愤，沉痛的哀思和无尽的思索。这些悲剧意识包含着中华民族独特的人生价值和意义。它指导着我们在人生道路上前进的步伐，使我们在人生道路上无所畏惧，勇于追求理想和目标。所以，悲剧不仅表现为冲突，更表现为抗争和拼搏。而抗争、拼搏之后往往是毁灭，是惊心动魄、轰轰烈烈的死亡。我们固然可以站在当下的立场对悲剧主人公的愚忠等行为痛心疾首，但是其内在精神力量依然是值得我们崇敬的。而这些人生的悲剧意识在艺术作品中获得了更为自觉和明晰的表现。

(三)

中国古代艺术作品中洋溢着强烈的生命悲剧意识，源于社会的重压而产生的对生命存在和生命价值的怀疑、追寻和抗争的复杂情绪，在日常生活中挖掘出社会内在的矛盾和历史的必然，往往更有悲剧深度。中国悲剧艺术的发展历程主要通过悲剧人物的转变体现出来。随着传统文化的发展变迁，中国的悲剧性人物经历了从英雄向平民的发展，形形色色，没有任何尊卑限制，地位落差大，行业广泛，是社会各阶级人物的全方位描述。尤其是反映女性苦难悲剧，是中国封建社会中后期的重头戏。悲剧人物大多是有德的弱者，在道德上是善良无辜的，却总是处于被压迫、被欺凌的地位，总是随着邪恶力量的驱使而身不由己地沉浮。因此，到唐宋以后，悲剧人物就逐步走向了世俗化、女性化和柔性化。

在早期神话中，如“大禹治水”“女娲补天”“精卫填海”“夸父逐日”“后羿射日”等，悲剧性人物大多是崇高而悲壮的神性英雄。这些神性人物自强不屈，英勇无畏，救民于水火，敢于与大自然抗争，表现了人与自然的冲突。其中显示了苦难、毁灭和死亡的全过程，但带给我们的却不是恐惧、消极和悲观，而是最终取得胜利的乐观主义精神。他们悲壮的献身精神、执着的理想追求、伟大的抗争品格，充满了浓郁的悲剧情怀。他们深沉的苦难和无畏的死亡，铸成了感人肺腑的悲壮；他们不屈的抗争和英勇的气概，显示了激动人心的崇高。

《诗经》中的《谷风》和《氓》等表达了被弃女子哀苦无告的悲剧，《生民》和《无衣》则表现了古代英雄的高昂斗志和开拓精神，充满了悲壮和崇高。屈原的《离骚》表现了忠臣良将的深重悲哀；《国殇》则展现了为国捐躯者的英雄气概，是一曲国祭的悲壮之歌；《湘妃怨》所表现的娥皇女英悲悼舜帝的场面，也同样悲凄至极，催人泪下。先秦的巫觋舞歌，其中的优无论是阿谀还是谏刺主上，都表现了悲剧命运的实质。春秋时期“优孟衣冠”，讲述孙叔敖清官一生却落得子困的悲剧性结局，最后借助于优人冒着生命危险向君王进谏，才得以解困，其中充满着悲剧性。《战国策》中荆轲悲歌“风萧萧兮易水寒，壮士一去兮不复还”①，更是尽显英雄之气势。

汉代以降，无论是在表现英雄气概的悲剧性作品中，还是在儿

---

① （西汉）刘向集录：《战国策》中，上海古籍出版社 1985 年版，第 1137 页。

女情长的悲剧性作品中，这种悲剧性情怀都得到了拓展。《史记》中项羽四面楚歌，发出“骓不逝兮可奈何，虞兮虞兮奈若何”[①] 的哀叹，于悲壮中透哀情，悲凉悱恻。汉乐府民歌和文人诗以反映悲剧性为重，《古诗十九首》极写游子怨妇的感伤情绪，反映了“忧时伤世”“忧伤以终老”的悲剧心态，长诗《孔雀东南飞》写以死殉情对抗封建伦理，更是悲剧的典范之作。唐安史之乱后，整个社会充满动荡、悲怨和凄凉的悲剧性氛围，此时的“参军戏”表现了下层百姓尤其是妇女们的悲惨遭遇，“闺妇行人莫不涟泣”[②]。杜甫的“三吏三别”更是感叹民生疾苦、社会黑暗，充满忧患和怜悯之情。敦煌变文讲述孟姜女悼夫的悲哀情愫，“决裂感山河，大哭即得长城倒”[③]，悲剧性博大深沉。而李陵也是“恨老母妻子于马市头伏法”[④]，自己有国不能回，有着无尽的痛苦与悲哀。

宋元以来，悲剧性人物更呈现出平民化、世俗化特征，悲剧性人物更多表现出一种世俗性、民间性和复杂性，尤其在宋元以后，往往从平易琐碎中见其精神。悲剧主要描述平民百姓的遭遇，以此揭示出正义与邪恶的对立，从多方面揭露了封建社会的黑暗和残

---

① （汉）司马迁撰：《史记》第一册，第 333 页。

② 据范摅《云溪友议·艳阳词》记载，刘采春是中唐时的一位女伶，擅长演唐代流行的参军戏。元稹赠采春曰：“新妆巧样画双蛾，慢裹恒州透额罗。正面偷轮光滑笏，缓行轻踏皱纹靴。言辞雅措风流足，举止低回秀媚多。更有恼人肠断处，选词能唱《望夫歌》。”《望夫歌》即《啰唝曲》，《全唐诗》录存六首。“采春一唱是曲，闺妇行人，莫不涟泣。”（（唐）范摅撰，唐雯校笺：《云溪友议校笺》，中华书局 2017 年版，第 164—165 页。）

③ 《孟姜女变文》，王重民等编：《敦煌变文集》，人民文学出版社 1957 年版，第 32—35 页。

④ 《李陵变文》，王重民等编：《敦煌变文集》，第 85—97 页。

酷，表现出善良之人遭遇种种不幸的悲剧以及人们与恶势力的抗争，具有巨大的伦理力量，从而陶冶和净化了人们的心灵。悲剧人物中的无辜女性多之又多。南宋婉约词派女词人李清照的"怎一个愁字了得"，将自身苦难的小悲剧和亡国的大悲剧相联系，更显悲戚。关汉卿《窦娥冤》中的窦娥为童养媳，她命运多舛，受尽无边的苦楚，宁可被打死，也不愿承担冤名。面对王法刑典的不公，面对天地日月的沉默，她爆发了火山一般强烈的愤懑之情。高明《琵琶记》中的赵五娘为贫妇，她含垢忍辱、罗裙包土等，历经艰难，只希望夫妻偕老，而丈夫却又另娶相门千金。她们都是善良柔弱的女性，处于社会的最底层，却无辜承受着邪恶力量的巨大欺压，经历着黑暗社会的种种苦难与不幸。孔尚任《桃花扇》中的李香君忠贞爱国，但她对美好爱情的追求却在国破家亡的耻辱中被扼杀。曹雪芹的《红楼梦》在"千红一哭、万艳同悲"中，唱出了无数青春女性的悲哀。这些都反映了普通女性欲求生活的基本权利而不能实现的悲剧命运。

明清小说中杰出作品大多为悲剧，《水浒传》是农民起义的悲剧；《儒林外史》是知识分子的悲剧；到了《红楼梦》则是封建王朝的悲歌，成为我国悲剧意识发展到顶峰的丰碑。明代陆容在《菽园杂记》中说："扮演传奇，无一事无妇人，无一事不哭，令人闻之，易生凄惨。"① 少数以帝王妃子为题材的也大都是失权失力的落魄者，如《汉宫秋》的汉元帝和王昭君；《长生殿》的唐玄宗和杨贵妃。即使是妃子，也难以摆脱被随意抛出赠人、被一条白绫勒死的命运；即使是帝王，也无法把握自己的幸福，连最心爱的人都

① （明）陆容撰：《菽园杂记》，中华书局1985年版，第124页。

保护不了，体现了人与社会的冲突。通过这些具体人物，反映出一代兴亡的大悲剧。如“南朝兴亡，遂系于桃花扇底”[1]，一把普通纸扇的背后，影射着人的爱情悲剧，更是南明王朝灭亡的大悲剧。

可见，中国古代艺术中悲剧意识的历史源远流长，它的发展经历了漫长的时期，各种文体中都包藏着丰富的悲剧意蕴，发挥着崇高的精神，洋溢着绚丽的情怀。作为一种审美意识，悲剧意识已广泛地融入到人们生活的方方面面，成为不可缺少的一部分。而文学艺术作品中的悲剧意识，正是生活中悲剧意识的升华与传达。优秀的悲剧作家在自己的光明理想与黑暗现实发生冲突时，内心充满着深刻的矛盾，凭借禀赋和智慧的深刻，把独立的人生矛盾提升到整个社会矛盾，在怨愤中显露出战斗的气息。刘熙载《读楚辞》论屈原诗云：“悲世者自屈以上见于三百篇者，其至善也。”[2] 并非一切个人悲剧都能具有艺术价值，只有当注入时代社会的内容时，才能形成推动悲剧人生的情感动力。

（四）

中国传统的悲剧性意识与传统文化密切相关。这一方面表明，悲剧意识作为中国传统文化的有机组成部分，受到了儒、道、释交融一体的中国传统文化总体的影响，又参与了中国传统文化的建构。“以悲为美”是中国古代审美文化的显著特征，诗歌中的“悲”“哀”“怨”“苦”都揭示了悲剧意识的精神内涵。同时，中国传统

---

① （清）孔尚任著，王季思等注：《桃花扇》，人民文学出版社 1959 年版，第 5 页。

② （清）刘熙载撰：《读楚辞》，（清）刘熙载著，刘立人、陈文和点校：《刘熙载集》，华东师范大学出版社 1993 年版，第 459—460 页。

的悲剧意识在其自身的发展历程中，又具有先锋性的特征，推动了中国传统文化不断超越自身和向前发展。

一方面，中国的悲剧意识深受儒、道、释等传统文化的影响和制约。中国的传统文化的基本原则是“礼”“仁”“三纲五常”“内圣外王”“修身、齐家、治国”“家国同构”等，它们制约了中国悲剧意识的精神倾向，决定了悲剧英雄是伦理道德的和谐者。因为忠，屈原自投汨罗，岳飞精忠报国；因为孝，窦娥被卖为童养媳，赵五娘糟糠自咽；因为义，程婴牺牲独子，诸葛亮鞠躬尽瘁。《周易》的循环论认为，万事万物都包含两极，彼此消长，否极泰来，无限循环。这也影响到中国悲剧呈现出缠绵悱恻、平静淡然、悲苦哀怨的柔性特征。儒家思想中的“礼法合一”“孝忠合一”，倾向于伦理性，追求美善统一，使得中国悲剧大多是伦理悲剧，主人公多为善良、柔弱、被动的承受者。其“乐而不淫，哀而不伤”[1]“怨而不怒”[2]的中庸观，使得悲剧没有激烈的冲突，而沿着和缓、协调、忧愁死亡基调一路走来，悲喜交错，苦乐相替，最终走向善必胜恶的光明结局。到了宋明理学，宣扬“存天理，灭人欲”，主张用封建伦理道德禁锢人的情感，更是将伦理主义发展到极端，迂腐而虚伪。道家讲究“和谐”“尚真”“阴阳相生”。老子强调物极必反是事物的变易规律，人必须“安时而处顺”，决定了中国悲剧人物具有空灵洒脱之致，表现出超越感和自由感，也使悲剧呈现出悲喜交融、离合环生的审美特点。佛教禅宗的“轮回说”“因果报应说”，认为“善有善报，恶有恶报”，三世因果，善恶之报，循环不

---

① （魏）何晏注，（宋）邢昺疏：《论语注疏》，《十三经注疏》，（清）阮元校刻，第2468页。

② 徐元诰撰，王树民、沈长云点校：《国语集解》，第376页。

已。这在很大程度上影响了中国悲剧的乐观主义精神，深信悲剧人物在经历重重苦难之后，必然会苦尽甘来，拥有大团圆结局。

另一方面，中国传统的悲剧意识也具有突破传统文化樊篱和束缚的潜质。中国传统的悲剧意识尽管深受文化意识的重压，但依然出现了很多突破传统文化束缚的优秀悲剧作品。《孔雀东南飞》写焦仲卿与刘兰芝违背母命、以死殉情，就突破了封建愚孝思想，具有伦理文化的超越性；《白蛇传》中白娘子与许仙反抗法海、人神相恋，揭露了法海之流的无情和伪善；《梁山伯与祝英台》的故事传说中梁山伯与祝英台双双化蝶、脱离尘世，批判了吃人"礼法"的残酷；《西厢记》里莺莺与张生不顾世俗、私定终身，突破了封建门第观念；《杜十娘》中杜十娘怒沉百宝箱，体现了妇女对美好愿望的追求和个人人格尊严。这些都表现了一种为追求爱情、自由、幸福、正义而不屈抗争，不惜放弃生命的悲剧精神。因此，随着反理学进步思想的发展，中国悲剧中更多地呈现出反传统，突破封建伦理道德观念的倾向。这些有悖于传统文化思想的悲剧性作品的接连问世，揭露了社会的腐朽，道德的虚伪和人民的苦难，也展示了悲剧发生的必然性。

总之，中国传统的悲剧意识，无论是主流意识形态，还是民间趣味和理想；无论是现实的态度，还是理想的追求，都是中国传统文化的有机整体，共同成为中国古代悲剧意识的基础。在总体上，它们既受到传统主流文化的影响和制约，又超越了传统文化的樊篱，直接接民间地气，体现出大众的理想和愿望。

(五)

悲剧的根源在于真善美在与假丑恶的斗争中，所遭受到的失败和不幸。悲剧意识，在很大程度上体现为感染人的悲悯情怀，而并非纯粹的悲惨结局的代名词。中国传统的悲剧意识在数千年的文明历程中，是逐步产生、形成和发展起来的，有着自己独特的特征。作为中国文化的有机组成部分，中国传统的悲剧意识是既成文化精神的体现，而其内在的动态活力，又推动了中国总体文化的发展。

首先是感人的悲悯情怀。悲剧，顾名思义，肯定是以悲苦为主。包含着各种悲的内容，悲壮、悲惨、悲愤、伤感、哀愁、苦难等等。苦情苦境，相为依衬，使人们为主人公的悲惨遭际，一掬伤心泪。它是对悲剧人物的被迫害或被毁灭的悲悯和同情，一般是道德同情，即同情善者，憎恶恶者。中国悲剧的主人公符合传统的道德观念，是善的代表，在道德上是无辜的。高洁无私的王昭君葬身黑汀；美丽温柔的杨玉环魂断马嵬坡；善良无辜的窦娥血染白练；多情善感的林黛玉遗憾离世，所以人们同情她们，给予她们以深切的悲悯之情。《桃花扇》一悲到底，没有任何喜的影子，没有一点光芒，只有满目的悲怆、凄凉和哀愁。吕天成评《教子记》说："真情苦境，亦尽可观。"[①]《双珠记》："情节极苦，串合最巧，观之惨然。"[②] 中国悲剧主要表现为哀怨、伤感、凄凉的特征。刘鹗《〈老残游记〉自序》说："《离骚》为屈大夫之哭泣；《庄子》为蒙叟之哭泣；《史记》为太史公之哭泣，《草堂诗集》为杜工部之哭泣；李后主以词哭；八大山人以画哭；王实甫寄哭于《西厢》；曹雪芹寄哭于《红楼梦》。"[③] 怜悯之情的产生，是因为悲剧人物遭受

---

① （明）吕天成撰，吴书荫校注：《曲品校注》，中华书局1990年版，第179页。

② （明）吕天成撰，吴书荫校注：《曲品校注》，第295页。

③ （清）刘鹗著：《老残游记》，人民文学出版社2000年版，第1页。

的不幸、死亡和精神上的磨难、创伤和痛苦。

其次是深沉的忧患意识。忧患是人的一种自觉的痛苦，是悲剧的心理基础。中国古代神话中的悲剧充满着一种浓厚的民族忧患意识。险恶的自然环境，使原始先民处于重重忧患之中。从神农、后羿、精卫、夸父等献身的悲剧人物身上，我们都可以感受到一种由肩负历史使命而产生的沉重的压抑和忧患意识。悲剧的忧患意识主要表现为一种对人生和对社会的忧患。自古以来，文人士大夫们“悲士不遇”，忧己患民，感叹生不逢时，怀才不遇，偏重于对个人命运和人生的忧患。而悲剧的忧患意识更多的是一种沉重的社会忧患，“居安思危”“达则兼济天下”“先天下之忧而忧”“天下兴亡，匹夫有责”，是一种普遍的社会忧患意识。屈原“哀民生之多艰”，痛感社会黑暗腐败，《离骚》中贯串全篇的是他和奸佞党人，即吾之美与众之恶的冲突斗争。诸葛亮《出师表》中所表现出来的悲剧精神，充满了他对蜀汉前途命运的忧虑。李梅实草创、冯梦龙改订的《精忠旗》中岳飞班师回朝，恨奸臣当道，憾无力报国，对国家和人民的前途充满担忧。他们忧国忧民的精神，都是一种深沉的忧患意识。

再次是宣泄怨愤的情感。孔子“诗可以怨”的观点，就体现了悲剧意识。《诗经》中就有很多表达人民怨愤的篇章。司马迁说：“屈平之作《离骚》，盖自怨生也。”[①] 司马迁还说：“西伯拘而演《周易》；仲尼厄而作《春秋》；屈原放逐，乃赋《离骚》；左丘失明，厥有《国语》；孙子膑脚，《兵法》修列；不韦迁蜀，世传《吕

① （汉）司马迁撰：《史记》第八册，第2482页。

览》。”① 这些著名人物的身上充满伤感和愤懑的情绪，有着相似的人生命运悲剧，都是在经历磨难之后，通过发愤著书来抒发心中的抑郁和不平。在儒家“修身、齐家、治国、平天下”入世思想的影响下，文人们意气风发，积极进取，却屡遭失败，固然聚积满腔愤怒：伤自己怀才不遇，伤人民多灾多难，愤社会黑暗腐败，愤正义天理沦丧，无法排泄悲怨，只有寄托于悲剧，其剧作就成为他们抒发胸臆，倾泻愤懑的载体。如吴伟业在《〈北词广正谱〉序》所说：“盖士之不遇者，郁积其无聊不平之概于胸中，无所发抒，因借古人之歌呼笑骂，以陶写我之抑郁牢骚。”② 而在“发乎情，止乎礼”的中和原则下，文人们常常自我劝解，抚慰受伤的心灵。因此，悲剧实际上表现的是对现实苦难的咀嚼和回味，是一种悲情的宣泄。

第四是悲喜交错的特征。中国悲剧作品中常有以喜衬悲、悲喜交错而更显悲深的结构特征。李渔在《闲情偶寄》中说：“悲苦哀怨之情，亦当抑圣为狂，寓哭于笑。”③ 悲与喜，笑与泪并不是完全对立的，它们可以兼容，甚至可以相互促进。中国悲剧中以喜衬悲，加深了悲的程度，更显悲深。悲痛哀愁的悲剧主题，以诙谐幽默的喜剧方式进行描述；凄凉愁苦的悲境，以欢乐喜庆的场景相互映衬。在强烈的对比反差下，一悲一喜，一苦一乐，一张一弛，起伏变化，取得了鲜明的效果，以乐境写悲情，而益增其悲。如王夫

① （汉）司马迁撰：《史记》第十册，第3300页。

② （清）吴伟业著，李学颖集评标校：《吴梅村全集》下，上海古籍出版社1990年版，第1213页。

③ （清）李渔著，江巨荣、卢寿荣校注：《闲情偶寄》，上海古籍出版社2000年版，第36页。

之云："以乐景写哀，以哀景写乐，一倍增其哀乐。"[①] 如《琵琶记》中，一边是赵五娘在乡下糟糠自咽，历经千辛万苦；另一边却是蔡伯喈在牛府享受荣华富贵，完全是一片歌舞升平的喜庆场面。两边之景对比鲜明，以喜庆衬托苦情，更显悲惨。中国悲剧中的笑，是一种带着眼泪的笑，"无端笑哈哈，不觉泪纷纷"[②]，是一种无奈的苦笑，而藏在它背后的实质是悲，是与"笑"相对应的"泪"。正所谓悲到最深处不说悲，却说喜，以喜衬悲悲更深。

李渔认为悲剧在"悲苦哀怨之情"的前提下，应"以悲为主，悲喜交错"。受"哀而不伤"的情感模式和儒家的"中庸"思想影响，中国的悲剧作品在令人悲的情节里插入令人笑的喜乐成分，呈现出悲喜交集的独有风格。悲剧作品的结构是忽悲忽喜，迂回递进；绝路逢生，转危为安；逆境顺境，厄运幸运；山穷水尽，柳暗花明，悲喜紧密交集。《赵氏孤儿记》"有欢笑，有离析"[③]；《琵琶记》"一则以喜，一则以惧"，"一喜又还一忧"[④]；《二胥记》"哭不得则笑，笑之悲深于哭"（孟称舜撰巽倩龙友氏评点《二胥记》第二十三出眉批）。在这些中国古典戏曲中，悲喜交错还以丑角的"插科打诨"来加重悲剧的悲苦情调，时常有些微乐嬉笑夹杂于愁苦哀色之中，使人们从沉重悲戚、灰暗憋闷的氛围中透出气来，稍息片刻，使审美的情感不至于一苦到底而迟钝。如《窦娥冤》中穿

---

① （清）王夫之撰：《姜斋诗话》卷二，《船山全书》第十五册，第809页。

② （清）孔尚任著，王季思等注：《桃花扇》，第133页。

③ 《赵氏孤儿记·第一出·副末开场》，王季思主编：《全元戏曲》第十卷，人民文学出版社1999年版，第470页。

④ （元）高明著，钱南扬校注：《元本琵琶记校注》，上海古籍出版社1980年版，第6页。

插张驴儿父子、赛卢医、桃杌等人大量的插科打诨，引人发笑，调节了悲剧节奏，使气氛不至于沉闷、窒息，也使人们在笑之余，更觉悲戚。

（六）

中国戏曲中的悲剧虽然总体风格大都是哀婉欲绝、气势磅礴，却往往以非悲剧性的大团圆结尾，即“始之以悲，结之以喜”，以“团圆之趣”深化悲剧效果。在经过受难的哀苦，抗争的悲壮后，悲剧的情节或是由开明君主或清官出场，为悲剧人物伸冤，如张驴儿父子最终伏法；或是主人公在仙境或化为自然之物得以团圆，如李杨在月宫重逢。无论是现实中团圆还是虚境中团圆，毕竟都完成了团圆。这是中国悲剧独有的特点。究其原则，大团圆结局的特征主要有以下几个方面：

首先是中国传统文化的影响。儒家“哀而不伤”的文艺主张、“中庸之道”的观念、“以和为美”、“以善为美”的倾向、“温柔敦厚”的思想浸入到中华民族的审美心理中，使人们善良谦和，做事不极端，在悲剧创作上就要求有悲，但不至于极致，否极泰来，从而体现出圆融性和柔韧性。佛教“因果报应”思想，道家的循环宇宙观和人生观影响古人，认为人生如宇宙一样，生而复死，死而复生，人只能在大循环的轨迹上活着。“有情人终成眷属”、“善有善报，恶有恶报”等都是一种必然。同样，受传统文化影响，伦理道德是中国人最重要的价值标准，是人们的精神支柱和寄托，天网恢恢，邪不压正，大团圆结尾乃是正道得以伸张、伦理道德得以实现的表现。中国古典艺术将和谐作为理想，悲剧受其影响，在创作中体现为一种婉而成章、从容中道的风格，给人一种单纯、宁静、和谐的美感，故悲剧作家把矛盾调和作为结尾。

其次反映了中华民族促使人们产生追求善的文化心理。悲剧再现人生的苦难和毁灭，从而映衬出真善美来，唤起人们对于正义、道德、责任等的深层思索，从而使人生有价值的东西得以肯定和再生，促使人们向往和追求真、善、美，趋善而避恶。在欣赏悲剧时，观众被邪恶势力的所作所为而震撼，潜藏在观众内心的真善美的情感得以激发，对于受难者的爱，而对于制难者的恨。在爱恨的巨大反差当中，观众获得悲剧快感，受到启示，懂得区分好坏。进而使心灵得以净化，情感得以升华。如李渔所说："谓善者如此收场，不善者如此结果，使人知所趋避，是药人寿世之方，救苦弭灾之具也。"① 王国维在《红楼梦评论》中说："吾国人之精神，世间的也，乐天的也。故代表其精神之戏曲小说，无往而不著以乐天之色彩，始于悲者终于欢，始于离者终于合，始于困者终于亨，非是而欲餍阅者难矣！"② 中华民族是善良、乐观、宽容、厚道，又嫉恶如仇、爱憎分明的民族。在审美理想方面，中国人偏重于"善"，同情善者，排斥恶者。悲剧中的大团圆结局实际上是在痛苦的现实中表现了人们求善的心理。把"善"的胜利和"恶"的失败作为落脚点，象征正义力量的胜利，体现了中华民族惩恶扬善的文化心理，也达到了通过悲剧作品教育、劝化民众的目的。中华民族传统的乐观主义世界观认为，悲剧主人公所遭遇的苦难都是偶然的现象，只有天理、正义才是永恒的，善有善报，恶有恶报。到最后，一切都会恢复天道，正义取得胜利，而邪恶终究被惩罚。人

---

① （清）李渔著，江巨荣、卢寿荣校注：《闲情偶寄》，第20页。

② 王国维著，谢维扬、房鑫亮主编：《王国维全集》第一卷，第64—65页。

们相信善恶到头终有报，好人会苦尽甘来，所以以乐观的态度来看待悲惨的现实。

第三是具有强大的道德感染力。悲剧的价值常常通过悲剧人物悲惨的遭遇和壮烈的斗争来体现，主要是一种道德的感染力。中国悲剧主人公勇于承担责任，具有自我牺牲精神和伦理美德，感化了人们。观众在欣赏悲剧时，心中的伦理情感总是被唤起，对这些悲剧人物产生强大的认同感。当悲剧人物遭受到邪恶势力的打击、迫害或构陷时，观众产生悲愤之情，包括对悲剧人物的苦难生活与不幸命运悲伤痛心，对邪恶人物憎恨厌恶。当人们看到《琵琶记》中，赵五娘糟糠自咽、罗裙包土，为她的善良孝心无辜而流下伤心的泪时候，也对蔡伯喈弃亲背妇的行为产生强烈的责备和悲愤之情。在历经沧桑、浮沉情海后，一切的恩恩怨怨都得到了压缩、沉淀和升华，悲剧结尾对全部冲突所给予的精微体味和充满历史感的品评，让观众的思绪当场就获得了净化。

第四是审美主体欣赏心态得以平衡的需要。大团圆结局寄托了人们美好的理想和希望，符合中国人的审美心理习惯。中华民族是一个多灾多难的民族，心地善良的中国人在现实中饱尝苦难。而悲剧中自然环境的恶劣、生活的艰难和悲剧人物的苦难，使人们更加觉得活着没有希望，没有意义。他们不情愿面对，也接受不了，不忍心看到社会太不公平，所以就幻想清官，希望团圆。因此，悲剧的大团圆结局如一条欢快的尾巴，象征正义精神的不消灭，表现了人们对圆满结局的向往与追求，寄托了人们美好的理想和愿望，减轻了作者的心理负荷，给生活在下层的百姓那充满痛苦和忧患的心理一丝虚幻的安慰，是一种悲情和乐世的融合。因此，焦仲卿与刘兰芝死后，墓上的松柏鸳鸯相向和鸣；昭君出塞后，奸佞毛延寿被斩；窦娥死后，其父为之重审，终使沉冤得雪；梁山伯与祝英台死后双双化蝶相伴飞舞；杨玉环被勒死后，与唐明皇在月宫中相遇。人们的情感经历了冲突、调解和平衡之后，审美主体得到了感化。中国人伦理观根深蒂固，观众非要看到“善有善报，恶有恶报”的结局不可。它在很大程度上具有补偿性，反映了中国人的心态。悲剧一悲到底，观众一步步感到悲愤和压抑。到了结尾，这种情感达到极点。而大团圆的光明结局，打破了人们的压抑感，使人们的情感得以舒缓，心中憋闷得以释放，从而产生一种审美的愉悦，久而久之，形成了特定的心理期待。如果悲剧只悲不喜，就会让人们在心理上感到一种失衡和缺失。

第五是顺应了大众文化的娱乐性要求。悲剧由悲到喜，形成庄子“鼓盆而歌”的心态。对庄子而言，妻子的死无疑是一种悲剧，然而他却扣缶而歌，反斥吊丧的惠子。他认为人死乃是重新复归自然，如同春夏秋冬四季流转，是一种必然，是一件喜事，又何伤之有？在他的行为中，我们感觉不到悲伤，而是感觉到他的旷达、洒脱和飘逸，有一种淡淡喜悦的气息。由悲伤感慨到喜悦而歌，庄子经历了一个由悲到喜的情感转换的历程。当悲剧的个体毁灭时，人们看到的不是没有尽头的恐惧和与悲哀，而是个体解体以后感到即将向自然及其万物的返归和融合，这对生命而言，无疑是一种喜剧，一种更大的喜剧。中国古典悲剧在对人生存关怀的终极意义上为我们指明了一条富于象征意味的道路。梁山伯与祝英台双双化蝶、脱离尘世，那种爱情不可战胜的自信就是个体消失与时空万物相融合的快乐。中国的悲剧作品源于闲暇娱乐，属于供民间娱乐的大众文化。中国人喜欢戏剧喜怒哀惧爱恶欲七情俱备，生活中得不到的，希望能从戏曲中获得。譬如欣赏喜剧那令人捧腹的情节、轻松愉快的气氛、生动诙谐的语言，并在其中得到愉悦。而悲剧那令人悲伤、气愤，潸然泪下的情节，沉重的气氛，太过于压抑，与娱乐的目的相差太远。因此，中国的悲剧作品在充分展现悲的同时，吸收了大量的喜剧因素。在结尾设置大团圆，将悲情进行折中、调和，顺应和满足了观众的娱乐要求，满足了观众的渴望，让人们最终在和缓、哀婉中获得美感。

总而言之，中国美学中的悲剧意识，既有悲壮、悲哀等外在感性形态，又体现了欣赏主体物态人情化、人情物态化的审美的思维方式和设身处地的诗性情怀。“悲剧意识”的缘由是多方面的，有对生命意识的追问，有对情感幻灭的哀伤，有对道德良善被毁的悲愤，有对理想无法实现的哀叹，体现了主体对自然和人生的独特体验。在中国历代的文学艺术作品中，悲剧意识得到了自觉而深刻的展现。这种自觉意识与中国传统文化的大背景息息相关，并且推动了中国传统文化对自我的突破和超越。其中的悲悯、忧患和怨愤等特征，在千百年的中华文明积淀中有着丰富的含蕴。而中国传统悲剧艺术中的“悲喜交错”和大团圆结局，更是深深地打上了中国传统文化的烙印。

二、喜剧性

喜剧性的对象作为人的感官和情感满足的一种方式，是人类生活和艺术中的重要风格，是主体审美活动不可或缺的内容，它主要有滑稽、幽默和讽刺等多种形态，广泛地存在于日常生活中，更集中地在艺术中得以表现，给我们的生活增添了乐趣，并且有益于调节我们的心情，促进我们的身心健康。

（一）喜剧性的历史渊源

所谓喜剧，在狭义上即指特有的一种戏剧形式，在广义上则指普遍存在的因对象不会引起恐惧的不和谐，而使人产生轻松愉悦的一种审美风貌，即“喜剧性”，或指具有喜剧性的一切现象。狭义上的喜剧也正是以这种“喜剧性”为基本审美特征的，是一种体现喜剧性的艺术形式。喜剧形式在西方最早起源于古希腊祭祀酒神时的狂欢歌舞，后来发展成为一个剧种被搬上舞台；而喜剧理论则始于柏拉图，他最早对喜剧感和喜剧性作了一定的阐述：“滑稽可笑在大体上是一种缺陷”①，从喜剧中获得快感是由于“心怀恶意”，快感中混杂着痛感等，这些论述是后来喜剧理论的滥觞。

在中国，虽然喜剧概念到近代才被引入，但喜剧性的艺术形式早就很发达了。一般认为中国的喜剧源于先秦的俳优戏。“巫以乐神，而优以乐人；巫以歌舞为主，而优以调谑为主。”② 俳优可以说是当时专以滑稽调侃来取悦劝谏君主的职业艺人，《史记·滑稽列传》中就记载了不少先秦优人的故事，如淳于髡以“饮一斗亦醉，一石亦醉”③ 的妙喻劝谏齐王罢长夜之饮，优孟贱人贵马之讽，优旃“善为笑言，然合于大道”④ 等，这些都可以视作中国喜剧的雏形。

另一方面，先秦时代人们的喜剧意识也初见端倪了。《诗经·

---

① ［古希腊］柏拉图著：《文艺对话集》，朱光潜译，人民文学出版社 1980 年版，第 296、297 页。

② 王国维著，谢维扬、房鑫亮主编：《王国维全集》第三卷，第 6 页。

③ （汉）司马迁撰：《史记》第十册，第 3199 页。

④ （汉）司马迁撰：《史记》第十册，第 3202 页。

卫风·淇奥》中的“善戏谑兮，不为虐兮”[①] 传达出了当时的喜剧性观念。《诗经·邶风·静女》“爱而不见，搔首踟蹰”[②]、《诗经·郑风·子衿》“纵我不往，子宁不来”[③]，描绘出了一幅幅喜剧性的爱情画面，还有讽刺性的篇章《硕鼠》将统治者比作大老鼠，《召南·羔羊》写回家吃饭的官僚们挺起肚子洋洋得意（“委蛇委蛇”）的可笑样子等[④]，这些都是诗歌中所体现的喜剧意识。而在先秦散文中，特别是寓言故事中，我们也能看出当时丰富的喜剧意识，“五十步笑百步”[⑤]、“揠苗助长”[⑥]、“齐人一妻一妾”[⑦]，“滥竽充数”[⑧] 等都已成为流传至今的经典笑话，“儒以诗礼发冢”[⑨] 讽刺了儒者发冢还要以礼义廉耻为借口，庄子同情骷髅后反被骷髅同情一则却又充满了啼笑皆非的荒诞色彩。

到秦汉六朝时期，俳优之风更盛，民间也出现了嘲笑东海黄公的角抵戏和《凤求凰》《陌上桑》等喜剧性诗歌。汉乐府民歌《陌上桑》中有：“行者见罗敷，下担捋髭须。少年见罗敷，脱帽著绡

---

① （汉）毛亨传，（汉）郑玄笺，（唐）孔颖达等正义：《毛诗正义》，《十三经注疏》，（清）阮元校刻，第320页。

② （汉）毛亨传，（汉）郑玄笺，（唐）孔颖达等正义：《毛诗正义》，《十三经注疏》，（清）阮元校刻，第310页。

③ （汉）毛亨传，（汉）郑玄笺，（唐）孔颖达等正义：《毛诗正义》，《十三经注疏》，（清）阮元校刻，第345页。

④ （汉）毛亨传，（汉）郑玄笺，（唐）孔颖达等正义：《毛诗正义》，《十三经注疏》，（清）阮元校刻，第288页。

⑤ （清）焦循撰，沈文倬点校：《孟子正义》，第52页。

⑥ （清）焦循撰，沈文倬点校：《孟子正义》，第204页。

⑦ （清）焦循撰，沈文倬点校：《孟子正义》，第605页。

⑧ （清）王先慎撰，钟哲点校：《韩非子集解》，第232页。

⑨ （清）郭庆藩撰，王孝鱼点校：《庄子集释》下，第929页。

头。耕者忘其犁，锄者忘其锄。来归相怨怒，但坐观罗敷。”[①] 罗敷的美貌所引起的喜剧性轰动溢于言表，“来归相怨怒”更是令人啼笑皆非。到了唐代，像《踏摇娘》中“及其夫至，则作殴斗之状，以为笑乐”[②] 也体现出喜剧因素；而当时流行的参军戏中的“参军”（角色名）扮呆头呆脑的贵官，“苍鹘”（角色名）扮活泼机灵的奴仆，也极尽搞笑之能事，更是一种以调侃诙谐为主的表演艺术。可见在长期的生活实践和表演实践中，人们已开始有意识地提取和积累喜剧因素并将其集中运用于文学艺术中，特别是传奇戏曲，甚至在一些悲剧中，作者也非常重视“科诨”等喜剧性艺术手段，用以调节观众情绪。喜剧的历史可谓源远流长，它的老少皆宜、雅俗共赏等特点更使其成为一种经久不息的传统。

（二）喜剧性的对象特征

从喜剧的历史渊源可看出，喜剧性最早是源于对象的可笑和滑稽。通过模仿别人的言行，做一些可笑或怪异的动作（如“殴斗之状”）来取悦观看者，这些都是早期的喜剧形式。然而，可笑性和滑稽性还并不都是审美意义上的喜剧性。例如人的某些生理缺陷虽然可能会被肤浅者嘲笑，却很难说这是具备审美的喜剧性的。现今的荒诞派作品有的并不滑稽可笑，而是充满无奈，如《等待戈多》，但是能给人以喜剧性的审美享受。所以，可笑性和滑稽性只是喜剧性的初级形态，随着人们认识的深入，喜剧性包含了更多的社会和人文因素。

---

① （宋）郭茂倩著：《乐府诗集》第二册，第 411 页。

② 王国维著，谢维扬、房鑫亮主编：《王国维全集》第三卷，第 9 页。

喜剧性对象常常是不和谐的，违背常规的。如“东坡尝宴客，俳优者作伎万方，坡终不笑。一优突出，用棒痛打作伎者曰：‘内翰不笑，汝犹称良优乎？’对曰：‘非不笑也，不笑所以深笑之也。’坡遂大笑。”① 这个故事之所以使人发笑，是因为有几个层面的不和谐，一是“作伎万方”而“坡终不笑”，开玩笑的人千方百计施展本领，照理会使人笑得前仰后合，但现在看者却不为所动，这种不和谐本身就构成喜剧性了，而另外那“一优”的出人意表却契合当时情形的创新则更富喜剧性，不和谐中还体现了人克服尴尬的能力，使人感其机智幽默，发会心之一笑了。优者的灵活机变是人们早已认可的，即使适度夸张也能让人接受。由此亦可看出喜剧性的对象虽然不和谐，却也不是全然无理可循，往往是意料之外，情理之中的。这种不和谐是人们可以接受的。

喜剧性和悲剧性在对象的特征方面是不同的。悲剧性也是源于不和谐的，但引发悲剧性的不和谐是本质上的矛盾冲突，是不可调和的，最终以一方毁灭为结局。而引发喜剧性的不和谐只是表面与内质的矛盾，形式与内容的矛盾，在本质内容上是无伤大雅的。低级粗俗恶劣的玩笑之所以受人唾弃，也正是因为其内容丧失了喜剧性的审美意义。“空戏滑稽，德音大坏”②，流于形式的滑稽只会破坏好的内容，为幽默而幽默反而不会有喜剧效果。清粲然叟《小石道人〈嘻谈录〉序》云：“若乃以放诞为风流，以刻薄为心术，而不会其讥刺之切，劝讽之取，则大失作者之本意矣。”③ 有见识的

① （宋）杨万里：《诚斋诗话》，丁福保辑：《历代诗话续编》上，第150页。

② （梁）刘勰著，范文澜注：《文心雕龙注》，第272页。

③ （清）粲然叟：《小石道人〈嘻谈录〉序》，王利器辑录：《历代笑话集》，上海古籍出版社1981年版，第540页。

喜剧或笑话作者是不会忽略内容的审美意义的。

喜剧性的对象可以是自然对象。自然对象本身不具备纯粹的喜剧性，而只有喜剧性因素，但这种喜剧性因素会因审美主体的联想和想象而产生喜剧性效果。如弱小的动物战胜表面强大的动物、一块奇形怪状的石头等，都能使人感受到喜剧性。但是审美本身是建立在审美关系的基础上的，它必然受到主体的影响，自然对象进入审美领域更是如此。人们往往通过自然对象感受或领悟到人生中的喜剧性，并为这种感受或领悟而欣喜。所以喜剧性的自然对象经常会包含着社会和人文因素。

生活中的喜剧性更是随处可见。匆忙中穿错了衣服、严肃场合有人打了喷嚏、刚说过大话就被人戳穿等，当现实生活中事物或现象违背了生活常规，存在不协调并暴露出来时，人们就忍不住要发笑了。冯梦龙《〈广笑府〉序》："古今世界一大笑府，我与若皆在其中供话柄。"[①] 人生包含着丰富的喜剧性，只要善于发现，每一个人都是喜剧的主角。有的人性格就具有喜剧性，善良而冲动、自作聪明、幽默滑稽，这些都容易引发喜剧性的言行，"马大哈""老好人""冒失鬼"等称谓就是这类人的标签。另外，有时人生本身就是一场喜剧，苏轼、柳永本人的经历和言行，就充满着喜剧性。

艺术中的喜剧性则更是比比皆是，喜剧、笑话更是集中运用喜剧性的艺术表现形式。首先，艺术中的喜剧性来源于生活，为人们所笑的吝啬者、冒失者等艺术形象在生活中是有原型的，滑稽、荒唐、错位等现象也是生活中常见的，虽然有的具体情形在生活中还

---

① （明）冯梦龙撰：《〈广笑府〉序》，魏同贤主编：《冯梦龙全集》第10卷，第2页。

并不存在，但也可以在想象中为人所认同。

其次，艺术中的喜剧情节和喜剧形象往往将生活中反常规的不协调现象，用夸张、幽默或讽刺等手段加以强调、渲染，来加强喜剧性。《西厢记》中的张生初见莺莺时欣喜若狂，在向红娘介绍自己时还不忘加一句“小生尚未娶妻”，憨至极点，夸张地表现出他的书呆子脾气，令人可笑可气，傻得可爱。同时艺术通过这些手段将生活中的喜剧性更加集中起来，创造鲜明的喜剧性形象和突出的喜剧性情节。如有名的吝啬鬼形象，《儒林外史》中的严监生，临死只因油灯中用了两根灯草而久久不肯闭目；郑廷玉《看钱奴》中的贾仁，他因狗舔了他一个手指头上揩来的鸭油而气得一病不起，临终还舍不得买棺材，吩咐儿子用马槽殓尸，马槽装不下还要借邻居的斧子来砍尸，怕把自家的斧子用钝了。这种夸张已到了怪诞的境地，这么吝啬的人在实际生活中当然没有，只是戏剧家将实际有的吝啬性格加以提炼，经过艺术渲染和夸张，达到的喜剧效果也就更加强烈了。

但喜剧性的夸张、怪异必须也要有一定的合理性。艺术中如果太失真，则非但不引人发笑，还徒增观众反感。所以，喜剧性的艺术夸张也要以自然为基础。王骥德在《曲律・插科》说喜剧性语言“须作得极巧，又下得恰好；如善说笑话者，不动声色而令人绝倒，方妙”①。说笑话要说得巧妙，但也要说得正是时候，善于说笑话的往往不动声色地让人感受到喜剧性，事物本身存在可笑的因素，自然流露出来，不是说笑话的人硬编出来的。李渔《闲情偶记・词

---

① （明）王骥德著，陈多、叶长梅注释：《王骥德曲律》，湖南人民出版社 1983 年版，第 165 页。

曲部·贵自然》亦言:“科诨之妙境”,“妙在水到渠成,天机自露,‘我本无心说笑话,谁知笑话逼人来’”①,正是这一思想的体现。而在实际的喜剧艺术创造中,为求喜剧性的真实自然,作者往往会营造一个喜剧性情境,在这个情境中,艺术夸张能得到最佳表现和效果。像《救风尘》中周舍侮辱宋引章不会干家务时,说她套被子不但把自己套了进去,还将隔壁王婆婆也给套了进去,这种极度夸张本令人难以置信,但从泼皮无赖的周舍口中说出却也是正常,产生了双重的喜剧效果。

(三) 喜剧性的心理基础

喜剧性在自然对象、人生对象和艺术对象中都普遍存在着,但这种喜剧性需要与欣赏主体结合起来才可能产生喜剧效果,才能引人发笑。如果主体不配合,就无法完成喜剧性在客体和主体间的传递。同一对象如某个笑话,在不同场合、不同国家和不同人之间引起的反应是不一样的,有人会大笑,有人会微笑,也有人无动于衷,甚至会有人会觉得此笑话不值一提而露出鄙夷之色。所以,喜剧性及其效果都与人的主体心理有关。当具有喜剧性的事物契合于主体的愉悦机制和喜剧审美心理时,主体才会发笑并感受到审美愉悦。

笑是人类的一种表情,通常都是因愉悦而起并能加深这种愉悦。但是审美愉悦与此有所不同,它是一种健康的、体现主体积极向上心态的愉悦。喜剧性能引起的主体情感就是这种审美愉悦。如果没有健康的心理基础,是无法产生这种愉悦的。我们可以发现,

---

① (清)李渔著,江巨荣、卢寿荣校注:《闲情偶寄》,第76页。

心态平和开朗或乐观向上的人往往善于发现生活的喜剧性，容易受到艺术中喜剧性的感染，并由此产生更多的生活乐趣。所以说，喜剧性的心理基础主要是主体的人生观和价值观。乐观积极的人生观和价值观引发对人生的积极态度，使人善于体味生活的喜剧性，并且在这种体味中完善和成就人生观和价值观。喜剧的心理结构，主体的认识能力，历史文化因素的影响，主体的需要与动机，情绪与心境，态度与价值观是喜剧性价值实现的主观因素。

人生并不是一帆风顺的，悲剧性与喜剧性共同存在，有些事在悲观者看来是悲剧，而在乐观者则是喜剧。塞翁失马，焉知非福，人们以一种超然的态度看待人生，才会欣赏无所不在的喜剧性。喜剧性发生的心理虽然是情感，其效果也是人的感情之一——喜，但是在深层次上，喜剧性与人类的理性关系更密切。体会不和谐必须通过理性思考，哪怕是浅层的、表面的或直觉式的。《红楼梦》有一经典的喜剧性场面："刘姥姥便站起身来，高声说道：'老刘，老刘，食量大似牛，吃个老母猪不抬头。'自己却鼓着腮不语。众人先是发怔，后来一听，上上下下都哈哈的大笑起来……"① 这种"先还发怔，后来一听"的情况正是人们体会喜剧性的一个过程，"想"中伴随着理性思考，喜剧性只有通过这种思考才能为人所接纳并欣赏。另一方面，当主体对生活的理性认识上升到一定高度后，喜剧性就不是个别现象的性质，而是普遍的、本质的了。前面所说的超然的人生态度就是包含着高度理性的情感和态度。喜剧性的欣赏主体和客体之间必须有一定的心理距离，悲惨的事拉开距离看有时也具有喜剧性。

① （清）曹雪芹、高鹗著：《红楼梦》，人民文学出版社 1996 年版，第 536 页。

(四) 喜剧性的审美效果

喜剧性的审美对象存在的重要原因，就在于它为最广大的民众所喜闻乐见。通过笑表现喜悦，通过笑表现毁灭，通过笑来赞美，通过笑来否定，通过笑来改善，用笑来使卑微崇高，用笑把庄严捣毁。

喜剧性的效果首先在于其娱乐性功能，必须以可观赏和娱乐性为基础。喜剧艺术家通过惟妙惟肖的摹仿等艺术手段，给人们带来欢乐。焦循《剧说》云："优之为技也，善肖人之形容，动人之欢笑，与今无异耳。"① 其前提乃是娱乐性，"戏场无笑不成欢"②。正因喜剧性的娱乐效果如此惊人，才有李渔这样的戏曲家孜孜以求，"惟我填词不卖愁，一夫不笑是吾忧。举世尽成弥勒佛，度人秃笔始堪投"③。喜剧也正是为着满足主体笑的需要才应运而生的。

其次，喜剧性的效果还在于其心理调节功能。喜剧笑的社会和心理功能，使得人们的精神得以调节。阮籍《乐论》曾说："乐者，使人精神平和，衰气不入，天地交泰，远物来集，故谓之乐也。""诚以悲为乐，则天下何乐之有？天下无乐，而有阴阳调和，灾害不生，亦已难矣。"④ 可见快乐是调节人心理机能的重要方法。明

---

① （清）焦循著，韦明铧点校：《焦循论曲三种》，广陵书社 2008 年版，第 1 页。

② 《五伦全备忠孝记·副末开场》，（明）丘濬著，周伟民等点校，《丘濬集》第九册，海南出版社 2006 年版，第 4571 页。

③ （清）李渔撰，湛伟恩校注：《风筝误》，上海古籍出版社 1985 年版，第 152 页。

④ （三国）阮籍撰，陈伯君校注：《阮籍集校注》，第 99 页。

代江盈科《雪涛谐史》云："仁义素张，何妨一弛，郁陶不开，非以涤性。"[①] 喜怒哀乐都是人类的自然感情，七情调和，则身心健康。"境非谓独景物也。喜怒哀乐，亦人心中之一境界。"[②] 李渔《闲情偶记·论科诨》把插科打诨和喜剧看成是心灵的人参汤："若是，则科诨非科诨，乃看戏之人参汤也。养精益神，使人不倦，全在于此，可作小道观乎？"[③] 李渔《闲情偶记·戒讽刺》甚至将其比成"药人寿世之方，救苦弭灾之具"[④]。

第三，喜剧性的效果还在于它的讽喻性。尽管作为中国早期职业喜剧演员的俳优侏儒们地位卑下，却可以通过滑稽的言辞适时进行讽谏。"古之嘲隐，振危释惫。虽有丝麻，无弃菅蒯。会义适时，颇益讽诫。"[⑤] "抑止昏暴"，"无益规补"[⑥]，正是在强调其讽喻作用。司马迁的《史记·滑稽列传》高度评价了古俳优的讽谏功能："淳于髡仰天大笑，齐威王横行。优孟摇头而歌，负薪者以封。优旃临槛疾呼，陛楯得以半更。岂不亦伟哉！"[⑦] 汉刘向《说苑·正谏》论俳优的讽刺意义时也说："智者度君权时，调其缓急，而处其宜，上不敢危君，下不以危身。"[⑧] 喜剧性的笑能权度情势，制造机宜，使欲谏之言恰处其缓急相宜之际。在笑声的庇护下，既因

① （明）江盈科撰：《雪涛谐史》，陈文新评注：《快谈四书》，崇文书局 2004 年版，第 273 页。

② 王国维著，谢维扬、房鑫亮主编：《王国维全集》第一卷，第 462 页。

③ （清）李渔著，江巨荣、卢寿荣校注：《闲情偶寄》，第 74 页。

④ （清）李渔著，江巨荣、卢寿荣校注：《闲情偶寄》，第 20 页。

⑤ （梁）刘勰著，范文澜注：《文心雕龙注》，第 270 页。

⑥ （梁）刘勰著，范文澜注：《文心雕龙注》，第 271 页。

⑦ （汉）司马迁撰：《史记》第十册，第 3202 页。

⑧ （汉）刘向撰，向宗鲁校证：《说苑校证》，第 206 页。

谏而护国，又不致因谏而危身，真是两全其美之谏。将忠言藏于滑稽戏笑之中，使听者不觉逆耳，而乐于接受。清代石成金在《笑得好·自序》中说："正言闻之欲睡，笑话听之恐后，今人之恒情。夫既以正言训之而不听，曷若以笑话怵之之为得乎。"① 笑话和喜剧性作品可以让人们愉快地接受劝戒。喜剧不是仅仅供人一笑，而是用引人发笑的手段，揭露现实中某些不合乎人情事理的现象，寓悲愤于嬉笑怒骂中，这就是"说悲苦哀怨之情，亦当抑圣为狂，寓哭于笑"②。

第四节　丑

美与丑是相对举而存在的。没有丑，美的价值就不能显示出来。正因为丑的存在，对象的美丑价值及其对心灵影响的差异存在，美才显得可贵。美也因丑的对照比衬，而更具有魅力。老子说："天下皆知美之为美，斯恶已。"③ 老子认为天下的人都知道美之为美，丑的意识就产生了。丑具有审美的负价值，与美是相互依存、缺一不可的。在艺术作品中，艺术家常常以丑衬美，化丑为美，使得作品充满生机和情调，并充分体现了艺术家的创造力。因此，我们在研究审美问题时，必须研究作为审美的正价值的对立面和对应面的丑。

在中国传统的思想中，美是对象生命力畅达、形神浑然合一的表现，或是主体以这种生命情调对对象的体悟。而丑则表现了主体

① （清）石成金：《笑得好·自序》，王利器辑录：《历代笑话集》，第455页。
② （清）李渔著，江巨荣、卢寿荣校注：《闲情偶寄》，第36页。
③ （明）薛蕙撰：《老子集解》，第2页。

领悟过程中的生命力的阻隔。古代的“醜”（丑）字，“可恶也，从鬼，酉声”①，反映了中国古人对生命的肯定，对死亡的厌恶。这种生命意识贯串于整个审美活动和对于丑的观念之中。

对于有生命的对象来说，主体的情意与对象的生机合一时，便是美的，反之则是丑的。就一个人的自然风貌而言，两眼两耳对称，鼻居中，且面色红润，头发乌黑油亮，精神抖擞，便具有审美价值。五官不端正，面色苍白，头发枯黄，没精打采，便只有审美的负价值，即通常所说的丑。枯藤老树就其自然特征来说，也是丑的。以此类推，充满生机的清泉是美的，臭水则是丑的。文学也是如此，如齐梁间的诗歌，华艳绮靡，徒具形式，缺乏神韵和风骨，故病弱萎靡，便是形神不能合一的丑的典型。

对于无生命的对象来说，所谓的美丑更是主体的情意和想象力赋予对象的。如一块石头，其美其丑，乃是主体从人类的社会性和生命意识的角度看待顽石的结果。当主体把这些石头的形态视为有灵性的造化的杰作时，石头本身从人的眼光看来在形式的规范上虽是丑的，却能意趣盎然，从中体现了主体所理解的宇宙大化的生命力。郑燮曾谈到米芾认为石以瘦、绉、漏、透为妙。而苏轼则能从中见出纹饰及形态之丑，而丑到极处，便是妙到极处。其原因盖在于主体以心胸为造化，或以心臆度造化，以艺术化的眼光看待丑石。故郑燮认为苏轼在艺术体验的境界上比米芾高出一筹。而郑燮自己在画丑石时，也能从丑石中见出雄和秀的美蕴来。“米元章论石，曰瘦、曰绉、曰漏、曰透，可谓尽石之妙矣。东坡又曰：‘石文（纹）而丑。’一丑字则石之千态万状，皆从此出。彼元章但知

① （汉）许慎撰，（宋）徐铉校定：《说文解字》，第 310 页。

好之为好，而不知陋劣之中有至好也。东坡胸次，其造化之炉冶乎！燮画此石，丑石也，丑而雄，丑而秀。”① 刘熙载《艺概·书概》有：“怪石以丑为美，丑到极处，便是美到极处。一丑字中丘壑未易尽言。”② 丑中仿佛体现了巧妙的构思，故美。因此，这些丑石常常是可爱的，而不是可怕的。

从生命意识的角度出发，与美的对象的形神兼备和协调得当相反，丑往往表现为形与神的不协调，对象形式结构的不得当。东施效颦，历来的传说和记载多有出入。《庄子·天运》：“西施病心而颦其里，其里之丑人见之而美之，归亦捧心而颦其里。”③ 心痛皱眉，发乎内心，出于自然。西施的神情与其内在征状是协调的，且瑕不掩瑜，不会因皱眉而影响其整体风采。东施则不同，矫揉做作，无病皱眉，并非发自内心，丧失了自身行为的内在机制，故丑。后来李渔《闲情偶寄·词曲部·脱窠臼》说：“东施之貌未必丑于西施，止为效颦于人，遂蒙千古之诮。”④ 叶燮《黄叶村庄诗序》说：“学西子之颦则丑，似西子之颦则美也。”⑤ 这种说法是错误的。撇开细节真伪不谈，仅就无病做作，外在形态与内在精神的关系而言，显然很不协调，故普遍认为东施效颦很丑。

对于审美对象来说，形式的构造不仅要符合规范，而且要更好地体现出内在精神，否则就是丑的。如果形式构造符合规范，而面

---

① （清）郑板桥著：《郑板桥集》，上海古籍出版社 1979 年版，第 163 页。

② （清）刘熙载著：《艺概》，第 168 页。

③ （清）郭庆藩撰，王孝鱼点校：《庄子集释》上，第 520 页。

④ （清）李渔著，江巨荣、卢寿荣校注：《闲情偶寄》，第 25 页。

⑤ （清）叶燮撰：《已畦集》，上海古籍出版社编：《清代诗文集汇编》第一〇四册，第 400 页。

色苍白，目光呆滞，也同样是丑陋的。因为其形神间并不协调。形与神的协调，有时并不在形式上。对象形式上的协调，倘形神间不能合一，则依然是丑的。而形式的标准也不能简单地以一种僵死固定的标准来衡量。当然，形式结构的不得当，也不能充分体现出对象的内在精神。两眼不对称，头大身小，身材不匀称，都给人以缺乏精神的感觉。王羲之在谈书法的结构构造时，认为书法过密、过疏、过长、过短都是大忌。这些缺点都反映了整体的不协调和缺乏生机，故显得丑。《笔势论·节制章》："字之形势不得上宽下窄（如是则是头轻尾重，不宜胜任）；不宜伤密，密则似疴瘵缠身（不舒展也）；复不宜伤疏，疏则似溺水之禽（诸处伤慢）；不宜伤长，长则似死蛇挂树（腰肢无力）；不宜伤短，短则似踏死蛤蟆（言其阔也）。"① 这是从生命意识的角度谈及字的结构不当，使字的整体不协调和缺乏生机。

主体对美、丑的审美感受有一定的共同性，但其标准不是绝对的。宋玉《登徒子好色赋》所说"增之一分则太长，减之一分则太短，著粉则太白，施朱则太赤"②，是一种绝对化的描写。这就个别对象而言是可以的，但缺乏普遍意义。故汉乐府民歌《陌上桑》只谈不同年龄、不同层次的人的感受标准的共同性，不谈形式标准的绝对性。对于丑也同样如此。《淮南子·说林训》："佳人不同体，美人不同面，而皆悦于目。"③ 各类身材好和面目姣好的人是千姿百态的，不能用同一种标准衡量。审美对象常有多样性的风格和尺

---

① （晋）王羲之撰：《笔势论》，上海书画出版社、华东师范大学古籍整理研究室选编点校：《历代书法论文选》，第35页。

② （梁）萧统编，（唐）李善注：《文选》上，第269页。

③ 何宁撰：《淮南子集释》下，第1191页。

度。所谓“环肥燕瘦”，不能以赵飞燕的苗条去贬斥杨玉环的丰满，也不能以杨玉环的丰满去贬斥赵飞燕的苗条。当然，这也是限于一定的度的范围之内的。倘离开了度，物极必反，过分的肥胖和瘦削都是丑的。

在特定的背景和环境中，美丑判断常常具有相对性的一面。审美活动常常是一种比较判断。《庄子·秋水》借河伯观水之美的寓言，认为无限之大美高于有限相对的美。在大美面前，河伯受到了北海若的讥讽：“观于大海，乃知尔丑。”① 在日常生活中，较丑的对象，或濒于丑的对象，在没有很美的对象比照以前，丑的感觉并不那么强烈。而一些孤立地看来尚属美的对象，一经与极美的对象的比较，便显得黯然失色了。葛洪《抱朴子·广譬》有：“不睹琼琨之熠烁，则不觉瓦砾之可贱；不觌虎豹之彧蔚，则不知犬羊之质漫。聆《白雪》之九成，然后悟《巴人》之极鄙。”② 丑的特征因美的比照而显得明显，反之亦然。

有时，同一对象因具有美丑的两重性特征，我们会根据其主导性的一面对其作出判断。或则在不同环境、不同心境中对同一对象作出截然相反的判断。如狐狸，既有其可爱的一面，又有其狡猾的一面；老虎，既有其色彩斑斓、勇猛威武的一面，又有对人暴戾、凶残的一面。主体在审美感受时，往往会根据当时的心境采取不同的价值判断。对于那些美丑兼于一身的对象，则以其主导倾向为主，对立面只是一种陪衬而已。《淮南子·汜论训》：“夫夏后氏之璜，不能无考，明月之珠，不能无颣，然而天下宝之者何也？其小

---

① （清）郭庆藩撰，王孝鱼点校：《庄子集释》下，第565页。

② 杨明照撰：《抱朴子外篇校笺》下，第327页。

恶不足妨大美也。"①《淮南子·说山训》说："嫫母有所美，西施有所丑。"② 但这并不妨碍人们公认嫫母之丑与西施之美。因为"西施有所恶，而不能减其美者，美多也；嫫母有所善，而不能救其丑者，丑笃也"③。中国古代的四大美人均各有丑处，但因总体上以美为主，丑则瑕不掩瑜，且可衬美。

有时因民族、时代和文化因素的影响，不同的人对相同的对象会作出截然相反的判断。这在一定的历史时期内，各自是不能轻易否定对方的。《庄子·齐物论》："毛墙、丽姬，人之所美也；鱼见之深入，鸟见之高飞，麋鹿见之决骤。四者孰知天下之正色哉?"④ 庄子认为人的审美判断与鱼、鸟、鹿截然不同。这种说法当然是违背审美规律的，因为动物并无审美能力。但不同民族和不同时代的人们，审美观确实是有差异的，甚至美丑判断是截然相反的。蒲松龄在《聊斋志异》中虚构了一个罗刹国，其审美趣味与我们截然不同。我们认为美的，他们却视为丑的。他们见到中国的美男子马骥的形象时，认为他极丑陋，吓得到处逃跑。而罗刹国的美男子，却双耳生在背后，鼻子三只孔，睫毛覆眼似帘等。马骥觉得非常丑陋。这种美丑颠倒的审美趣味虽然是虚构的，但在现实中却一定程度地客观存在着。审美趣味中所体现出来的民族和文化差异，是我们应该尊重的。不过，从社会发展的潮流来说，审美观念总是在不断进步的。例如从南唐李后主时代开始的中国封建社会妇女缠足，

① 何宁撰：《淮南子集释》中，第966—967页。

② 何宁撰：《淮南子集释》下，第1149页。

③ 杨明照撰：《抱朴子外篇校笺》下，第266页。

④ （清）郭庆藩撰，王孝鱼点校：《庄子集释》上，第99页。

伤害身心，在当时蔚为风气，今人则一致认为是丑陋的、病态的。

丑在艺术作品的表现中有着重要意义。艺术的尺度是美，艺术本身本来无所谓丑，丑的艺术品就是表现得不成功的艺术品，严格地说来不能算是艺术品。但艺术中通常能成功地表现丑，并能以丑衬美，化丑为美，或以丑和丑，很美地表现出丑的对象来，从中见出艺术家的审美能力和创造力。枯枝残叶、老鼠、鸭子等日常生活中颇为丑陋的对象，在艺术中却能变得生动可爱，正是艺术家们很美地表现了丑的对象的结果。《艺概·诗概》云："昌黎诗往往以丑为美。"① 乃说韩愈诗中常常用一些丑陋、怪诞的意象，反映出作者奇妙的构思。为了烘托出描写对象的美，艺术家也常常欲扬先抑，或以丑衬美。笪重光《画筌》有："密叶偶兼枯槎，顿添生致；细干或生剥蚀，愈见苍颜。"② 通过丑的陪衬，对象的审美价值被充分地表现了出来。明代张大复在《梅花草堂笔谈》中曾称赞月亮的神奇性，他说月亮如同一个艺术家能把残破的景况照得朦胧可爱。他赞同邵茂齐"天上月色能移世界"的话，认为"惨瘁之容，承之则奇"。酱盎纷然的"瓦石布地"在月亮的照耀下显得"幽华可爱"。③ 《抱朴子·博喻》所说的"贵珠出乎贱蚌，美玉出乎丑璞"④，正可用来比喻艺术中的化丑为美。

总之，在审美关系中，丑的现象作为美的对立面和对应面，有着不可忽视的价值。对于丑的研究是人们研究主体审美能力的一个重要的组成部分。

---

① （清）刘熙载著：《艺概》，第 63 页。

② （清）笪重光撰：《画筌》，第 35 页。

③ （明）张大复撰：《梅花草堂笔谈》中，第 201 页。

④ 杨明照撰：《抱朴子外篇校笺》下，第 287 页。

第八章

审美化育

审美作为一种自由自觉的活动，贯穿着人生的始终，造就着审美的人生，这就是通常所说的“美育”。在学术史上，席勒曾将美育视为达到精神解放或人格完美的途径，并使一切事物服从于美的法则。(德文中的审美教育是 Ästhetische Erziehung，Erziehung，就是教育、培养、教养、培植；词根是动词 ziehen，意思是拉、拖、吸、引，前缀 Er-是不可分前缀，表示“使受到”，“使感到”，“使产生”，“经过努力而获得”， “取得结果”，由动词 erziehen 构成了名词 Erziehung）王国维将美育称之为“情育”①，蔡元培认为美育以“陶养感情为目的”②，朱光潜则将美育的功用归为“怡情养性”③。这些看法有着共同点，即都认为美育是通过审美，对人的精神领域进行一种调节，从而达到心理的平衡、人格的完善。这就使得美育与德育和智育这两种教育有相当的差异。审美活动的过程，就是一种审美的感化，就是美育。这是一种“随风潜入夜，润物细无声”（杜甫《春夜喜雨》）的潜移默化的过程。因此，把美育理解为审美化育，也许更为合适（尽管美育在西方也是被理解为审美教育的)。

第一节　中国美育的源流

中国上古的美育意识从自发到自觉，在诗、歌、舞一体的

① 王国维：《论美育之宗旨》，王国维著，谢维扬、房鑫亮主编：《王国维全集》第 14 卷，第 10 页。

② 蔡元培：《美育》，蔡元培撰，高平叔编：《蔡元培全集》第五卷，中华书局 1988 年版，第 508 页。

③ 朱光潜：《谈美感教育》，《朱光潜全集》第四卷，安徽教育出版社 1988 年版，第 146 页。

"乐"中表现得尤为明显。到西周时代的庠序之教，已经将礼、乐并列纳入。当然那时的"乐"对人的感化远远地不限于学校对孩童的启蒙，而是对全社会朝野上下、男女老少的全面感化。因此，当时的"乐"的美育作用不只是在教育之中。《乐记》中就已经开始强调美育潜移默化的感染功能，到王夫之又继承上古以降的"习与性成"思想，强调日积月累的长期感化。其中在中国古代起主导作用的儒、道、禅三家，其美育思想虽在侧重点上有所不同，但在本质上又是相通的和互补的。而近代的蔡元培、梁启超和王国维等人，则在借鉴西方、体现时代要求和建立全球视野下的中国美育观方面，给我们提供了宝贵的探索经验和思想资源。

一、中国美育溯源

"育"，本于毓，像母产子状，生的意思。《周易·渐卦》："妇孕不育，凶。"① 引申为养之使长。《诗经·大雅·生民》："载生载育，时维后稷。"② 这主要指形体上的育，后来才引申为精神上的"使之作善"，如《周易·蒙卦》："君子以果行育德。"③ 因此，这时的"育"，不仅指育其身，而且指育其德。《孟子·告子下》有"尊贤育才，以彰有德"④，其"育才"乃指智育。因此，在中国传

---

① （魏）王弼注，（唐）孔颖达正义：《周易正义》，《十三经注疏》，（清）阮元校刻，第63页。

② （汉）毛亨传，（汉）郑玄笺，（唐）孔颖达等正义：《毛诗正义》，《十三经注疏》，（清）阮元校刻，第528页。

③ （魏）王弼注，（唐）孔颖达正义：《周易正义》，《十三经注疏》，（清）阮元校刻，第20页。

④ （清）焦循撰，沈文倬点校：《孟子正义》，第843页。

统思想中，育后来便有两方面的意义。一是它的本义的引申，指育其身，尤指使人体格强壮，健康成长。这是今天所说的广义的体育。二是它的引申义，指育其心。包括今天的德、智、美三育，使之智力发达、思想健康、情操高尚。这种把自然与社会贯通起来对“育”的看法，本身就是审美的思维方式在语言中的表现。

中国古代以乐感化的传统，最早可以追溯到传说中的舜的时代。《尚书·舜典》云：“夔，命汝典乐，教胄子，直而温，宽而栗，刚而无虐，简而无傲。诗言志，歌永言，声依永，律和声。八音克谐，无相夺伦，神人以和。”① 此时的诗、歌、舞蹈、音律等各种艺术交融在一起，还没有分开，“乐”是诗、歌、舞的统称，开始成为自觉的审美化育的主要形式。西周时期，礼乐已经纳入当时学校教育的一部分，是六艺之首。后来朱熹在《诗集传序》中对此作了这样的描述：“昔周盛时，上自郊庙朝廷而下达于乡党闾巷，其言粹然无不出于正者。圣人固以协之声律，而用之乡人，用之邦国，以化天下。”② 他认为周代统治者已经重视诗、乐的教化作用，意在保持民风纯朴，国家安泰。

《左传》中季札观乐时，非常推崇《颂》，认为它“五声和，八风平。节有度，守有序，盛德之所同也”③。他认为颂乐中各种感情互为对立而又不走向极端，达到了和谐统一、“至矣”的境界。早在此时，“和”作为美育的最高理想，已经进入国人的观念中。

---

① （汉）孔安国传，（唐）孔颖达等正义：《尚书正义》，《十三经注疏》，（清）阮元校刻，第131页。

② （宋）朱熹撰：《诗集传》，朱杰人等主编：《朱子全书》第一册，第350页。

③ （晋）杜预注，（唐）孔颖达等正义：《春秋左传正义》，《十三经注疏》，（清）阮元校刻，第2007页。

《国语·郑语》中提到“和实生物，同则不继”[①]，把和与同严格区分开来，和是各种事物多样性的统一。晏婴也曾用烹调来比喻说明，必须“济其不及，以泄其过”[②]，多种因素相辅相济，才能达到和谐。这种中和的思想后来对我国的美育产生了极大的影响，尤其表现在儒家的美育观里。

到了先秦儒家，审美活动包括艺术活动的目的，则多指实现以下两种和谐：一为天人关系的和谐，一为人际关系的和谐。这在《乐记》中表现得尤其明显。《乐记》则把天地的阴阳化生视为宇宙间最大的乐。“天地欣合，阴阳相得，煦妪覆育万物”[③]，乃说天以气化育（煦）万物，地以形覆育（妪）万物。由此推及到音乐对人的感化，也与天地（包括阳光、水分和养料）覆育万物一样，使之生机勃勃，健康成长。这种以情动人的音乐感化作用便是美育。在天人关系上，本来乐所表现的，是天地之和，并“与天地同和”[④]。《乐记》首先认为，天地的自然相合，阴阳的有机统一，进而覆育万物，是人间最大的“乐”，可促进万物随之生长、勃兴。而人作为天地整体中的有机部分，从本质上与宇宙精神是一致的，是天地和谐的一部分。因此，人们作乐的本身，首先就是为了体现天地之和，并使人自身得到调节，从而“合同而化”。以这种天人关系为

---

① 徐元诰撰，王树民、沈长云点校：《国语集解》，第470页。

② （晋）杜预注，（唐）孔颖达等正义：《春秋左传正义》，《十三经注疏》，（清）阮元校刻，第2093页。

③ （汉）郑玄注，（唐）孔颖达等正义：《礼记正义》，《十三经注疏》，（清）阮元校刻，第1537页。

④ （汉）郑玄注，（唐）孔颖达等正义：《礼记正义》，《十三经注疏》，（清）阮元校刻，第1530页。

前提的人际关系，通过乐化，可以调节人们的心理，使“刚气不怒”，“柔气不慑”，从而达到一种异文合爱的和睦状态，并使君臣“和敬”，长幼“和顺”，父子兄弟“和亲”。①

从《乐记》开始并逐渐发扬光大的一个重要思想，是认为乐和其他艺术具有潜移默化的感化特征。《毛诗序》强调“风以动之”②，认为作品对人的感化像是风的吹动那样，触动人的心灵，强调了艺术感动的潜移默化的特征。董仲舒认为：“乐者，所以变民风，化民俗也；其变民也易，其化人也著。故声发于和而本于情，接于肌肤，臧（藏）于骨髓。”③ 他们认识到乐对于人心的作用，从而成立乐府，观察民风民俗，用乐府诗歌来感化人心，达到移风易俗、维护统治的作用。

《淮南子·泰族训》中有一段比方，正可说明美育当顺应人的本性而进行感化的原理：“夫物有以自然，而后人事有治也。故良匠不能斫金，巧冶不能铄木，金之势不可斫，而木之性不可铄也。埏埴而为器，窬木而为舟，铄铁而为刃，铸金而为钟，因其可也。”④ 审美化育对人的塑造也同样如此。孔子赞赏《关雎》“乐而不淫，哀而不伤”，认为“过犹不及”，讲究中庸之道。⑤《中庸》：“中也者，天下之大本也；和也者，天下之达道也。致中和，天地

---

① （汉）郑玄注，（唐）孔颖达等正义：《礼记正义》，《十三经注疏》，（清）阮元校刻，第1535页。

② （汉）毛亨传，（汉）郑玄笺，（唐）孔颖达等正义：《毛诗正义》，《十三经注疏》，（清）阮元校刻，第269页。

③ （汉）班固撰，（唐）颜师古注：《汉书》第二册，第2499页。

④ 何宁撰：《淮南子集释》下，第1386页。

⑤ （魏）何晏注，（宋）邢昺疏：《论语注疏》，《十三经注疏》，（清）阮元校刻，第2468页。

位焉，万物育焉。”[①] 儒家美育的目的就是中和，“故乐行而伦清，耳目聪明，血气和平，移风易俗，天下皆宁”[②]。这正是儒家所要求的艺术感化的效果，正是因人的本性而进行疏导的结果。

建安时期，徐干首次提到了“美育”一词：“美育群材，其犹人之于艺乎?”[③] 这里的美育和今天所说的美育概念虽不尽相同，而且美育是一个偏正词组，但它基本上还是指用礼乐为主的先王之教来培养文质兼备的君子。美育仍是道德教化的工具，和德育不可分割，由统治者自上而下推行的。魏晋时期是人性觉醒、个性发展的时代，审美也开始摆脱礼法的束缚，直接发现了山水之美，欣赏人的个性之美，美育也因此拓展了疆界，有了自己的范围，而不再只是教化的一部分。这时的人们纵情山水，开阔了胸襟，体味到“畅神”的愉悦；发掘了自己的深情，对朋友、亲人都满怀深情，所谓“情之所钟，正在我辈”[④]，深化了对人生宇宙的认识。美育逐渐与道德教化有了不同的内涵和领域，呈现出不同的风貌。

美育实现目标的过程，便是朱熹“消融查滓”的过程。朱熹在解释孔子的“成于乐”时说乐教的作用乃在于消融渣滓。《朱子语类》卷三十五：“渣滓是他勉强用力，不出于自然，而不安于为之

---

① （汉）郑玄注，（唐）孔颖达等正义：《礼记正义》，《十三经注疏》，（清）阮元校刻，第 1625 页。

② （汉）郑玄注，（唐）孔颖达等正义：《礼记正义》，《十三经注疏》，（清）阮元校刻，第 1536 页。

③ （汉）徐干撰：《中论》，扬雄、徐干：《法言 中论》，中华书局 1985 年版，第 12 页。

④ （唐）房玄龄等撰：《晋书》第四册，第 1237 页。

之意，闻乐则可以融化了。”[①]《朱子语类》卷四十五：“渣滓是私意人欲，天地同体处如义理之精英。渣滓是私意人欲之未消者。人与天地本一体，只缘查滓未去，所以有间隔。若无查滓，便与天地同体。”[②] 人因私意人欲、违背自然规律的念头等渣滓而使生存状态欠佳，于是可以通过美育泄导人情，消融渣滓，实现天人和人际间的和谐，以此提升人格，完善人生。这种说法，类似于亚里士多德关于悲剧效果的“净化”思想。

二、儒道禅的美育观

中国古代的儒、道、禅三家，对于美育既有各自独特的看法，又有着相通之处。

在儒家看来，美育的目的，乃在于让人精神上获得解放，进入一种顺应自然，与天地同体的和谐境界。孔子在回答子路如何成就最高的人生境界时说：“若臧武仲之知，公绰之不欲，卞庄子之勇，冉求之艺，文之以礼乐，亦可以为成人矣。”[③] 即在智慧、节欲、勇敢、多才多艺的基础上，以礼乐塑造自身的文采，便可以成就最高的人生境界。其礼之教，乐之化，更进一步推而广之，就是德育和美育。它们各自以不同的方式，通过不同的途径，对人生进行造就。

---

① （宋）朱熹撰：《朱子语类》二，朱杰人等主编：《朱子全书》第十五册，第1300页。

② （宋）朱熹撰：《朱子语类》二，朱杰人等主编：《朱子全书》第十五册，第1587页。

③ （魏）何晏注，（宋）邢昺疏：《论语注疏》，《十三经注疏》，（清）阮元校刻，第2511页。

孔子将“乐”的感化放到对人的全面造就的背景下，让人在诗、歌、舞的感性享受中得以熏陶，并在个体的感性欲求得到满足的同时符合于社会文化心理。这就是当时人对美育的提倡，朱光潜先生说：“诗与乐原来是一回事，一切艺术精神也都与诗乐相通。孔子提倡诗乐，犹如近代人提倡美育。”① 孔子将礼、乐并重，将乐的感化放在人的最高境界造就的位置上，与礼相辅相成。他提出“兴于诗，立于礼，成于乐”②，其“兴于诗”主要指感发情意，启迪智慧；其“立于礼”主要指通过道德规范约束来立身；而“成于乐”则把“乐”提高到至高无上的地位。他所谓：“知之者不如好之者，好之者不如乐之者。”③ 其“知之”属于认识的范畴，“好之”属于意志的范畴，而“乐之”则是超越了个体的认知层面与个体官能欲望和功利之上的审美范畴。正是通过“乐之”的范畴，主体成就了审美的最高境界。他所谓的修身原则是“志于道，据于德，依于仁，游于艺”④，其“志于道”，乃求知探道；“据于德，依于仁”，则主要指道德约束；而“游于艺”乃指徜徉在艺术的享受和共鸣中获得快乐。审美的感化正是与求道、据德和依仁一起，共同成就了人生境界，成就了人的那种“乐以忘忧”的忘怀得失、与道一体的审美境界。

---

① 朱光潜：《音乐与教育》，《朱光潜全集》第九卷，安徽教育出版社 1993 年版，第 144 页。

② （魏）何晏注，（宋）邢昺疏：《论语注疏》，《十三经注疏》，（清）阮元校刻，第 2487 页。

③ （魏）何晏注，（宋）邢昺疏：《论语注疏》，《十三经注疏》，（清）阮元校刻，第 2479 页。

④ （魏）何晏注，（宋）邢昺疏：《论语注疏》，《十三经注疏》，（清）阮元校刻，第 2481 页。

儒家还倡导“尽性”，成就与天地相参的人格。《中庸》曾说：“唯天下至诚，为能尽其性；能尽其性，则能尽人之性；能尽人之性，则能尽物之性；能尽物之性，则可以赞天地之化育；可以赞天地之化育，则可以与天地参矣。”① 美育的目的正在于通过尽性而完善人格。

《乐记·乐论》有“大乐与天地同和”②，而其感化人心，实现和谐，正反映了人体天道。从远古时代开始，人们便有一种使一切合乎自然的理想。而事实上，人类是不断进取的，人的各种欲望又容易驱动人们违背自然规律。这就需要人们通过智慧，加强对宇宙和自身的理解与改造；通过意志，建立合理的社会秩序，使人与世界各得其位；通过情感，使人与自然、人与人之间处于亲和状态。审美便是通过情感调整身心，使人的心灵进入与宇宙生命同其节律的自由状态。

在人与人之间的关系上，《乐记》曾认为“礼以导其志，乐以和其声”③。指礼用以引导人的意志，乐则使人的情性得以调和并且可以“合生气之和，道五常之行，使之阳而不散，阴而不密，刚气不怒，柔气不慑，四畅交于中而发于外”④。不同气质的人能够相互调剂，异文合爱，形成一种相反相成的和睦状态。《乐记·乐

---

① （汉）郑玄注，（唐）孔颖达等正义：《礼记正义》，《十三经注疏》，（清）阮元校刻，第 1632 页。

② （汉）郑玄注，（唐）孔颖达等正义：《礼记正义》，《十三经注疏》，（清）阮元校刻，第 1530 页。

③ （汉）郑玄注，（唐）孔颖达等正义：《礼记正义》，《十三经注疏》，（清）阮元校刻，第 1527 页。

④ （汉）郑玄注，（唐）孔颖达等正义：《礼记正义》，《十三经注疏》，（清）阮元校刻，第 1535 页。

化》云："乐在宗庙之中，君臣上下同听之，则莫不和敬；在族长乡里之中，长幼同听之，则莫不和顺；在闺门之内，父子兄弟同听之，则莫不和亲。"① 即音乐通过其感人作用，可以使人敬国君，顺长辈，爱父兄。这就使人相亲相爱。《乐记·乐化》还说："致乐以治心；则易直子谅之心，油然生矣。"② 就是说，通过音乐来提升人们的心灵境界，人们的心情就会变得平易、正直、慈爱和善于体谅。从音乐对人的感化的效果上说，乐可使"暴民不作，诸侯宾服，兵革不试，五刑不用，百姓无患，天子不怒，如此则乐达矣"③。音乐的功能，就是要让社会风气变得清明，让人们遵纪守法，人民无后顾之忧，国家不发生战争，国王不去专横，最终使人们"欣喜欢爱"。

而道家追求的理想境界是天人合一，要求达到更高层次的人与自然的和谐。对此，老子和庄子分别提出了自己的看法。老子看到了文明对人的负面影响，反对文化对人的熏陶和造就，动机可以理解，方式却不能为人们所接受。他所谓："圣人处无为之事，行不言之教"④，要求从被污染的社会环境中让人们回归自然，恢复淳朴之心。后世的学者在肯定老子思想的合理之处的同时，强调回归自然也依然要借助于文明，而非倒退。这在庄子那里，就已经看到了进步。

---

① （汉）郑玄注，（唐）孔颖达等正义：《礼记正义》，《十三经注疏》，（清）阮元校刻，第 1545 页。

② （汉）郑玄注，（唐）孔颖达等正义：《礼记正义》，《十三经注疏》，（清）阮元校刻，第 1543 页。

③ （汉）郑玄注，（唐）孔颖达等正义：《礼记正义》，《十三经注疏》，（清）阮元校刻，第 1529 页。

④ （明）薛蕙撰：《老子集解》，第 2 页。

具有诗人气质的庄子在其愤世、厌世的背后，追求冲决罗网，进入无所待的逍遥境地。与儒家孔子等人不同的是，孔子讲究美善协调，在社会背景中提升人格；而庄子则追求个体与宇宙大化的贯通合一，从而达到心灵的自由境界和对现实的人生的解放与超越。《庄子·天道》："夫明白于天地之德者，此之谓大本大宗，与天和者也；所以均调天下，与人和者也。与人和者，谓之人乐；与天和者，谓之天乐。"① 而艺术的创造和欣赏过程，就是主体涤荡心灵，完善自我，合天地之道，达人际之和的过程。

庄子虽然反对艺术，但对宇宙精神的把握却正是从审美的方式和艺术化的角度入手的。其对天籁的感受，也正是从人籁、地籁入手的。由技入道的庖丁解牛，本身就是一种审美观照和享受。其出神入化，合乎桑林之舞，乃中经首之会，等同于艺术活动。这乃是以心灵相照，忘功利、忘自我自在的活动，以自我的本性与天性相结合。又如梓庆削木为鐻，必欲斋以静心，忘庆赏爵禄，忘非誉巧拙，忘自身四肢形骸，于是达到审美的境界。② 这种创造活动的整个过程，便是美育的过程。其斋以静心，也是在整个创造过程中达到的。道家觉得艺术性的创造活动，可以使人在动乱的时代提升自己，成全自己，通过对理想人格的追求，进入审美的境界，解放自己的生命力。最终达到一种无所冀待，一种"上与造物者游，入于天"的境界，从而与宇宙融合，达到物化。这就类似于席勒所谓成就完全意义上的人，游戏的人。③ 由此我们可以知道，庄子的"道

① （清）郭庆藩撰，王孝鱼点校：《庄子集释》上，第466页。

② （清）郭庆藩撰，王孝鱼点校：《庄子集释》下，第661页。

③ ［德］席勒：《审美教育书简》，冯至、范大灿译，北京大学出版社1985年版，第80页。

遥游”从一定程度上说，与席勒的“游戏说”可以相通。

作为中国化佛教的禅宗，既吸取了印度佛教的精髓，又植根于中国的土壤，对后世产生了重大影响。其对审美感化的看法，既有宗教的痕迹，又反映了世俗的心灵净化和超越的特征。禅宗认为，人性即佛性。人们只要自我修养，便能“见性成佛”①。这与传统佛学的释迦“普渡众生”诸说相比，虽有差异，但都不满足于现实界，而提出了人生的理想境界。传统佛学要求个人通过修行，诚心于佛，从而达到涅槃境界。禅宗的“修行”，则打破了传统的清规戒律。由“悟”入手，从内心找到获罪的根源，进而自我净化，自我解脱，以达到自由无碍的最高境界，即涅槃。这种悟，是通过静思，使自身获得精神的解放，完成自己理想的人格。这种见佛见性的学说，便兼有美育的意义。通过它，人们可以从精神上达到理想的境地。

与佛教其他学派相比，禅宗乃注重于自身的修养，注重个体的自我领悟。禅宗认为，要获得解脱，只能从自己的内心着手，反对求生西方，寻找救世主。从美育的角度说，便是“自己感化自己”。在这种领悟中，禅宗突破了时空的界限，扩张了自我，从有限中看到了无限，从片刻中看到了永恒，进入了“万古长空，一朝风月”② 的最高境界。从而使自己跃身大化，与宇宙融为一体，显示出一种异常恬淡、宁静的心境。如果脱去宗教的外衣，我们可以进一步看到，禅宗是借对自然大化的感受来体味这种玄妙之境的。他们要求通过借鉴自然界那种无所求取而成全自身的自然道德观，而

---

① 魏道儒译注：《坛经译注》，第 47 页。

② （宋）普济著，苏渊雷点校：《五灯会元》上，第 66 页。

领悟到妙悟过程中的淡泊。以致后来移性于物，以为“青青翠竹，尽是法身，郁郁黄花，无非般若”①。这实际上是在不动声色中陶冶了人生，是不动之动。从中体现了禅宗对人生，对生命的热爱。而这，正是一种审美的活动，正是在审美中成就人生。

在具体方式上，禅宗虽有顿悟、渐悟之别，但客观上，他们却都是注重渐修顿悟。慧能的主张，虽在提倡“顿悟顿修”②，但那种直觉的体验，却是以渐修垫底的。通过渐修，人们便可豁然开朗，幡然醒悟。这种渐修顿悟的特点，是始终不脱离感性，而又从具体感性中获得人格的飞跃。这种飞跃，这种个性解放，是浸泡在感性中不知不觉、潜移默化的结果，是在不着痕迹地顿入佳境。回首望去，却如“羚羊挂角，无迹可求”③。

因此，禅宗的“顿悟”，是没有什么具体路数的，要随遇而悟，而不能落到实处。他们所谓的悟道，不是那种靠“坐禅”之类能达到的，不是超越尘俗的苦思冥想，而是从日常生活，从吃饭睡觉中去悟真谛。要自得其乐，从季节、自然的运转中去体味。一经顿悟便可从心所欲而不逾矩。借用宋人韩驹以禅喻诗的话说，便是“学诗当如初学禅，未悟且遍参诸方。一朝悟罢正法眼，信手拈出皆成章”④。

禅宗修行的目的，便是净心。惟其净心，方虚而能含。在渐修顿悟中，使“心量广大，犹如虚空，无有边畔”⑤，几有包举宇内、

① （宋）道原著，顾宏义译注：《景德传灯录译注》一，上海书店出版社 2010 年版，第 388 页。

② 魏道儒译注：《坛经译注》，第 149 页。

③ （宋）严羽著，郭绍虞校释：《沧浪诗话校释》，第 26 页。

④ （宋）韩驹撰：《赠赵伯鱼》，（清）吴之振等选，（清）管庭芳、蒋光照补：《宋诗钞》二，中华书局 1986 年版，第 1081 页。

⑤ 魏道儒译注：《坛经译注》，第 38 页。

囊括万物之势。到了这种境地，便拯救了灵魂，成了佛。这就是悟的妙果，实亦即禅宗美育的妙果。在这种顿悟成佛论中，他们还继承了竺道生“阿阐提人皆得成佛”[①]（“阿阐提人”其他版本通称“一阐提人”）说，认为行恶之人，多执迷不悟。大彻大悟者是为佛。纵使作恶多端的人，放下屠刀，便能立地成佛。这种不计前嫌的觉悟，尽管有其消极影响，但毕竟也是劝人行善的一种方法。对犯过错误的人来说，可不使行滥，有着积极意义。总之，禅宗的美育思想本于性，通乎悟，从中洋溢着对生命的热爱，对大自然的亲近。

总而言之，中国古人虽有儒、道、禅之别，但其美育思想却有其一致之处，即美育是一种“化育”，而不是“教育”。

三、近代美育观

中国的社会发展决定了美育不可能在封建时代获得独立的地位，而只能始终受到压制，依附于儒、道、禅各家哲学中而存在。直到近代，由于王国维、蔡元培等人的倡导，美育才成为一门独立的学科。与审美理论总体进程相适应的是，中国近代美育思想也是在引进和汲取西方美育思想的背景下，试图将中国传统美育思想现代化、以顺应时代要求的背景下形成和发展起来的。因此，它同样有着借鉴西方、继承传统和体现时代精神和社会要求的特点。其中具有代表性的人物，主要有蔡元培、梁启超和王国维等人。

率先把“美育”一词引入中国的是蔡元培。1901 年他在《哲

---

① （梁）释慧皎撰：《释道生传》，（梁）释慧皎撰，汤用彤校注，汤一玄整理：《高僧传》，中华书局 1992 年版，第 256 页。

学总论》一文中就用到了“美育”概念，是中国近代以倡导美育著称的学者。因他先后担任过教育总长和北京大学校长等教育界的领导，故他的美育思想在近代最具影响力。受西方传统观念的影响，他也把美育看成审美理论在教育中的运用。他曾说：“美育者，应用美学之理论于教育，以陶养感情为目的者也。”①但同时强调了美育的目的在于陶养感情。他在《美育与人生》中，他也说：“人人都有感情，而并非都有伟大而高尚的行为，这由于感情推动力的薄弱。要转弱而为强，转薄而为厚，有待于陶养。陶养的工具，为美的对象，陶养的作用，叫做美育。”② 他曾说：“纯粹之美育，所以陶养吾人之感情，使有高尚纯洁之习惯，而使人我之见，利己损人之思念，以渐消沮者也。”③ 以美育的方式陶冶人的性情，净化人的心灵，这本身既是方式，也是目的。他还说：“美育之目的，在陶冶活泼敏锐之心灵，养成高尚纯洁之人格。”④ 在《二十五年来中国之美育》中说：“美育的名词，是民国元年我从德文的Ästhetische Erziehung译出，为从前所未有。在古代说音乐的，说文学的，说书画的，都说他们有陶冶性情的作用，就是美育的意义；不过范围较小，教育家亦未曾作普及的计划。”⑤ 他在倡导“以美育代宗教”的时候，拿宗教与美育作比较：“一、美育是自由的，而宗教是强制的；二、美育是进步的，而宗教是保守的；

---

① 蔡元培：《美育》，高平叔编：《蔡元培全集》第五卷，第508页。

② 蔡元培撰，高平叔编：《蔡元培全集》第六卷，中华书局1988年版，第157页。

③ 蔡元培：《以美育代宗教说》，高平叔编：《蔡元培全集》第三卷，第33页。

④ 蔡元培：《创立国立艺术大学之提案（摘要）》，高平叔编：《蔡元培全集》第六卷，第180页。

⑤ 蔡元培撰，高平叔编：《蔡元培全集》第六卷，第54页。

三、美育是普及的，而宗教是有界的。”① 他还把美育看成提升人生价值的途径和激发创造力的动力。在1912年1月发表的《对于教育方针之意见》中，蔡元培说：“提出美育，因为美感是普遍性，可以破人我彼此的偏见；美学是超越性，可以破生死利害的顾忌，在教育上应特别注重”②，认为美育突破个体私利的束缚，成就自由无碍的人生。

梁启超是中国近代美育思想的另一位先驱者。他的美育思想因他本人的社会地位和思想影响力而颇受时人重视。他虽然沿袭西方“美育”概念的含义，把美育视为一种教育，但他结合实际的具体论述却超越了这一点。他认为美育是一种“趣味教育”，这趣味对人的感发和影响，显然就不同于一般的强制教育了。他明确提出他的美育观与欧美的美育观是不同的：“他们还是拿趣味当手段，我想进一步，拿趣味当目的。”③ 拿趣味当手段，是教育的一种方法，借用趣味以强化教育的效果；而拿趣味当目的，才是真正的美育。美育自身有着独立存在的价值，而不是一般教育的工具，不是止咳糖浆里的糖。梁启超在这里恰恰道出了美育不同于一般教育的独特性。他有时还把“美育”称为“情感教育”，强调其动之以情的特性。他认为：“情感教育最大的利器，就是艺术。音乐、美术、文学这三件法宝，把‘情感秘密’的钥匙都掌住了。”④ 在梁启超那

---

① 蔡元培：《以美育代宗教说》，高平叔编：《蔡元培全集》第五卷，第501页。

② 蔡元培撰，高平叔编：《蔡元培全集》第二卷，中华书局1984年版，第132页。

③ 梁启超：《趣味教育与教育趣味》，《饮冰室合集》，中华书局1989年版，第13页。

④ 梁启超：《中国韵文里头所表现的情感》，《饮冰室合集》，第72页。

里，情感是天下最神圣的，“天下最神圣的莫过于情感”，情感“是人类一切动作的原动力”①。因此，在梁启超那里，美育是通过情感去感化别人，如同春风化雨，滋润着人们的心田。在《论小说与群治的关系》中，他把小说对人的感化作用看成熏、浸、刺、提四种力，强调其潜移默化的熏陶、感染和激发、提升功能，同样也是美育功能的涵义。特别是其中的“熏”与“浸”：“熏也者，如入云烟中而为其所烘，如近墨朱处而为其所染”，“浸也者，入而与之俱化者也”②。在这里，梁启超强调了小说熏陶和感化的一面，正是他的趣味教育观的补充。

王国维则把西方的美育理论较为全面地介绍到中国来。在1903年8月第56号《教育世界》上，王国维发表了《论教育之宗旨》一文，将美育与德、智、体三育并称“四育”。虽然王国维沿用西方的美育称谓，将美育作为教育的一种加以论述，但毕竟已经注意到美育不同于一般教育的特殊性。在当时国家积贫积弱，人们精神空虚、无所寄托的社会背景下，特别是在那吸食鸦片又屡禁不止的环境中，王国维提出实施美育，以促进国民的高尚趣味和健康情调，发展国民的新精神。他特别强调繁荣文学艺术，以满足人们的精神需要。他说：“美育者，一面使人之情感发达，以臻完美之域，一面又为德育和知育之手段，此又为教育者所不可不留意也。”③他甚至认为，美育“即情育”也。王国维认为，美育能陶冶人的性灵，丰富、发展人的情感，培养起人们的审美鉴赏力和创造力；同时又能成为德育、智育的手段，促进德育和智育的实施和

---

① 梁启超：《中国韵文里头所表现的情感》，《饮冰室合集》，第71页。

② 梁启超：《中国韵文里头所表现的情感》，《饮冰室合集》，第7页。

③ 舒新城：《中国近代教育史料》下册，人民教育出版社1961年版，第1008页。

发展。这一方面强化了美育的情感感化功能，另一方面又把它作为智育和德育的工具，显示出美育以情感为动力的感性特征的魅力。

蔡元培、梁启超和王国维这三位中国近代美育的先驱虽然都受到西方传统观念的影响，把美育视为一种教育方式，但在具体的论述中，他们又都充分重视美育的独特方式和目的，强调美育通过具体的感性方式，通过情感感动的途径，对人们进行潜移默化的熏陶和感染，并且是自由的、普遍有效的。相比之下，蔡元培受康德等人的影响，将美育视为引领人们由现象界进入本体界的基本方式，并且吸纳了中国传统的艺术感化思想；梁启超的美育观中启蒙的特点更为明显，目的在于激发人们，振奋人的精神；王国维则致力于全球视野下的中国美育思想的学理阐释。

第二节　美育的基本特点

美育是主体通过不断的审美体验，水滴石穿般地浸润了人的内心，慢慢地塑造着人的个性，仿佛清风拂过人的心田。而由于个性的不同追寻着不同的美的形式，得到不同的审美体验，并使人性得到了升华，从而造就了完整意义上的人。

一、诉诸感性

与一般的教育方式相比，美育的基本特点首先在于，审美对象以其感性特征，通过丰富的形象，以情感为中介，悦耳悦目，并打动人的心灵，从而激发共鸣，达到提升人的精神境界、丰富人的心灵的目的。审美活动的过程，就是美育的过程，就是通过审美对象的感性形态对人进行感化的过程。因此，审美享受的过程就是美育的过程，而不是在审美活动之外利用审美对象进行有意识的教育。为着研究的方便，我通常会强调真、善、美的区别，实际上在现实中真、善、美常常是融合在一起的，是互相促进、互为推动的。美育在积极地推动着认知和道德的发展和实施，但它本身有着感化心灵、陶冶心灵的更高目标，而不只是推动认知和道德实现的工具。

各种具有审美价值的对象，在对人们进行感化时，首先展现在人们眼前的是具有吸引力的感性对象。孔子说："吾未见好德如好色者也。"[①] 其中的"色"，正是指感性形态对人的吸引力，而其中的"德"则是一种理性对人的约束。喜欢美的容貌与悦耳的声音是人的本性，美育便是从顺应人的这一本性开始的，它首先以美的形象吸引人。荀子曾经把审美活动视为调节身心的手段，与善相辅相成，而其前提，则首先在于养目养耳，满足感性要求。"雕琢、刻镂、黼黻、文章，所以养目也；钟鼓、管磬、琴瑟、竽笙，所以养耳也。"[②] 在养目养耳的基础上，美育的目的在于通过感性形态悦情悦意。因此，美育是在满足人的感性需要和前提下感化人，通过满足人们的感官的需要给人以心灵的快适，从而使人成为完整意义上的人。

感性形态的审美价值所给人的感官享受中，包含着与人的生理同构的节奏和韵律。如音乐中长短、高低不同声响的和谐搭配，能

---

① （魏）何晏注，（宋）邢昺疏：《论语注疏》，《十三经注疏》，（清）阮元校刻，第2491页。

② （清）王先谦撰，沈啸寰、王星贤点校：《荀子集解》，第347页。

使人的身心产生共鸣，进而影响到人的社会交往。故《乐记·乐化》说："故乐者，审一以定和，比物以饰节，节奏合以成文，所以合和父子君臣，附亲万民也。"① 徐上瀛《溪山琴况》所说的"琴之为音，孤高岑寂，不杂丝竹伴内。清泉白石，皓月疏风，翛翛自得，使听之者游思缥缈，娱乐之心不知何去"②，正是琴的音乐形态对人的感化功能。

美育领域宽阔，多种多样，丰富生动，随时随地都可以实施美育。我国近代美育理论家蔡元培先生说："名山大川，人人得而游览；夕阳明月，人人得以赏玩；公园的造象，美术馆的图画，人人得而畅观。"③ 这自然世界是美育的主要方式之一，也是美育的理想目标之一。高山大海使人心胸壮阔，小桥细水使人低徊不已，长河落日促使人昂然兴起，飘风骤雨令人痛快淋漓。在自然中，我们放弃无聊的名缰利锁，超越世俗社会的限制，在或宁静优美，或雄奇阔大的自然世界中任性率真，怡然而乐。这一直是中国人追求的生活理想。人们对审美境界的不断追求，使得美育的对象更加宽广，美育也不再局限于狭窄的一隅，天地万物都可以进入审美的视野。

正是由于诉诸感性，不需要进行直接的推理，不需要作深刻的理解，因而具有更广泛的普遍性价值。明代的徐渭在《南词叙录》里说："夫曲本取于感发人心，歌之使奴、童、妇、女皆喻，乃为

---

① （汉）郑玄注，（唐）孔颖达等正义：《礼记正义》，《十三经注疏》，（清）阮元校刻，第1545页。

② （明）徐上瀛著，徐梁编著：《溪山琴况》，第67页。

③ 蔡元培：《美育与人生》，高平叔编：《蔡元培全集》第六卷，第158页。

得体。”[1] 乃是在强调作品的感性特征对人心感发的一面，这种感性特征无疑有着普遍有效性。蔡元培在《以美育代宗教说》一文中写道：“纯粹之美育，所以陶养吾人之感情，使有高尚纯洁之习惯，而使人我之见，利己损人之思念，以渐消沮者也。盖以美为普遍性，决无人我差别之见能参入其中。”[2]

在艺术作品中，感性形象正是情感的载体。艺术家们产生强烈的喜、怒、哀、乐情感时，常宣之于咏歌等艺术形式。所谓“动诸琴瑟，形诸音声，而能使人为之哀乐”[3]，琴动而音声发，这种作为感性形象的“音声”就包含着哀乐、悲喜之情。这种诉诸感性对于接受主体来说，是通过情感的途径让人感动，达到怡情悦性的效果。感性、生动的审美对象作用于人的感官，感发着人的情感。“情以物迁，辞以情发”[4]，被引发的情感涤荡着人的心灵，使情感得以升华。梁启超曾说：“用情感来激发人，好象磁力吸铁一般，有多大分量的磁，便引多大分量的铁，丝毫容不得躲闪。”[5] 强调感性物象通过情感的途径对人的吸引力。

美育的过程便是使人的感情得到表现和升华的过程，而艺术作品正是通过感性意象表现作者的情感的。美育的过程是艺术家受到大千世界感性物态的感动的结果，又通过艺术品去感动欣赏者。艺术家必先自己受到感动，然后才能感动别人。而感性形态乃是艺术

---

① （明）徐渭撰，李复波、熊澄宇注释：《南词叙录注释》，中国戏剧出版社1989年版，第49页。

② 蔡元培撰，高平叔编：《蔡元培全集》第三卷，第33页。

③ 何宁撰：《淮南子集释》中，第619页。

④ （梁）刘勰著，范文澜注：《文心雕龙注》，第693页。

⑤ 梁启超：《中国韵文里头所表现的情感》，《饮冰室合集》，第71页。

家与欣赏者沟通的中介。欣赏者在欣赏过程中，则通过感性意象与作者产生了情感上的共鸣。欣赏者所受到的感化，正是在这共鸣中产生的。

很多艺术作品对人所进行的感化，由动之以情激发人的至诚之心，从而使其中所蕴涵的“道”能够深入人心。刘安说：“县（悬）法设赏，而不能移风易俗者，其诚心弗施也。”[①] 赏罚的手段只能要求人做什么不做什么，却不能使人在情感上受到感化，因而难以使人达到“移风易俗”的目的，而审美的感化正好能与赏罚互补，从内心打动人、成就人。

诉诸感性的美育意味着人的感受能力的丰富，用直观、个性的形式来把握审美对象，从中折射出某些价值观，蕴含着对人生和人性的感悟和体会，为人们开拓了一片感性的天地，以利于人的全面发展。

二、潜移默化

美育对于人性情的陶冶、情感的净化都不是一朝一夕可以完成的，而是如春风化雨般地逐渐沁入人的心灵，是一个潜移默化的过程。通过不断的熏陶和浸染，审美主体可能不会有立竿见影的改变，但却会在不知不觉中受到影响，发生着微小的变化，渐渐形成一种心理结构，持久地影响着精神生活。孔子曾用风作比喻，说：“草上之风，必偃。”[②] 风并不着意表现什么，却能让万物感受得

① 何宁撰：《淮南子集释》中，第619页。
② （魏）何晏注，（宋）邢昺疏：《论语注疏》，《十三经注疏》，（清）阮元校刻，第2504页。

到，春风一吹，百草偃伏，百花盛开，美育正是以这种感性的方式，来陶冶人的精神，转移人的气质。

王阳明曾说："今教童子，必使其趋向鼓舞，中心喜悦，则其进自不能已。譬之时雨春风，沾被卉木，莫不萌动发越，自然日长月化。"[①] 他主张以儿童喜闻乐见的方式，使之耳濡目染，渐渐潜移默化，就像大自然培养花木一样，日积月累地成长。这种潜移默化不仅仅是指美育的日积月累，还表明处在自然社会环境中的人时刻都可能有被感化的潜能。孔子说："天何言哉？四时行焉，百物生焉，天何言哉？"[②] 大自然虽然不言不语，却默默滋润着万物的生长，美育也正是这样像大自然的和风细雨之于禾苗，使之茁壮成长，但又是以"润物细无声"的方式对人熏陶感染，使人的心灵得以净化的。

王夫之则在继承前人的基础上强调日常生活对人的感化和习惯对人日积月累的作用，这对于美育的长期感化和影响无疑是有启发的。《尚书·太甲上》有："兹乃不义，习与性成。"[③] 王夫之对此加以发挥，强调习与性成的逐渐感化作用。他在《尚书引义·太甲二》中说："性者生也，日生而日成之也。""目日生视，耳日生听，心日生思。"[④] 人性的本质是生，日日更新，日生日成，说明个人的成长是随着时光的推移而日渐生成。这给我们的启示便是，美育对人的造就，不是一朝一夕的，而是长期影响的结果。

---

① （明）王阳明：《传习录》中，（明）王守仁撰，吴光等编：《王阳明全集》，上海古籍出版社 1992 年版，第 87、88 页。

② （魏）何晏注，（宋）邢昺疏：《论语注疏》，《十三经注疏》，（清）阮元校刻，第 2526 页。

③ （汉）孔安国传，（唐）孔颖达等正义：《尚书正义》，《十三经注疏》，（清）阮元校刻，第 163 页。

④ （清）王夫之撰：《尚书引义》卷三，《船山全书》第二册，第 809 页。

美育的终极目的是要培养自由全面发展的人，具备敏锐的审美能力，良好的审美趣味、健康的人生态度、完善的心理结构、丰富的个性魅力的人，并具有自由的超越精神和炽热的理想追求的人，这就注定美育是一个长期实施和发展的活动，并且其目的体现在美育的全过程中，其过程本身就是目的。

三、能动性

美育能让人从中获得充分的自由，这不仅表现在主体对于美育的陶冶是心甘情愿的，而且表现在主体接受美育时能够表现出主体能动的创造性。我们通常说艺术欣赏是一种再创造，其实一切审美活动都激发了主体在有限的范围内作能动的创造，从独特的体验中获得自得之趣。

在美育过程中，主体不仅为外物和艺术所感动，同时也在这种感动中发挥主体的能动性和创造性。与一般教育相比，审美主体不只是被动地受到感发的，而是有着能动性与创造性，自觉参与其中的。而美育就是一种感动生发，感发主体通过创造性想象对对象作动情的领悟，在审美活动中，审美主体拨动全身的每一根心弦，在被感化的过程中调动起积极的创造性，激励着欣赏者满足自身独创性的需要。

这决定了审美化育的方式是多种多样的，适应着审美主体的多种需要的。《淮南子·原道训》："所谓乐者，岂必处京台、章华，游云梦、沙丘，耳听《九韶》、《六莹》，口味煎熬芬芳，驰骋夷道，钓射鹔鷞之为乐乎？吾所谓乐者，人得其得者也。"① 审美主体所

① 何宁撰：《淮南子集释》上，第66—68页。

追求的境界不是单一的规定性的，而是在此之前已经有了独特的准备和见解，真正的愉悦在于获得了他想要的快乐。

主体在美育中的能动性还表现在主体在审美活动中能有自觉的追求。明代张琦说："人，情种也。"[①] 审美对象中所包含的情感容易感动人，人们也乐意被感动；而审美对象的感性形态也以其优美、壮丽等特征给主体以享受。这种享受之中包含着享受者积极的追求和能动的创造。这种积极的追求和能动的创造本身，就是美育的基本内涵。因而，审美主体对审美对象的追寻、对审美化育的要求，是以积极能动的态度出现的。

审美是在人与物的自由关系中形成的，主体在参与审美活动的整个过程中，充分体现了自己的能动性，每一次审美活动的最后完成，都给主体以全新的感受，而这种全新的感受既使主体陶冶了自己，又让主体满足了创造欲。因而，同一种审美对象在不同的主体面前，会激发不同的感悟，最终呈现出全新的意象，让主体获得满足和熏陶。审美活动的过程就是美育进行的过程，审美活动中的个体差异以及由此表明的主体的能动性，正是美育的重要特征。

人对美的追求是无止境的，美育在人对美的追求中不断开拓出新的境界。这种开拓可以是审美主体不满足于既有的审美对象，不断主动开辟新的审美对象，也可以是主体对始终存在的对象能动的创造性的体验。小桥流水、高山激流和嶙峋怪石等，在主体达到更高的自由境界之后，其被遮蔽的美育潜能便被能动地开发出来。这

---

① （明）张琦撰：《衡曲尘谭》，中国戏曲研究院编：《中国古典戏曲论著集成》第四册，中国戏剧出版社 1959 年版，第 273 页。

样，人们便在美育过程中体悟到世界和人生的真谛，得到了纯粹的快乐，个性随之得到解放，由此进入到自由王国。

在中国古人看来，审美境界是人生的最高境界。美育的途径，是主体成就自我的必然途径。美育可以使人们摆脱外在功利和内在欲望的本源，回复真诚和本色，体味到真正的自由。美育实际上包括了满足人们本能冲动的需要、情感的要求和对自然限制的超越。因此，美育具有对人的终极关怀的功能，所以蔡元培先生提出了“以美育代宗教”说。宗教也是诉诸人的心灵，追求完满与解脱，但主要是减少人们现实的痛苦，鼓励他们对来世充满希望。而美育则是受审美对象感发，拓展人的精神境界，完善人的个性，追寻现世的幸福，而不是寄希望于虚无飘渺的来生。

第三节　美育的基本功能

中国古人认为，美育是一种潜移默化的“化育”，而不是一种强制性的“教育”，是通过怡情养性的途径，使主体在感化中，经过审美，深入“人心”，从而陶冶主体的精神境界，完善自我的人格。无论是强调“中和”，使主体内心得到调节，人际间的情感相互协调，还是主张“至和”，净心虚静，达到独与天地精神往来；无论是从“悟”入手，寻求自我净化，还是跃身大化，都是主体通过美育，借助于超感性的体悟功能，以期使主体得以拓展，得以升华，使主体在审美观照中，在自我意识中，游心太玄，交融物我。而艺术的整个创造和欣赏过程，就是主体涤荡心灵，完善自我，合天地之道，达人际之和的过程。他们把审美境界看成是人生的最高境界，美育是主体成就自我的必然途径。

一、怡情养性

美育是通过审美“怡情养性”，对人的精神领域进行一种调节，从而达到心理的平衡、人格的完善，这使得美育与德育和智育这两种教育有相当的差异。美育的方式是建立在主体的自觉自愿、潜移默化的基础上的，当美育与智育、德育相结合时，三者是相互促进的，而三者在功能、方式和途径等方面，又是迥然不同的。

就人的精神而言，美育的形成，有其主观依据。既然人的精神领域包括知、情、意三个方面，那么对人的精神的熏陶、感化和塑造，也当从这三个方面着手，即分别侧重于理智角度、情感角度和意志角度。人在初生未开蒙之时，其教育受主、客观制约，包括主体禀性对外界影响的选择性和客体的特征等。主观上，一个人的气质、禀性，会导致一个人对外来影响有一定的选择性。有人更倾向于接受知的教育，有人更倾向于接受情的感化，若过分偏向和摒弃某种影响，均不利于成长。而客观上，教育和感化也是要健全的。一个长期没有受到或缺乏道德教育的人，是不能严格遵守道德规范的。同样，没有美育，长期缺乏美的熏陶的人，其情感领域无疑不能丰富起来。同时，不健全的教育和影响，也容易使人产生一种挑剔性的接受，在脑中形成特定的兴奋灶，造成受教上的偏食症。纵观中国教育史，先秦以降，童子受教，必课以诗书礼仪。“多识于鸟兽草木之名”①，是为知教。而礼仪之教和诗乐的感化则分别属

---

① （魏）何晏注，（宋）邢昺疏：《论语注疏》，《十三经注疏》，（清）阮元校刻，第2525页。

于道德教化和美育。

《乐记》在论述乐的功能时，是把乐与礼，美育与德育，比较起来进行阐释的。《乐记·乐论》："乐者为同，礼者为异。同则相亲，异则相敬。乐胜则流，礼胜则离。合情饰貌者，礼乐之事也。"① 乐起协调作用，礼起区别作用。协调使人相亲，区别使人相敬。过于使用乐，则使人变得散漫无序；过于偏重礼，则会造成人与人之间的距离。"礼义立，则贵贱等矣。乐文同，则上下和矣"②，礼义的确立，可以使人与人之间的等级井然有序。乐的形态协调了，可以使上与下之间的关系变得和睦。推及整个美育和德育，则美育与德育既在方法上各有不同，又在社会整体中互为补充。

与德育带有强制性的外在影响相比，美育的方式，是动于内，从内心、从人的情感的角度去打动人的。《乐记·乐论》："乐由中出，礼自外作。"③ 乐是发自人的内心的，故打动人也是从人的内心出发的。而礼是外在的规定，故对人的要求也是外在的。《乐记·乐化》："乐也者，动于内者也。礼也者，动于外者也。"④ 即乐从内在的角度去感动人，礼则从外在的角度去影响人。在阐释乐化的途径时，《乐记》还认为乐是积极地"施"，通过动情的角度去

① （汉）郑玄注，（唐）孔颖达等正义：《礼记正义》，《十三经注疏》，（清）阮元校刻，第1529页。

② （汉）郑玄注，（唐）孔颖达等正义：《礼记正义》，《十三经注疏》，（清）阮元校刻，第1529页。

③ （汉）郑玄注，（唐）孔颖达等正义：《礼记正义》，《十三经注疏》，（清）阮元校刻，第1529页。

④ （汉）郑玄注，（唐）孔颖达等正义：《礼记正义》，《十三经注疏》，（清）阮元校刻，第1544页。

感化人的。正因为是从内感动人的，故“其感人深，其移风易俗”[1]。礼则从外在形态，去对人们进行道德规范，通过理智的约束，是一种制止的方法，乐化和礼教的区别便由此可见。《乐记·乐本》说：“礼节民心，乐和民声。”[2] 礼侧重于对人心灵活动的节制，乐侧重对人的情感要求的调和。美育与德育的方式，既迥然不同，又相辅相成，共同作用，使内和外顺，从而完成“乐动情，礼晓理”的任务。这样，人们的修养就会达到理想境界了。故云：“致礼乐之道，举而错之天下，无难矣。”[3] 乐化作为一种美育方式，礼教作为一种伦理教育方式，两者是偏于情与偏于理的关系。“乐也者，情之不可变者也。礼也者，理之不可易者也。”[4]

审美对人的感化往往使人亲和，充满爱心。而道德规范则是一种严肃的要求。在人与人之间的关系上，《乐记》曾认为“礼以道其志，乐以和其声”[5]。指礼用以引导人的意志，乐则使人的情性得以调和，并且可以“合生气之和；道五常之行，使之阳而不散，阴而不密，刚气不怒，柔气不慑，四畅交于中，而发作于外”[6]。

---

① （汉）郑玄注，（唐）孔颖达等正义：《礼记正义》，《十三经注疏》，（清）阮元校刻，第 1534 页。

② （汉）郑玄注，（唐）孔颖达等正义：《礼记正义》，《十三经注疏》，（清）阮元校刻，第 1529 页。

③ （汉）郑玄注，（唐）孔颖达等正义：《礼记正义》，《十三经注疏》，（清）阮元校刻，第 1544 页。

④ （汉）郑玄注，（唐）孔颖达等正义：《礼记正义》，《十三经注疏》，（清）阮元校刻，第 1537 页。

⑤ （汉）郑玄注，（唐）孔颖达等正义：《礼记正义》，《十三经注疏》，（清）阮元校刻，第 1527 页。

⑥ （汉）郑玄注，（唐）孔颖达等正义：《礼记正义》，《十三经注疏》，（清）阮元校刻，第 1535 页。

不同气质的人能够相互调济，异文合爱，形成一种相反相成的和睦状态。从人伦关系上，《乐记·乐象》认为“乐行而伦清”[①]。又《乐记·乐化》：“乐在宗庙之中，君臣上下同听之，则莫不和敬；在族长乡里之中，长幼同听之，则莫不和顺；在闺门之内，父子兄弟同听之，则莫不和亲。”[②] 即音乐通过其感人作用，可以使人敬国君，顺长辈，爱父兄。这就使人相亲相爱。《乐记·乐化》说：“致乐以治心，则易、直、子、谅之心油然生矣。”[③] 就是说，通过音乐动于内，由内心感化和提升人们的心灵境界，人们的心情就会变得平易、正直、慈爱和善于体谅。从音乐对人的感化的效果上说：“暴民不作，诸侯宾服，兵革不试，五刑不用，百姓无患，天子不怒，如此，则乐达矣。”[④] 音乐的功能，就是要让社会风气变得清明，让人们遵纪守法，人民无后顾之忧，国家不发生战争，国王不去专横，最终使人们“欣喜欢爱”。

同时，美育又体现着以道制欲的原则。美育本来是通过适应人的感性要求和欲望的方式去感动人的。但人的感性欲望本来是自然的，无节制的，一味地放纵，让人沉湎于其中，会影响人的生理健康，也会违反社会的道德规范，不能体现出和谐的原则。于是《乐记·乐象》提出以道制欲。所谓道，是指感性生命和精神生命的原

---

① （汉）郑玄注，（唐）孔颖达等正义：《礼记正义》，《十三经注疏》，（清）阮元校刻，第1536页。

② （汉）郑玄注，（唐）孔颖达等正义：《礼记正义》，《十三经注疏》，（清）阮元校刻，第1545页。

③ （汉）郑玄注，（唐）孔颖达等正义：《礼记正义》，《十三经注疏》，（清）阮元校刻，第1543页。

④ （汉）郑玄注，（唐）孔颖达等正义：《礼记正义》，《十三经注疏》，（清）阮元校刻，第1529页。

则，指理。美育就是指通过生命的原则去驾驭人的感性欲望，从中实现对人的感化。“君子乐得其道，小人乐得其欲。以道制欲，则乐而不乱；以欲忘道，则惑而不乐。”① 而那些一味迎合人的感官欲望的乐，则违背自然之道。《乐记·乐言》：“是故其声哀而不庄，乐而不安，慢易以犯节，流湎以忘本。广则容奸，狭则思欲。感条畅之气，而灭平和之德。是以君子贱之也。”② 君子看不起的，正是那种沉溺于悲哀之中而不庄重，沉溺于欢娱之中而不得安宁，散漫多变而不谐和于节奏，流连于缠绵之中而不能重新振奋起来，舒缓的曲调包容着邪恶，急促的声音挑逗着欲念的“乐”。用逆气湮灭了平和的德性。这种艺术，就会让人误入歧途。优秀的艺术对人的造就，应该是让人回归正道，让人获得正常的好恶之心，而不仅仅是满足人的感性欲望。《乐记·乐本》：“是故先王之制礼乐也，非以极口腹耳目之欲也，将以教民平好恶，而反人道之正也。”③

因此，以道制欲是通过人情之常的途径对人进行造就的准则。“故人不能无乐，乐不能无形。形而不为道，不能无乱。先王耻其乱，故制《雅》、《颂》之声以道之，使其声足乐而不流，使其文足论而不息，使其曲直、繁瘠、廉肉、节奏，足以感动人之善心而已矣，不使放心邪气得接焉。是先王立乐之方也。”④ 先王厌恶对人

---

① （汉）郑玄注，（唐）孔颖达等正义：《礼记正义》，《十三经注疏》，（清）阮元校刻，第1536页。

② （汉）郑玄注，（唐）孔颖达等正义：《礼记正义》，《十三经注疏》，（清）阮元校刻，第1535页。

③ （汉）郑玄注，（唐）孔颖达等正义：《礼记正义》，《十三经注疏》，（清）阮元校刻，第1528页。

④ （汉）郑玄注，（唐）孔颖达等正义：《礼记正义》，《十三经注疏》，（清）阮元校刻，第1544页。

心发生潜移默化影响的乐之乱会引起人心之乱，所以制定雅颂等乐的范本来规范它们，使得社会上的乐不再散漫、放纵，乐章的结构一气相贯，其抑扬顿挫的曲调的韵律和节奏，足以感动人积极向上，正以压邪。这就是先王立乐的原则，也是美育的原则。它与《尚书·舜典》“直而温，宽而栗，刚而无虐，简而无傲”① 的精神，以及孔子的“乐而不淫，哀而不伤”② 的中和原则是一脉相承的。西方的席勒在《审美教育书简》中，认为美育可以纠正人的两个极端，即粗野的极端和懈怠乖戾的极端③，这与以道制欲也有一定的相似之处。

二、化性起伪

人在现实生活中对审美感化的追求，从上古的巫术礼仪时代就开始了。起初，人们将诗、歌、舞一体的乐视为一种巫术，认为它可以和天地，成万物，疏河道。如《吕氏春秋·古乐》载，朱襄氏治天下时，阳气冗积，而以乐生阴气，促进果物生长。陶唐氏治世，阴气滞伏，水道壅塞，而以舞来宣导。④ 在中国古人看来，人的身心的泄导，与自然万物的护育是息息相通的。《乐记》则把天地的阴阳化生视为宇宙间最大的乐。“天地欣合，阴阳相得，煦妪

① （汉）孔安国传，（唐）孔颖达等正义：《尚书正义》，《十三经注疏》，（清）阮元校刻，第131页。

② （魏）何晏注，（宋）邢昺疏：《论语注疏》，《十三经注疏》，（清）阮元校刻，第2468页。

③ ［德］席勒：《审美教育书简》，第50—54页。

④ 许维遹撰，梁运华整理：《吕氏春秋集释》上，第118—119页。

覆育万物”[①]，乃说天以气化育（煦）万物，地以形覆育（妪）万物。由此推及到音乐对人的感化，也与天地（包括阳光、水分和养料）覆育万物一样，使之生机勃勃，健康成长。这种以情动人的音乐感化作用便是美育。《乐记·乐施》有：“乐者，所以象德也。”[②]象德，即表现出天地化育万物的那种特征（《管子·心术》：“化育万物谓之德。”[③]）。这里用万物规律来比方，说明乐对人的感化近似于在春夏之季使万物得以萌动生长的那种自然大化广济博施而不言的“仁”（《乐记·乐礼》：“春作夏长，仁也。”[④]），实指音乐所具有的那种成就人格的感化行为。

从心理上讲，美育乃是养性的一种方式。《吕氏春秋·本生》说：“物也者，所以养性也。”[⑤] 养性是让人的感性生命顺任自然地得到发展。“圣人之于声色滋味也，利于性则取之，害于性则舍之，此全性之道也。”[⑥] 美育正是通过感性的方式对人的本性进行维护和滋养。“故圣人之制万物也，以全其天也。天全则神和矣，目明矣，耳聪矣，鼻臭矣，口敏矣，三百六十节皆通利矣。”[⑦] 全天，即养性，保全人的天然本性。《吕氏春秋·重己》还认为，音乐便

---

① （汉）郑玄注，（唐）孔颖达等正义：《礼记正义》，《十三经注疏》，（清）阮元校刻，第1537页。

② （汉）郑玄注，（唐）孔颖达等正义：《礼记正义》，《十三经注疏》，（清）阮元校刻，第1534页。

③ 黎翔凤撰，梁运华整理：《管子校注》中，第759页。

④ （汉）郑玄注，（唐）孔颖达等正义：《礼记正义》，《十三经注疏》，（清）阮元校刻，第1531页。

⑤ 许维遹撰，梁运华整理：《吕氏春秋集释》上，第13页。

⑥ 许维遹撰，梁运华整理：《吕氏春秋集释》上，第15页。

⑦ 许维遹撰，梁运华整理：《吕氏春秋集释》上，第15—16页。

具有这种养性的化育功能。“其为声色音乐也，足以安性自娱而已矣。”[①]《淮南子·原道训》则以得其所得来解释乐的养性功能：“吾所谓乐者，人得其得者也。”[②] 后来嵇康在其《养生论》中，就包括了艺术和审美对人的精神的陶养。从而“无为自得，体妙心玄”[③]。这里的“自得”即《淮南子》的“得其得”。嵇康把音乐视为养生的重要手段，其中既有对人的生理的调节，类似于《乐记·乐象》的“耳目聪明，血气和平”[④]，又有对人的本性的陶冶，即所谓“修性以保神，安心以全身”[⑤]，不溺于忧乐之情，而以心灵之和为目的。

荀子曾以“化性起伪”来解释人性和文化的生成，从中也体现了美育的功能。性是人生来就有的自然本质及其功能，伪则指在自然本质基础上发展起来的精神形态和能力。在荀子那里，人性本恶，生而好利、疾恶（患于恶）、纵欲，需要后天文明的熏陶、感化，于是产生了礼义、法度和艺术等。故圣人便以诗、书、礼、乐等化性，对人进行塑造。它如同“陶人埏埴而为器”“工人斫木而成器”[⑥] 一样，使人具有崇高的精神境界，这就是“伪”。故荀子说“化性而起伪”[⑦]，“无伪则性不能自美”[⑧]。而更广泛意义上的美育，则还包括周围环境对人的影响。《荀子·儒效》：“注错习俗，

---

① 许维遹撰，梁运华整理：《吕氏春秋集释》上，第 24 页。

② 何宁撰：《淮南子集释》上，第 68 页。

③ （三国）嵇康撰，戴明扬校注：《嵇康集校注》，第 157 页。

④ （汉）郑玄注，（唐）孔颖达等正义：《礼记正义》，《十三经注疏》，（清）阮元校刻，第 1536 页。

⑤ （三国）嵇康撰，戴明扬校注：《嵇康集校注》，第 146 页。

⑥ （清）王先谦撰，沈啸寰、王星贤点校：《荀子集解》，第 437 页。

⑦ （清）王先谦撰，沈啸寰、王星贤点校：《荀子集解》，第 438 页。

⑧ （清）王先谦撰，沈啸寰、王星贤点校：《荀子集解》，第 366 页。

所以化性也。”又：“故人知谨注错，慎习俗，大积靡，则为君子矣。”① 注措指举止行为，习俗指久习成俗，积靡即积累。经过长期的积累和练习，使得人的本恶的兽性变成了人性。这些后天的影响无疑包含了美育的功能。

刘勰《文心雕龙·乐府》篇中说：“夫乐本心术，故响浃肌髓，先王慎焉，务塞淫滥。敷训胄子，必歌九德，故能情感七始，化动八风。”② 诗乐之所以能感动天地，风化八方，就在于它具有深入肌体、动人心灵的力量，各种艺术作品所表现的情感世界是异常丰富广阔的，能给欣赏者带来不同的情感体验，征服欣赏者、感化欣赏者，具有强大的“陶铸性情”的作用，美育以情感的方式陶冶人的情性，从而改造人性自身的弱点，使得其健康发展。

但是，外在的影响对人的“化性”，既有积极之处，也有消极之处。主体的本性具有多重的可塑性。《乐记》曾把它分为“顺气”与“逆气”。顺气指生命中体现生命精神的成分，而逆气则指生命中悖逆生命精神的成分。这种对生命精神的体现与悖逆，既有自然的因素，又有社会的因素。“凡奸声感人，而逆气应之。逆气成象，而淫乐兴焉。正声感人，而顺气应之。顺气成象，而和乐兴焉。倡和有应，回邪曲直，各归其分，而万物之理，各以类相动也。”③ 这段话本来主要是说音乐的创作过程的。它也同样适用于鉴赏。所谓奸声，是指乐律上的繁、慢、细、过之声，是不体现和谐原则的

---

① （清）王先谦撰，沈啸寰、王星贤点校：《荀子集解》，第144页。

② （梁）刘勰著，范文澜注：《文心雕龙注》，第101页。

③ （汉）郑玄注，（唐）孔颖达等正义：《礼记正义》，《十三经注疏》，（清）阮元校刻，第1536页。

“淫乐”。其内容也往往反映出人性中卑劣的成分。这种乐对人的感动，是通过迎合人的卑劣心理而发生作用的。鉴赏者以“逆气应之”，故对人心起着消极的作用。而正声，则指体现和谐原则的和乐，其内容也体现着和谐原则，尽善尽美，“乐而不淫，哀而不伤”①。而鉴赏者也会以顺气应之，使心灵得以涤荡和提升。审美对象的这种顺气、逆气，对于鉴赏者来说都是“以类相动”的。

正是这样，美育通过正声感人，“反情以和其志”②，即顺着人的本性使之正常发展。只有这种和乐对人的身心产生积极的影响，才能进而对整个社会产生积极的影响。“故乐行而伦清，耳目聪明，血气和平，移风易俗，天下皆宁。”③ 这正是儒家所要求的艺术感化的效果，正是因人的本性而利导的结果。《淮南子·泰族训》中有一段比方，正可说明美育当顺任人的本性而进行感化的原理：“夫物有以自然，而后人事有治也。故良匠不能斫金，巧冶不能铄木，金之势不可斫，而木之性不可铄也。埏埴而为器，窬木而为舟，铄铁而为刃，铸金而为钟，因其可也。”④

审美活动本身就在陶冶着主体的性情，审美的过程就是主体心灵受到感化的过程。这在作为审美活动过程的艺术创作和鉴赏活动中尤其如此。艺术的创造活动，也对创造者的精神起到了一种解放作用，使其在精神上获得了自由与充实，最终成就了自己艺术化的

---

① （魏）何晏注，（宋）邢昺疏：《论语注疏》，《十三经注疏》，（清）阮元校刻，第2468页。

② （汉）郑玄注，（唐）孔颖达等正义：《礼记正义》，《十三经注疏》，（清）阮元校刻，第1536页。

③ （汉）郑玄注，（唐）孔颖达等正义：《礼记正义》，《十三经注疏》，（清）阮元校刻，第1536页。

④ 何宁撰：《淮南子集释》下，第1386页。

人生。艺术鉴赏也同样如此。鉴赏的过程，在一定程度上说是自我观照的过程。或平息忧患，或宣泄愤懑，或寄寓恬淡的情趣，或享受快乐的人生，进而使人格得以升华。这，就是美育。它对人的感化常常是潜移默化的，是建立在自觉自愿的基础上的。这就与一般的教育方式有明显的不同。

孔子还把乐的感化作用，看成育人的最高境界，主张“兴于诗，立于礼，成于乐”[①]。这里把乐视为成就人生的最高境界。另外《论语·宪问》有：“子路问成人。子曰：‘若臧武仲之知，公绰之不欲，卞庄子之勇，冉求之艺，文之以礼乐，亦可以为成人矣。’”[②] 认为礼乐是各类人最终成就人生的必要条件。孔子本人虽在政治上想见用于国君，成就大业，而在人格上，却在追求“浴乎沂，风乎舞雩，咏而归”[③] 的审美境界。

---

① （魏）何晏注，（宋）邢昺疏：《论语注疏》，《十三经注疏》，（清）阮元校刻，第2487页。

② （魏）何晏注，（宋）邢昺疏：《论语注疏》，《十三经注疏》，（清）阮元校刻，第2511页。

③ （魏）何晏注，（宋）邢昺疏：《论语注疏》，《十三经注疏》，（清）阮元校刻，第2500页。

结语

中国自古以来有着源远流长的审美实践和丰富的美学思想资源，从中体现了中华民族审美意识的长期积累和发展变迁的历程，它们与其他民族的审美实践与美学思想同中有异，互补共存。其中许多独特的审美意识值得当代中国人反思和继承，也值得世界的重视和推广。美学作为西方近代以来建立起来的新兴学科，它的发展应当重视中国人审美实践的探索，应当珍惜中国人美学思想的积累。本书尝试以西方学说为参照坐标，从中国传统的文化背景出发，在继承中国古代审美意识和美学思想的基础上，结合中国的国情，对西方的相关学说进行吸收和同化，并结合当代的审美实践，力图建构全球视野下的中国美学体系，从而丰富和发展世界的美学理论。

中国古代在人文价值层面上对审美问题有许多精辟的见解，儒、释、道三家思想中有着深刻的审美思想，尤其是关于审美活动中身心关系和审美的思维方式等。中国古代审美思想特别强调天人合一的生命精神，重视主体以物态人情化、人情物态化的思维方式和身心贯通的心态去体悟物象，重视自然与社会的审美关系，从而体现出物我同一和非现实性的特征。在中国古人看来，自然万物的生机对人们心灵的感发使美得以生成。美是在主体能动感发的基础上，物我交融、悠然心会而生成的。他们从审美对象中体悟到弥漫其中的气韵和寓于感性形态中的内在精神及其体势。

从《周易》开始，中国古人高度重视生生不息的生命精神，并且形成了一个悠久的传统。古人的阴阳五行思想，最初正是这种生命节奏与韵律的概括。其中体现了自然的生机和活力，也表现了万物对主体情感的感发。中国古人重视审美活动中对自然生机的礼赞，对自我的反思。他们强调自然生机对主体心态的感发使主体的全身心受到感动，从而提升了主体的心灵，拓展了个体的自然生命，使生命进入到崭新的境界。主体在审美活动中的妙悟、神会，使得个体的生命跃升大化，从而突破了身体的身观局限，追求顺情适性，使生命进入乐的境界。

在审美活动中，宇宙生命与物我情感相互交融。主体涤荡心胸，以虚静的心态对物象作基于感性生命而又不滞于感性生命的体悟，从而领略到自然的生机和生命之道，这是一种忘我的、超越功利的高蹈心态。在具体的意象创构中，贯穿着生命节奏和韵律，其动静相成、刚柔相济等都是生命节奏的具体表现。人们从一花一果、一草一木中，往往都能感受到宇宙生命的勃勃生机。审美活动虽然体现了普遍有效性，同时也是个性化的活动。个体的性情、趣味、姿式都充分体现在审美活动中。审美活动是个体获得精神自由的途径，主体的想象力在审美活动中翱翔，充满着情趣。中国艺术强调骨、气、血、肉，形神兼备，都是生命意识的一种体现。中国艺术追求“气韵生动”、“传神写照”，正是对宇宙大化和生生律动的参赞。中国艺术对“远景”情有独钟，也是因为其中表现出了流动的生命意蕴和音乐的律动。

中国美学是以审美意象为中心的美学，是一种重视意象创构的本体论美学。审美意象是审美活动的成果，审美活动的过程是意象创构的过程，从中体现了物我生命的贯通。在审美活动中，个体生命的创造力得到了充分的发挥，体现出个体心灵的生生不已、新新不住。主体在审美活动中，通过对物象的创造性感悟，经由想象使物象与主体情理交融，从而创构出审美意象，即我们日常所说的“美”。其中既有物象及其背景本身的感染力，又表现了主体的创造精神。蒋孔阳说：“美在创造中。”① 主体的生命精神也正在于创造之中，作为体现审美理想与趣味的艺术作品，正是主体生命创造的物化形态。中国人强调在艺术的创造中，作品是生命源自自然大化的生机和主体的精神生命，物我交融体现了主体的审美情调。

① 蒋孔阳：《蒋孔阳全集》第三卷，安徽教育出版社 1999 年版，第 147 页。

参考文献

一、古代典籍：

[清] 阮元校刻：《十三经注疏》，中华书局 1980 年版。

徐元诰撰，王树民、沈长云点校：《国语集解》，中华书局 2002 年版。

[明] 薛蕙撰：《老子集解》，中华书局 1985 年版。

[清] 焦循撰，沈文倬点校：《孟子正义》，中华书局 1987 年版。

[清] 王先谦撰，沈啸寰、王星贤点校：《荀子集解》，中华书局 1988 年版。

[晋] 郭象注，[唐] 成玄英疏：《庄子注疏》，中华书局 2011 年版。

[清] 孙诒让撰：《周礼正义》，中华书局 2013 年版。

[清] 孙诒让：《墨子间诂》，中华书局 2001 年版。

[清] 王先慎撰，钟哲点校：《韩非子集解》，中华书局 1998 年版。

黎翔凤撰，梁运华整理：《管子校注》（上中下），中华书局 2004 年版。

[宋] 洪兴祖撰，白化文等点校：《楚辞补注》，中华书局 1983 年版。

许维遹撰：《吕氏春秋集释》（上下），中华书局 2009 年版。

[清] 苏舆撰，钟哲点校：《春秋繁露义证》，中华书局 1992 年版。

[汉] 司马迁撰：《史记》，中华书局 1959 年版。

何宁集释：《淮南子集释》，中华书局 1998 年版。

[汉] 许慎撰，[宋] 徐铉校定：《说文解字》，社会科学文献出版社 2005 年版。

[汉] 刘向撰，向宗鲁校证：《说苑校证》，中华书局 1987 年版。

袁珂校注：《山海经校注》，上海古籍出版社 1980 年版。

汪荣宝撰，陈仲夫点校：《法言义疏》，中华书局 1987 年版。

[汉] 王充撰，黄晖校释：《论衡校释》，中华书局 1990 年版。

[汉] 班固撰，（唐）颜师古注：《汉书》，中华书局 1962 年版。

[唐] 王冰注：《黄帝内经》，中医古籍出版社 2003 年版。

杨伯峻撰:《列子集释》，中华书局 1979 年版。

梁满仓译注:《人物志》，中华书局 2009 年版。

[魏] 王弼著，楼宇烈校释:《王弼集校释》，中华书局 1980 年版。

杨明照撰:《抱朴子外篇校笺》，中华书局 1991 年版。

[三国] 嵇康撰，戴明扬校注:《嵇康集校注》，人民文学出版社 1962 年版。

[三国魏] 阮籍撰，陈伯君校注:《阮籍集校注》，中华书局 1987 年版。

[晋] 陆机著，杨明校笺:《陆机集校笺》，上海古籍出版社 2016 年版。

余嘉锡撰:《世说新语笺疏》，中华书局 1983 年版。

[梁] 刘勰著，范文澜注:《文心雕龙注》，人民文学出版社 1958 年版。

黄侃撰:《文心雕龙札记》，上海古籍出版社 2000 年版。

[梁] 萧统编，[唐] 李善注:《文选》，上海古籍出版社 1986 年版。

[梁] 僧佑编撰，刘立夫、胡勇译注:《弘明集》，中华书局 2011 年版。

[梁] 真谛译，高振农校释:《大乘起信论校释》，中华书局 1992 年版。

[梁] 释慧皎撰，汤用彤校注，汤一玄整理:《高僧传》，中华书局 1992 年版。

[梁] 沈约撰:《宋书》(全六册)，中华书局 1974 年版。

[北魏] 郦道元著，陈桥驿校证:《水经注校证》，中华书局 2007 年版。

[北齐] 刘昼著，傅亚庶校释:《刘子校释》，中华书局 1998 年版。

张沛撰:《中说译注》，上海古籍出版社 2011 年版。

[唐] 房玄龄等撰:《晋书》，中华书局 1974 年版。

[唐] 李延寿撰:《南史》，中华书局 1975 年版。

[唐] 魏征等撰:《隋书》(全六册)，中华书局 1973 年版。

[唐] 陈子昂著，徐鹏校点:《陈子昂集》，中华书局 1960 年版。

[唐] 杜甫著，[清] 仇兆鳌注:《杜诗详注》，中华书局 1979 年版。

[清] 金圣叹著，钟来因整理:《杜诗解》，上海古籍出版社 1984 年版。

[清] 方世举著，郝润华、丁俊丽整理:《韩昌黎诗集编年笺注》(全二册)，中华书局 2012 年版。

［唐］孟浩然著，佟培基笺注：《孟浩然诗集笺注》，上海古籍出版社 2000 年版。
［唐］柳宗元著，吴文治等点校：《柳宗元集》，中华书局 1979 年版。
［唐］刘禹锡撰：《刘禹锡集》，中华书局 1990 年版。
［唐］白居易著，谢思炜校注：《白居易诗集校注》，中华书局 2006 年版。
魏道儒译注：《坛经译注》，中华书局 2010 年版。
［唐］张彦远辑，洪丕谟点校：《法书要录》，上海书画出版社 1986 年版。
［宋］曾巩撰，陈杏珍、晁继周点校：《曾巩集》，中华书局 1984 年版。
［唐］张彦远著，俞剑华注释：《历代名画记》，上海人民美术出版社 1964 年版。
［唐］李贺著，［清］王琦等注：《李贺诗歌集注》，上海古籍出版社 1978 年版。
［唐］李商隐著，［清］冯浩笺注：《玉豁生诗集笺注》，上海古籍出版社 1979 年版。
马国权译注：《书谱译注》，上海书画出版社 1980 年版。
［清］彭定求等编：《全唐诗》，中华书局 1999 年版。
［宋］郭茂倩著：《乐府诗集》，中华书局 1979 年版。
［宋］郭思编，杨伯编著：《林泉高致》，中华书局 2010 年版。
［宋］朱熹著，朱杰人等主编：《朱子全书》，上海古籍出版社、安徽教育出版社 2002 年版。
［宋］李觏著，王国轩校点：《李觏集》，中华书局 1981 年版。
［清］王文诰辑注，孔凡礼点校：《苏轼诗集》，中华书局 1982 年版。
孔凡礼点校：《苏轼文集》，中华书局 1986 年版。
［宋］程颢、程颐著，王孝鱼点校：《二程集》，中华书局 1981 年版。
［宋］普济著，苏渊雷点校：《五灯会元》（全三册），中华书局 1984 年版。
［宋］道原著，顾宏义译注：《景德传灯录译注》，上海书店出版社 2010 年版。
［宋］罗大经撰，王瑞来点校：《鹤林玉露》，中华书局 1983 年版。
［宋］王安石著，唐武标校：《王文公文集》，上海人民出版社 1974 年版。
［宋］张载著，章锡琛点校：《张载集》，中华书局 1978 年版。
［宋］邵雍著，陈明点校：《伊川击壤集》，学林出版社 2003 年版。

[宋] 欧阳修著，李逸安点校：《欧阳修全集》，中华书局 2001 年版。
[宋] 欧阳修撰，洪本健校笺：《欧阳修诗文集校笺》（全三册），上海古籍出版社 2009 年版。
[宋] 梅尧臣著，朱东润编年校注：《梅尧臣集编年校注》，上海古籍出版社 1980 年版。
[宋] 陆游著，钱仲联校注：《剑南诗稿校注》，上海古籍出版社 1985 年版。
[宋] 辛弃疾撰，邓广铭笺注：《稼轩词编年笺注（增订本）》，上海古籍出版社 1993 年版。
[宋] 胡寅撰，容肇祖点校：《崇正辩 斐然集》，中华书局 1993 年版。
[宋] 释惠洪撰：《冷斋夜话》，中华书局 1985 年版。
[宋] 洪迈著：《容斋随笔》，上海古籍出版社 1978 年版。
[宋] 严羽著，郭绍虞校释：《沧浪诗话校释》，人民文学出版社 1961 年版。
[宋] 胡仔纂集，廖德明校点：《苕溪渔隐丛话》，人民文学出版社 1962 年版。
[元] 倪瓒著，江兴祐点校：《清閟阁集》，西泠印社出版社 2010 年版。
[明] 胡应麟撰：《诗薮》，上海古籍出版社 1979 年版。
[明] 袁中道著：《珂雪斋集》，上海古籍出版社 1989 年版。
[明] 徐上瀛著，徐梁编著：《溪山琴况》，中华书局 2013 年版。
[明] 陆时雍撰，李子广评注：《诗镜总论》，中华书局 2014 年版。
[明] 王骥德著，陈多、叶长梅注释：《王骥德曲律》，湖南人民出版社 1983 年版。
[明] 王履绘，天津人民美术出版社编：《王履〈华山图〉画集》，天津人民美术出版社 2010 年版。
[明] 丘濬著，周伟民等点校，《丘濬集》，海南出版社 2006 年版。
[明] 谢榛著，宛平校点：《四溟诗话》，人民文学出版社 1961 年版。
[明] 李贽著：《焚书 续焚书》，中华书局 1975 年版。
[明] 张大复撰：《梅花草堂笔谈》（全三册），上海古籍出版社 1986 年版。
[明] 胡之骥注，李长路、赵威点校：《江文通集汇注》，中华书局 1984 年版。

[明] 王守仁撰：吴光等编校：《王阳明全集》，上海古籍出版社 1992 年版。

[明] 王廷相著，王孝鱼点校：《王廷相集》（全四册），中华书局 1989 年版。

[明] 徐渭撰，李复波、熊澄宇注释：《南词叙录注释》，中国戏剧出版社 1989 年版。

[明] 高濂著：《燕闲清赏笺》，巴蜀书社 1985 年版。

[清] 道济著，俞剑华标点注译：《石涛画语录》，人民美术出版社 1962 年版。

[清] 钱谦益著：《列朝诗集小传》，上海古籍出版社 1983 年版。

[清] 李渔著：《闲情偶寄》，上海古籍出版社 2000 年版。

[清] 王夫之撰：《诗广传》，中华书局 1964 年版。

[清] 王夫之撰：《姜斋诗话》，人民文学出版社 1961 年版。

[清] 王夫之撰：《庄子解》，中华书局 1964 年版。

[清] 叶燮著：《原诗》，人民文学出版社 1979 年版。

[清] 王士禛著：《带经堂诗话》，人民文学出版社 1963 年版。

[清] 廖燕著：《二十七松堂文集》，上海远东出版社 1999 年版。

[清] 沈德潜、周准编：《明诗别裁集》，上海古籍出版社 1979 年版。

[清] 沈德潜选：《古诗源》，中华书局 1963 年版。

[清] 郑板桥：《郑板桥集》，上海古籍出版社 1979 年版。

[清] 赵翼：《瓯北集》，上海古籍出版社 1997 年版。

[清] 刘熙载著：《艺概》，上海古籍出版社 1978 年版。

[清] 周二学著：《一角编》，上海人民美术出版社 1986 年版。

[清] 周济著：《介存斋论词杂著》，人民文学出版社 1959 年版。

[清] 况周颐、王国维著：《蕙风词话 人间词话》，人民文学出版社 1960 年版。

二、资料汇编：

逯钦立辑校：《先秦汉魏南北朝诗》，中华书局 1988 年版。

[清] 许梿评选，黎经诰笺注《六朝文絜笺注》，中华书局 1962 年版。

郁沅、张明高编选:《魏晋南北朝文论选》，人民文学出版社 1996 年版。

陶秋英编选:《宋金元文论选》，人民文学出版社 1984 年版。

北京大学、北京师范大学中文系等编:《陶渊明资料汇编》，中华书局 1982 年版。

上海古籍出版社编:《清代诗文集汇编》，上海古籍出版社 2010 年版。

上海书店编纂:《丛书集成续编》，上海书店出版社 1994 年版。

南开大学古籍与文化研究所编:《清文海》，国家图书馆出版社 2010 年版。

[清] 何文焕辑:《历代诗话》，中华书局 1981 年版。

丁福保辑:《历代诗话续编》(上中下)，中华书局 1983 年版。

丁福保辑:《清诗话》，上海古籍出版社 1978 年版。

郭绍虞编选，富寿荪校点:《清诗话续编》(全四册)，上海古籍出版社 1983 年版。

郭绍虞主编:《中国历代文论选》(全四册)，上海古籍出版社 2001 年版。

唐圭璋编:《词话丛编》，中华书局 1986 年版。

沈子丞编:《历代绘画名著汇编》，文物出版社 1982 年版。

俞剑华编:《中国画论类编》，人民美术出版社 1986 年版。

周积寅编著:《中国画论辑要》，江苏美术出版社 2005 年版。

中国戏曲研究院编:《中国古典戏曲论著集成》，中国戏剧出版社 1959—1960 年版。

华东师范大学古籍整理研究室:《历代书法论文选》，上海书画出版社 1979 年版。

卢辅圣主编:《中国书画全书》，上海书店出版社 1993 年版。

三、今人著作:

王国维:《人间词话》，上海古籍出版社 1998 年版。

王国维:《宋元戏曲史》，华东师范大学出版社 1995 年版。

谢维扬、房鑫亮主编:《王国维全集》，浙江教育出版社、广东教育出版社 2009 年版。

佛雏辑:《王国维哲学美学论文辑佚》，华东师范大学出版社 1993 年版。

章太炎：《章太炎全集》，上海人民出版社 1984 年版。

梁启超：《饮冰室合集》，中华书局 1989 年版。

高平叔编：《蔡元培全集》（全七卷），中华书局 1984　1989 年版。

朱光潜：《朱光潜全集》，安徽教育出版社 1987—1993 年版。

宗白华：《宗白华全集》（全四卷），安徽教育出版社 1994 年版。

宗白华：《美学散步》，上海人民出版社 1981 年版。

罗根泽：《中国文学批评史》，上海书店出版社 2003 年版。

吕荧：《美学书怀》，作家出版社 1959 年版。

钱锺书：《谈艺录》，中华书局 1984 年版。

李泽厚：《美的历程》，文物出版社 1981 年版。

李泽厚：《美学四讲》，生活・读书・新知三联书店 1989 年版。

蒋孔阳：《蒋孔阳全集》，安徽教育出版社 1999 年版。

高尔太：《论美》，甘肃人民出版社 1982 年版。

叶朗：《中国美学史大纲》，上海人民出版社 1985 年版。

敏泽：《中国美学思想史》，齐鲁书社 1987—1989 年版。

李孝定：《甲骨文字集释》，台北“中研院”历史语言研究所 1974 年版。

汪裕雄：《意象探源》，安徽教育出版社 1996 年版。

严云受：《诗词意象的魅力》，安徽教育出版社 2003 年版。

朱志荣：《中国艺术哲学》，华东师范大学出版社 2023 年版。

四、国外著作：

[日] 遍照金刚：《文镜秘府论》，人民文学出版社 1975 年版。

[古希腊] 柏拉图：《文艺对话集》，朱光潜译，人民文学出版社 1980 版。

北京大学哲学系外国哲学史教研室编：《古希腊罗马哲学》，生活・读书・新知三联书店 1957 年版。

[德] 席勒:《审美教育书简》,冯至、范大灿译,北京大学出版社 1985 年版。

[法] 丹纳:《艺术哲学》,傅雷译,人民文学出版社 1963 年版。

[英] 威廉・布莱克:《布莱克诗集》,张炽恒译,上海社会科学院出版社 2016 年版。

[英] 达尔文:《人类的由来》,潘光旦、胡寿文译,商务印书馆 1983 年版。

[日] 青木正儿:《中国文学思想史》,孟庆文译,春风文艺出版社 1985 年版。

索引

专有名词

J

N

P

Q

S

X

书名

人名

Y

朝代名

第一版后记

我在安徽师范大学中文系给八八级、八九级同学讲美学课时，力图整理出一套具有中国特色的审美理论来。与我同时担任美学课教学的王明居教授和汪裕雄教授是我的老师，我在他们手下学习和工作多年，他们非常理解并且支持我在教学过程中作一定的尝试。现在看来，这种开明的学术态度是非常值得我珍视的。

后来我到复旦大学中文系，师从蒋孔阳教授研究西方美学，打算从康德入手，逐步对西方从古到今的美学思想有个系统的把握，再以西方美学为内在参照坐标，从事本民族的审美理论建设。我认为世界大同的人文理想短期内不可能实现，中国人应当从自己的传统和文化背景出发对人类文明作出自己的贡献，同时又不排斥学习西方学说，并从自己的国情出发对它们进行吸收和同化，这种态度同样适用于审美理论。

1995 年我到苏州大学文学院执教时，想接着在安徽师范大学的尝试继续努力，并且做了一些准备工作，但因某种原因，这种努力未能持续下去。时间一长，思考的激情也渐渐退潮了。这样一来，我的《审美理论》① 就只是一个纲要性的小册子了。估计近两年这方面的思考将难以为继，于是决定先把这个不成熟的纲要交付出版，希望得到学界师友和广大读者的指教，以便日后深入思考，改写出修订本来。

苏州大学文学院九三级、九四级一、二班同学听过我讲过本书

---

① 本书第一版书名为《审美理论》，敦煌文艺出版社 1997 年版。

的部分章节，九四级部分同学还给予过种种的帮助。在本书的出版过程中，文学院的领导和院学术委员会给予了大力的支持，李保军先生、程金城先生等给予了具体的帮助，同乡业师王明居教授惠予书序。这里一并致谢。

作者

1997年6月

第二版后记

长期以来，我一直试图以西方学说思想为参照坐标，从事全球视野下的中国审美理论的建设。这方面的工作自然不是从我开始的，如本书中所阐释的那样，20 世纪的前辈中，王国维、朱光潜和宗白华等人已经做了大量的工作，而我们这一辈只是继承他们的成就接着做。近 20 多年来，我的师友们已经做了不少这方面的工作，但是我认为依然做得还很不够，还需要我们更多的人花更多的气力继续做下去。本书只是我在这个方向所取得的阶段性的成果之一。我想以此抛砖引玉，期待更多的学子在其中付出心血。而我本人也将以此为新的起点，争取在这方面做出更大的贡献。所以，我尤其希望本书能得到师辈、友辈和青年朋友们的鼓励支持和批评指正。

本书的出版得到了北京大学出版社的江溶老师和他的同事们的大力支持，责任编辑张雅秋在审读和编辑本书时付出了辛勤的劳动，为本书增色不少，在此谨向他们表示谢意。在最后定稿的这几天里，硕士、博士研究生欧阳华、鲍俊晓、徐芳、武克勤、王昌树、陶谊和方慧等同学，为我做了推敲和校对等方面的具体工作，也向他们表示谢意。

作者

2004 年 9 月 24 日

第三版后记

本书是我早年对于中国特色美学理论建构的一个尝试，主要代表了我20世纪90年代前期的基本思想，初版于1997年5月。

其中关于我的“虚静”的定义，这里要做一个说明。1990年，我在安徽师范大学中文系任教，当我开始研究“虚静”的时候，我的老师汪裕雄教授向我提供了周厉王时代《大克鼎》中的“冲让厥心，虚静于猷”等文献。我为此查看了郭沫若的释读，还查了50年代《历史教学》中的一篇论文的释读（具体记不清了），又参考了我同学的爸爸洪家义教授的《金文选注绎》，洪著里好像释读成“宁静”。为此，我专门写信问洪家义教授，他回信告诉我可以从郭老的释读，读成“虚静”。然后，我根据上下文，给“虚静”下了定义，写在《论审美心态》一文里，发表在《安徽师范大学学报》1992年第1期上。后来我在1997年出版的《审美理论》（敦煌文艺出版社1997年版，是《中国审美理论》的第一版）和2005年的第二版都用了这个定义。其中有：“虚静一词，最初见于周厉王时代的金文《大克鼎》：‘冲让厥心，虚静于猷。’本指宗教仪式中一种谦冲、和穆、虔敬、静寂的心态，以便虚而能含，宁静致远，用以摆脱现实的欲念，便于崇天敬祖。而审美的心态，则更超越于宗教心态之上，化谦冲、虔敬为亲和、相适。”可是时隔7年半以后，《湖北民族学院学报》1999年第4期上发表的《“虚静”的美学历程》一文中，几乎不加改动地就在开篇中用了我的定义，不加注释：“‘虚静’一语，最初见于周厉王时代《大克鼎》的铭文：‘冲上厥心，虚静于猷。’指的是宗教仪式中一种用以摆脱现实的欲念，便于崇天敬祖的谦冲、和穆、虔敬、静寂的心态。”明眼人一看这便知是出于我的考证和研究，其中“让”字错成了“上”字，另外改了几个无关紧要的字。这个定义虽然只有79个字大体相同，但由于它是一个重要的定义，该文应当尊重我的辛勤劳动，注明出处。否则，该文被当时的人大复印资料转载了，而我的论文没有，加上我的论著在此之后再次出版，就让人弄不清著作权是谁的了。

另外，我也注意到有的后出的教材，照搬了我的一些内容，这些内容都出现在本书的第一版和第二版之后，相信读者会明辨是非。

这次第三版，我主要更换了“悲剧性”一节（原来的悲剧性系早期写的一篇论文，不是“中国”的审美理论），并增加了一个“结语”。

这本书代表了我早期对于中国美学及其理论建构的主张，而我近年来的相关思考，以及对于学界的一些批评和质疑，只能另起炉灶，另行撰写一本专著加以阐释了。我继续期待学界同仁和广大读者的批评指正。

作者

2012年6月9日

第四版后记

本书2013年上海人民出版社出了第三版，印刷两次已售罄，承该社雅意，现再出第四版。

本版对绪论略作修改，并删除了第六章第三节中“意象与意境的异同”部分，因为我近年又撰文讨论了意象和意境的关系问题。

需要说明的是，在本书1997年初版后，我在为蒋孔阳、朱立元主编的全国自学考试教材《美学原理》（华东师范大学出版社1999年版）和朱立元主编的全国自学考试教材《美学》（华东师范大学出版社2007年版）中撰写的有关“审美教育”等内容时，移用了本书的相关内容。

作者

2018年12月19日